Michael Paulitsch

Moderne Holzwerkstoffe

Grundlagen, Technologie, Anwendungen

Mit 57 Abbildungen

Springer-Verlag
Berlin Heidelberg GmbH 1989

Dipl.-Forstw. Dr. Michael Paulitsch, Warendorf

CIP-Titelaufnahme der Deutschen Bibliothek

Paulitsch, Michael:
Moderne Holzwerkstoffe: Grundlagen, Technologie, Anwendungen / Michael Paulitsch.

ISBN 978-3-540-50750-5   ISBN 978-3-662-08805-0 (eBook)
DOI 10.1007/978-3-662-08805-0

Gesamtherstellung: SCHNELL Buch & Druck, 4410 Warendorf 1
2362/3020 543210

Meinen
Eltern

Vorwort

Wir erleben seit mehreren Jahren eine Renaissance des Holzes. Holz und Holzprodukte erfreuen sich einer besonderen Wertschätzung in den Haupteinsatzgebieten: dem Bauwesen, dem Innenausbau, dem Möbelbau und dem Freizeitbereich.

Trotz abnehmender Bautätigkeit hat sich der Holzverbrauch auf hohem Niveau stabilisiert. Dies kommt einer Vergrößerung des Marktanteils auf dem Baustoffsektor gleich. Das umweltfreundliche Rohstoffvorkommen - die Wälder -, deren umweltschonende Bewirtschaftung, die energiesparende und resourcenschonende Be- und Verarbeitung des Holzes, die vielfältigen Möglichkeiten einer Abfallbewirtschaftung sowie der überdurchschnittlich hohe Recyclinganteil im Materialkreislauf machen Holz zu einem Werkstoff dessen Eigenschaftsmix zunehmend mit positiven Urteilen besetzt wird. Die vorteilhaften Eigenschaften und die Veränderung der Gewichtung einzelner Eigenschaften stimulieren die Holzverwendung.

Die Verwendung des Holzes in runder wenig bearbeiteter Form geht in den Industrieländern seit Jahrzehnten zurück. Die Träger der Holzverwendung wurden neben Papier und Pappe Holzwerkstoffe, die unter Einsatz von High Tech zu hochwertigen homogenen Werkstoffen mit definierten Eigenschaften entwickelt werden. Dank eines großen Innovationspotentials, das in dem Prinzip des Zerkleinerns, Sortierens und Kombinierens mit anderen Werkstoffen sowie dem Wieder-Zusammenfügen verschiedenartiger Holzpartikel unter Einsatz einer variantenreichen Verfahrenstechnik liegt, werden laufend neue Holzwerkstoffe gezüchtet. Das natürliche Material wird durch die Ideen des Menschen und durch seine Geschicklichkeit weiter veredelt.

Besonders erfolgreiche Werkstoffe wurden solche, bei denen es gelungen ist, die Ansprüche einer auf High Tech basierenden Verarbeitbarkeit zu erfüllen und gleichzeitig die vorteilhaften Eigenschaften des Holzes zu bewahren.

Üblicherweise werden als Holzwerkstoffe die Furnierplatten, die Holzspanplatten und Holzfaserplatten bezeichnet. Im Zusammenhang dieses
Buches werden alle stab- und plattenförmige Produkte, die aus zerklei-
nertem Holz durch Zusammenfügen von Brettern, Stäben, Stäbchen, Furnieren, Holzwolle, Spänen und Fasern entstehen als Holzwerkstoffe betrachtet. Massivholzplatten aus verleimten Leisten sind dann ebenso Holzwerkstoffe wie die aus Papierfasern erzeugten Hochdrucklaminate. Dieses
Konzept kommt auch den industriellen Gegebenheiten entgegen, denn in
Mitteleuropa, Skandinavien oder den USA haben sich Holzkonzerne entwickelt, die diese Materialvielfalt unter einem Dach entwickeln und
anbieten. Damit wird den im Bauwesen, Innenausbau und Möbelbau Tätigen
ein auf alle Werkstoffe abgestimmtes Know how zur Verfügung gestellt.

In diesem Buch wird Wert gelegt auf die Darstellung der grundliegenden
Entwicklungsziele. Diese sind die Verbesserung der ungünstigen Eigenschaften des Holzes durch Kombination mit Kunststoffen, Metallen oder
mineralischen Hilfsmitteln unter gleichzeitiger Beibehaltung der vorteilhaften Eigenschaften des Holzes.

Mit der Darstellung der Vielseitigkeit und Variabilität der Hölzer
kommt das große Potential für zukünftige Entwicklungen zum Ausdruck.

Warendorf, im Herbst 1988   Michael Paulitsch

Inhaltsverzeichnis

1 Einleitung – Technologische und wirtschaftliche Entwicklung

Ein Blick in die nicht allzu ferne Vergangenheit macht deutlich, welch dynamische Entwicklungen die Holzverwendung und die Holzindustrie laufend verändern.

Vor etwa 150 Jahren war die Verarbeitung des Holzes noch fast vollständig in handwerklichen Verfahren verwurzelt. Die Bäume wurden noch mit Zugsägen von Menschenkraft gefällt. Einfachste holzbeheizte Maschinen trieben einfache Sägewerksmaschinen an, und eine Vielzahl von Handarbeitsstunden mußte in die Holzernte, das zimmermannsmäßige Herstellen von Holzhäusern und Brücken sowie Gebäuden aufgewendet werden. Man konnte Holz zwar in bestimmten Abmessungen beziehen, aber es war keine Gewähr dafür gegeben, daß man überall nach gleichen Vorschriften bedient wurde, da es noch keine Normen oder vereinheitlichte Sortierungsbestimmungen gab. Ingenieurdaten für Holz waren so gut wie unbekannt. Holzwerkstoffe steckten in ihren Anfängen. Gelegentlich traf man auf einige Trocknungsanlagen, die Freilufttrocknung war am weitesten verbreitet. Übelriechende Kreosote oder Holzteer waren so ungefähr die einzigen Holzschutzmittel für höchste Belastungen. Holzverbindungen mit Nägeln, Schrauben oder Bolzen waren einfach, und die Leime waren mehr oder minder denen des Mittelalters gleich. Die Möglichkeiten der farblichen Gestaltung mit Außenanstrichen waren eng begrenzt. Die mechanischen Zerkleinerungsmöglichkeiten steckten in ihren Kinderschuhen. Die mechanischen Aufschlußmöglichkeiten waren erst im Experimentierstadium.

Die Dynamik der technologischen Entwicklung in der Forst- und Holzwirtschaft ist am Zeitpunkt der Einführung neuer Technologien und Verfahren in den letzten 150 Jahren abzulesen (s. Tabelle 1.1). Gesamtwirtschaftlich von Vorteil ist dabei die Entwicklung zu immer hochwertigeren Nutzung der im Wald produzierten Biomasse. Immer geringere dimensioniertes Holz wurde hochwertiger eingesetzt. In der Sägewerkstechnik ist das Gatter über Jahrhunderte hinweg das wichtigste Auftrennverfahren gewesen. Bandsägen wurden erst um 1810 erfunden und bis etwa 1870 auf

industriell hohem Niveau entwickelt. Kreissägen wurden kurz zuvor bekannt.

Für die industrielle Herstellung von Furnieren gehen die grundsätzlichen
Entwicklungen der Schältechnik auf die Jahre um 1850 zurück, nachdem die
Säge- und Messerfurnierherstellung - allerdings mit großen Schnittver-
lusten - seit Jahrtausenden bekannt waren.

Die Verarbeitung des Holzes in mechanischen Faseraufschlußverfahren ist
etwa ab 1840 mit der Entwicklung des Holzschliffs vorangekommen. Die
Herstellung der Textilfasern aus Holzschliff hat die Textilindustrie
seit 1900 befruchtet und wurde erst um 1950 von den Kunstfasern zurückgedrängt.

Die Einführung der Spanplattenherstellung hat den Holzmarkt seit etwa
1950 weltweit mitgestaltet. Die Zerspanertechnologie fordert die Sägeindustrie etwa seit 1960.

Tabelle 1.1: Einführungszeitpunkt neuer technologischer Entwicklungen
             in der Holzbe- und verarbeitung

Bandsägen	um 1810
Holzschliff	1840
Kesseldruckimprägnierung	1850
Schältechnik	1850
Sperrholzherstellung	1850
Kunstfaser	1870
Spanplattenherstellung	1945
Motorsäge in der Waldarbeit	1950
Profilzerspaner	1960
Holzleimbinder	1960
Spanplattenbeschichtung	1970

Von der Holzverwendung als Energieträger - über die Hälfte des Holzes
wurde vorher als Brennholz für die Salz-, Erz- und Glasgewinnung sowie
den Hausbrand eingesetzt - ist die Entwicklung zu immer höherwertigem
Holzeinsatz geschritten. Grubenholz, Bahnschwellenholz, Bauholz bis hin
zu den spezifischen Anforderungen des Verpackungsbereiches oder der
Informationsindustrie kennzeichnen einige Entwicklungen. Allerdings ist
die Holzverwendung auch auf vielen Gebieten zurückgedrängt worden. Aus
dem Maschinenbau haben Stahl und Guß das Holz verdrängt. Eisen und

Stahl haben Holz aus dem Großschiffsbau und aus dem Fahrzeugbau ersetzt.
Weitgespannte Brücken oder Hochhäuser wurden durch Stahl, Beton, Aluminium und Glas erst möglich.

In einer weiteren Holzverdrängungswelle um die Mitte des 20. Jahrhunderts erfuhr Holz in Eisenbahnschwellen durch Beton und Stahlbeton
einen Absatzeinbruch. Stahlbetonmasten drängen die Holzmasten zurück.
Kunstfasern haben den Textilmarkt überschwemmt. Kunststoffe haben in
vielen Spezialbereichen wie z.B. Faserverbundwerkstoffen, extrudierten
Profilen, Spritzgußarbeiten oder Wärmedämmstoffen dem Holz beträchtliche
Anteile entzogen. Im Fußbodensektor oder bei Fensterprofilen sind
allerdings Rücksubstitutionsprozesse unübersehbar. Holz ist weiterhin
auch in vielen Sondergebieten vertreten. Sportgeräte oder Musikinstru-
mente sind dazu nur zwei Beispiele. Diese weisen auf die geringe Sub-
stituierbarkeit des Holzes in solchen Anwendungsbereichen hin, wo Holz
wegen der Summe seiner Eigenschaften - dem Eigenschaftsmix - und nicht
wegen eines einzigen maximierten Eigenschaftswertes ausgewählt wurde.

Zusammenfassend läßt sich die Entwicklung der Holzverwendung verstehen
als eine immer weitere Eingrenzung der Anwendungsgebiete auf solche
wo die vorteilhaften Eigenschaften des Holzes besonderer Wertschätzung
unterliegen und die Erfindung anderer Werkstoffe noch nicht zu besseren
Lösungen beigetragen hat. Heute sind die Anwendungsgebiete im wesentlichen Bauwesen, Möbelbau, Innenausbau, Verpackung sowie Informations-
wesen. Diese erkennbare Einengung hat aber nicht zu einer Abnahme des
Holzverbrauchs geführt.

Vielmehr hat der Holzverbrauch in Rohholzäquivalenten weiter zugenommen,
wenn auch in den letzten Jahren unterproportional zum Wirtschaftswachs-
tum.

Die Holzverbrauchsmengen für die mechanische Holzverarbeitung in der
BRD liegen bei etwa 19 bis 20 Mio m³. Eine Gesamteinschätzung ermöglicht
die Addition der Holzmengen, die bei der chemischen Holzverarbeitung,
incl. mechanischen Holzschliff, verbraucht werden. Als Folge des Im-
ports von Zellstoff und Papier werden diese Verbrauchsmengen in Rohholzäquivalenten angegeben. Wobei für die importierten Vor- und Zwischenprodukte Umrechnungszahlen von Zellstoff und Holzschliff bzw.
Papier auf die Rohholzeinsatzmengen zugrunde liegen.

Zu den 20 Mio m³ Holzverbrauch in der BRD in der mechanischen Holzverarbeitung sind noch ca. 40 Mio m³ Rohholzäquivalente für den Holzverbrauch der chemischen Holzverarbeitung zu addieren. Der jährliche Holz-
einschlag in der BRD beträgt ca. 30 Mio m³, so daß die Importabhängigkeit auf ca. 65 % anstieg.

Im Bereich der mechanischen Holzverarbeitung liegt die Importabhängigkeit wesentlich niedriger. Der Holzspanplattenimport übertrifft den
Export nur um wenige Prozent, wobei die grenznahen Austauschvorgänge
gegenüber den technischen Problemlösungen überwiegen, soll heißen, daß
die Transportkosten und nicht die technischen Problemlösungen die
Triebfedern für den internationalen Austausch zu sein scheinen. Die
Importabhängigkeit bei Holzfaserplatten ist mengenmäßig nur für einige
Hersteller von Bedeutung, ist aber prozentual auffällig. Sie liegt weit
über der aller anderer Holzwerkstoffe. Diese Spezialität des Faser-
plattenmarktes mag nicht zuletzt auf die Umweltbelastungen durch das
Naß- und Halbtrockenverfahren und die strengen Bestimmungen zurückzu-
führen sein.

Mengenmäßig fällt die Schnittholzeinfuhr überdurchschnittlich ins
Gewicht. Es wird etwa doppelt soviel Nadelschnittholz importiert als
exportiert. Laubschnittholzimport übertrifft die Ausfuhr noch deut-
licher. Am stärksten ist die Importabhängigkeit beim Sperrholz, obwohl
hierbei die Verschiebungen infolge der EG-Kontingentierung zu berücksichtigen sind.

Der Sperrholzimport ist technologisch andererseits besonders aufschlußreich, wenn man bedenkt, wieviel Spezialwünsche über den internationalen Plattenhandel damit erfüllt werden.

Die Entwicklung des Verbrauchs von Produkten aus der mechanischen
Holzzerkleinerung in den EG-Ländern ist für die letzten 40 Jahre in
Abbildung 1.1 und für die letzten Jahre in Tabelle 1.2 wiedergegeben.

Daraus ist eine Schwankung des Schnittholzverbrauches zwischen 50 und
70 Mio m³ pro Jahr zu erkennen. Eine gewisse Gegenläufigkeit fällt
zwischen den Kurven des Schnittholzes und des Spanplattenverbrauches
auf. In den Jahren des stärksten Verbrauchszuwachses bei Spanplatten
fällt der Schnittholzverbrauch. Ein Hinweis auf eine holzinterne
Substitution.

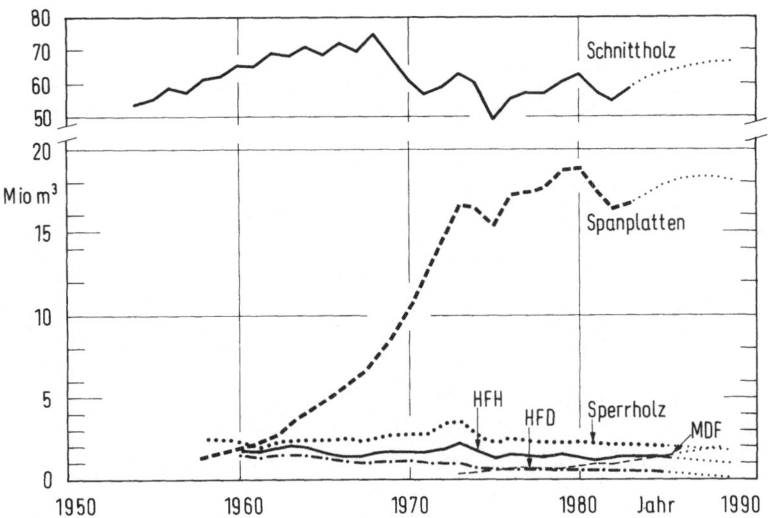

Abb. 1.1: Entwicklung des Verbrauchs von mechanisch bearbeitetem Holz
          in den EG-Ländern 1950 bis 1990 (n. Deppe 1987, ergänzt)
          HFH - harte Holzfaserplatten
          HFD - Holzfaserdämmplatten
          MDF - Mitteldichte Faserplatten

Der Sperrholz- und Faserplattenverbrauch ist in den letzten 30 Jahren
etwa konstant geblieben. Als einziges Produkt mit deutlichen Verbrauchs-
zuwächsen seit 1980 fallen die MDF-Platten auf.

Die längerfristige Ananlyse der Veränderungen des Holzverbrauchs legt
den Schluß nahe, daß Holzprodukte aus den Bereichen der ausgeprägt
technischen Anwendungen in die Bereiche der mehr dekorativen Anwendungen gewechselt haben. Dies geht mit einem Trend zur Zerlegung und
Veredelung sowie Kombination mit anderen Werkstoffen einher. In der
jüngsten Vergangenheit hat die zunehmend kritische Einstellung zu
technisch gezüchteten Produkten im unmittelbaren Erlebnisbereich des
Menschen das natürliche Produkt beliebter gemacht. Dies führt sogar zu
einer gelegentlichen Ablehnung auch der technischen Holzprodukte, wie
aus der mancherorts übertriebenen Formaldehyddiskussion geschlossen
werden darf. Die holztechnologischen Entwicklungsanstrengungen
jüngster Zeit sind wieder darauf gerichtet auch Holz als Werkstoff für
mehr festigkeitsorientierte Eigenschaftsgebiete zu betonen.

Die technische Entwicklung der Holzverarbeitung ist zudem gekennzeichnet durch zunehmende Bemühungen den Holzverbrauch in den Produkten zu
vermindern. Dazu trägt die Homogenisierung von Holzqualitäten und Produkten bei, um Überdimensionierungen aufgrund hoher Sicherheitszu-

Tabelle 1.2: Mengenbilanzen von Schnittholz und Holzwerkstoffen,
BRD 1985 und 1986 in 1.000 m³ (ohne Berücksichtigung der
Bestandsveränderungen, n. AID 1987; n. VDH 1987)

	Produktion +		Einfuhr -		Ausfhr =		Verbrauch	
	1985	1986	1985	1986	1985	1986	1985	1986
			+ Stammholz					
Schnittholz Nadel	7 895	8 105	3 836	4 409	2 232	1 957	9 499	10 557
Laubholz (ohne Schwellen)	1 550	1 605	1 601	1 658	640	668	2 511	2 595
Sperrholz[2] insg.	326	340	445	555	108	117	663	778
davon Furnier- platten	97	96	347	434	46	49	398	484
Tischler- platten	197	200	19	24	27	29	663	778
Sperrholz- formteile u.a. Platten	32	44						
Holzspan- [1] platten	5 731	5 849	921	1 121	984	954	5 668	6 016
Holzfaser-[2] platten, ins insg.	220	197	264	269	90	86	394	380
davon Hartplatten	220	197	102	121	50	44	–	–
Mittel- hartplatten	–	–	29	34	2	3	–	–
Isolier- platten	–	–	55	59	31	42	–	–
							18 735	20 326

1) nach Angabe des AID

2) Die Summe der Ein- bzw. Ausfuhr von Furnier- und Tischlerplatten
entspricht nicht der Gesamtein- bzw. -ausfuhr von Sperrholz. Die
Differenz bilden verschiedene Sondersortimente, insbesondere Sperrholz mit Mittellagen aus Span- oder Faserplatten.
Die Summe der Furnier- und Tischlerplattenproduktion entspricht
nicht der gesamten Sperrholzproduktion; die Differenz bildet das
Spezialsperrholz.

schläge zu verringern. Letztere wären notwendig bei Verwendung von
astigem, drehwüchsigem, abholzigem, rissigem oder sonstwie unregel-
mäßig gewachsenem Massivholz. Auch Überlegungen die richtigen Qualitäten an den richtigen Platz zu bringen trägt zur Holzeinsparung bei.

Kossatz hat am Beispiel des Möbelbaus eine deutliche Einsparung hochwertigen Holzes berechnet. Die Entwicklung im Behältnismöbelbau führte
vom gebeilten Brett über das mit Edelholzauflage versehene Blindholz
bzw. das mit Sägefurnier belegte Nadelholz und dann über die furniert
Tischlerplatte oder Spanplatte zur mit Holzimitation oberflächenveredelten Spanplatte. In Tabelle 1.3 sind die Einsatzmengen von Edel-
holz, Blindholz und Schwachholz für ein Behältnismöbel angegeben.

Tabelle 1.3:   Wandel des Holzeinsatzes bei Behältnismöbeln im Laufe
               der Jahrhunderte (Holzaufwand in m³ je m² Fläche,
               n. Kossatz, 1978)

Jahrhundert	Flächen-konstruktion	Edelholz	Blindholz	Schälfurnier-holz	Schwach-holz
um 1300	gebeilte Bretter	0,068			
um 1550	Blindholz mit Edel-holzauf-lage (6...10mm)	0,062	0,02		
um 1750	Blindholz mit Säge-furnier (1...4mm)	0,062	0,01		
um 1925	Tischler-platte mit Deckfurnieren (0,6...0,8mm)	0,002	0,02	0,008	
um 1975	Spanplatten mit kunst-harzimpräg-nierten Papieren oder Furnieren	0,002			0,025

Aus dieser Zusammenstellung wird auch die Veränderung des Holzeinsatzes
für den Möbelbau erkennbar. Massivholz wurde immer mehr durch Holzwerkstoffe substituiert. Die Entwicklung der "holzinternen Substitution"
kann an dem Verhältnis von Schnittholz- zu Holzwerkstoffverbrauch (BRD)
quantitativ abgelesen werden. Noch 1965 war das Verhältnis etwa 20:1
(in m³ pro Jahr) und hat sich bis zum Jahr 1975 auf etwa 2:1 verengt,
um seither etwa stabil zu bleiben. Diese Zahlen weisen auch auf die
Anstrengungen hin, Halbfabrikate und Zwischenprodukte aus Holz zu entwickeln, die den großen Anforderungen aus den industrialisierten Fer-
tigungsprozessen im Möbelbau gerecht werden. Eine wertanalytische Be-

trachtung des Holzeinsatzes sorgt auch für eine langfristige ausreichende Verfügbarkeit hochwertiger Holzsortimente, um auch die Nachfrage-
wünsche nach Holzprodukten mengenmäßig erfüllen zu können.

Positive Wirkungen auf die Holzverwendung werden auch die übergeordne-
ten von einem Bauobjekt unabhängigen Eigenschaften des Holzes, vor
allem in der längerfristigen Beurteilung bringen.

Es hat den Anschein, daß insbesondere im Bauwesen der Einsatz eines
Baustoffes auch dem Image eines Werkstoffes unterworfen ist, welcher
er bei Architekten und Bauherrn hat, also z.B. "modern, technisch, umweltfreundlich, natürlich". Diese Einschätzung hat jahrzehntelang für
natürliche Baustoffe ungünstige Auswirkungen gehabt. In den letzten
Jahren scheint die euphorische Beurteilung moderner, junger Baustoffe
einer realitätsbezogeneren Einschätzung zu weichen. Erfahrungen aus dem
Langzeitgebrauch der modernen Baustoffe tragen dazu bei. Die Sanierungs-
aufwendungen für Betonbauten, die sich neuerdings häufen (s. z.B.
Schreiber, 1988), könnten diesen Trend verstärken. Auch die anhaltend
agressive Darstellung der vorteilhaften Eigenschaften von Kunststoffen
aus manchen Firmen hat nicht zu einem Verdrängen des Holzes geführt.
Alle Kunststoffe zusammen haben bis vor wenigen Jahren nur unwesentlich
höhere Produktionsmengen erreicht als nämlich nur eine Produktgruppe
der Holzwerkstoffe, die Holzspanplatten. Dies ist in Abbildung 1.2
anschaulich dargestellt.

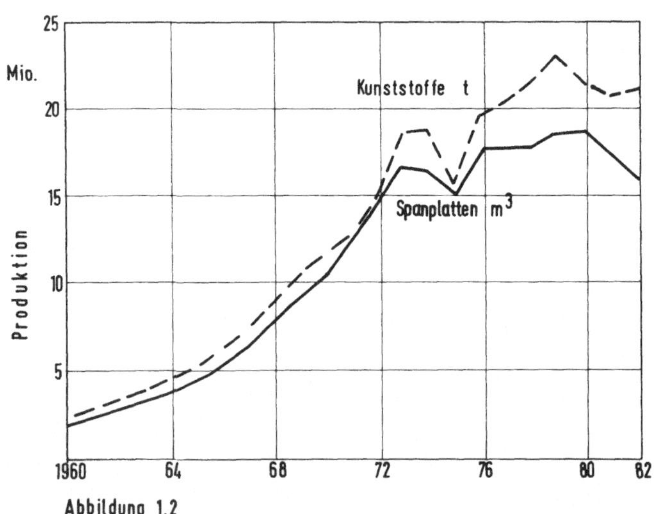

Abb. 1.2: Spanplattenproduktion und Kunststoffproduktion der Mitglieds-
          länder der FESYP (Noack 1984)

Gesamtwirtschaftlich betrachtet, erweisen sich die Veränderungen der
Engergieversorgung auch als ausschlaggebend für die Wahl der Werkstoffe.
Das hat sich an der jahrhundertelangen Entwicklung von Holz über Kohle
zu Erdöl und Gas sowie zur Atomenergie erwiesen und ist in den letzten
Jahren aufgrund des gestiegenen Energiebewußtseins besonders hervor-
getreten.

Holz wird auf allen Stufen des Materialeinsatzes diesbezüglich vorteilhaft beurteilt. Baier (1982) hat dazu modellhafte Berechnungen am Beispiel eines 20 m langen Tragelementes veröffentlicht. Dabei wirken sich
das geringe Gewicht von Brettschichtholz und der niedrige Energieaufwand für dessen Herstellung sowie für den Transport an die Baustelle
günstig aus. Während die Stahlkonstruktion um etwa 30 % schwerer ist,
hat die Stahlbetonhalle sogar das 10-fache Gewicht einer vergleich-
baren Holzkonstruktion. Beim Energieaufwand sind die Stahl- und Stahl-
betonhallen etwa vier- bis fünfmal so ungünstig wie die Holzleimbinder-
halle (vgl. Tabelle 1.4).

Tabelle 1.4:   Vergleich des Energieaufwandes für Herstellung und
               Montage von Tragkonstruktionen für Standardhallen von
               20 m Spannweite (n. Baier, 1982)

1. Holzlösung:	Brettschichtholz Rahmen, Transport	42 500 kWh
2. Stahllösung:	Stahl, Binder, Stiele, Verzinkung, Transport	180 400 kWh
3. Betonlösung:	Beton, Binder und Stützen, Bewehrung Transport	192 000 kWh

In der Regel sind Stahl- und Holzkonstruktionen etwa mit gleichem
wirtschaftlichem Aufwand herzustellen. Das unterschiedliche Gewicht
wirkt sich nicht drastisch auf teurere Fundamente aus. Der bis zu 4mal
niedrigere Energieaufwand schlägt heute noch nicht auf den Preis der
Konstruktion durch. Nachweisbar sind die energiewirtschaftlichen Vorteile des Holzes auch im Nutzungsstadium der Baustoffe (vgl. Tabelle
1.5).

Ein sparsamer Umgang mit Energie, der aus der Endlichkeit der Versorgung
mit mineralischen Energieträgern angezeigt ist, müßte sich auch auf die
Verwendung aller Bau- und Werkstoffe, die Energie sparen helfen, be-
günstigend auswirken.

Tabelle 1.5:   Energieaufwand bei Herstellung und Nutzung von Ein-
               familienhäusern verschiedener Bauart (n. Natterer, 1986)

Bauart	Gesamtenergieaufwand für die schlüsselfertige Herstellung	Jährlicher Gesamtenergieaufwand für Heizung, Wasser, Licht
Holztafel-bauweise	127 000 kWh	27 400 kWh
Gasbeton-steine	155 000 kWh	27 500 kWh
Mauerwerks-bauweise	192 000 kWh	29 000 kWh

Diese Entwicklungen sind schon seit längerem vorhersehbar. In dem von
Schulz (1972) aufgezeigten Kreislauf der Wirtschaftsgüter haben diese
zu einer positiven Zukunftserwartung für Holz beigetragen. Schulz hat
die Verwendung der Werkstoffe in einem Kreislauf dargestellt und dabei
festgestellt, daß eigentlich ein geschlossener Kreislauf nur für Holz
darstellbar ist. Dazu wurden für die Materialverwendung Vor-Gebrauchs-
Stadien (Gewinnung, Transport, Be- und Verarbeitung) von den Gebrauchs-
und den Nach-Gebrauchs-Stadien (Sammeln, Sortieren, Zerlegung, Deponie,
Recycling) unterschieden. Diese Kreislaufdarstellung ist etwas verändert mit Abbildung 1.3 illustriert.

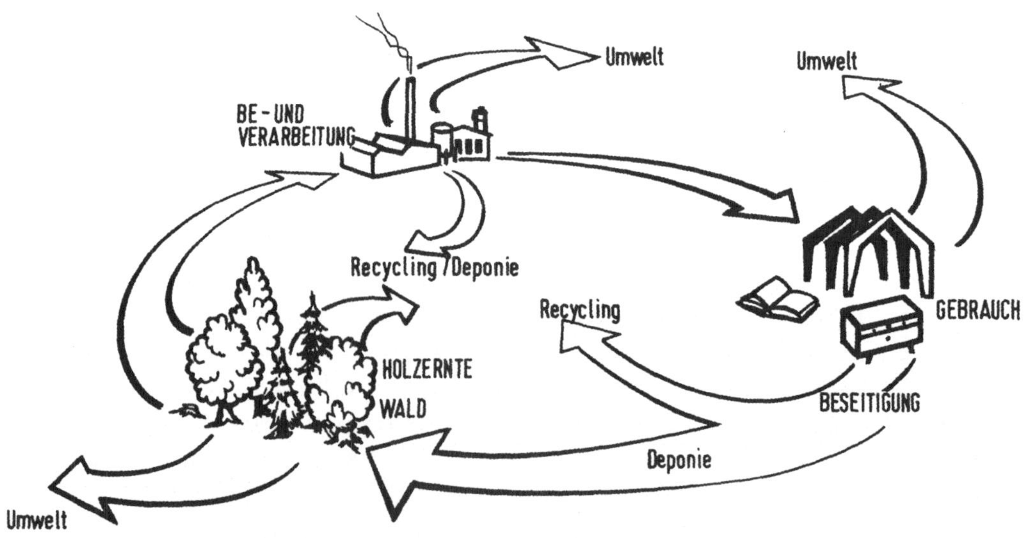

Abbildung 1.3:   Holz im Kreislauf der Wirtschaftsgüter
                 (n. Schulz, 1972, verändert)

Holz hat nun zweifelsfrei in den Vor-Gebrauchs- und Nach-Gebrauchs-
Stadien infolge geringen Energieeinsatzes und umweltfreundlicher Ernte
sowie in der umweltschonenden Beseitigung offensichtliche Vorzüge
gegenüber anderen Werkstoffen. Mit zunehmender Belastung der Gesamt-
wirtschaft mit diesen externen "Sozialkosten der Werkstoffe" dürfte
auch deren Gewichtung bei der individuellen Baustoffentscheidung zunehmen.

Die Vorteile in den Gebrauchs-Stadien, die bisher entscheidungswirksam
sind, sollten z.B. durch Kombinationen von Holz mit wenig umweltbeein-
trächtigenden Werkstoffen erhalten bleiben.

2 Die Eigenschaften des Holzes

Die Eigenschaften des Holzes einer Baumart sind sehr großen Schwankungen infolge von Standorts-, Wachstums- oder auch waldbestandsgestaltenden Maßnahmen der Forstwirtschaft unterworfen. Während die chemischen Eigenschaften, welche beispielsweise die Witterungsbeständigkeit des Holzes bestimmen, sehr deutlich von der Holzart bestimmt werden, können andere Eigenschaften, wie die Ästigkeit, die Rohdichte und demzufolge die Festigkeit sehr stark von den jeweiligen waldbaulichen Maßnahmen, zumindest bei einigen Baumarten, beeinflußt werden. Weiterhin sind die Form und die Abmessungen der Bäume wohl die am stärksten durch die gestaltende Hand des Forstwirts zu beeinflussenden Merkmale. Je geringer die Bearbeitung des Baumes, je weniger aufwendig, umso stärker drücken sich die Baumeigenschaften in den Eigenschaften des Produktes aus. Die aus holzverwertungstechnischer Sicht wichtigen Eigenschaften eines Baumes sind im Bild 3.1 anschaulich dargestellt.

Durch das Sägen werden im wesentlichen nur die Form und die Abmessungen des Baumes verändert. Die Variabilität der physikalischen Eigenschaften in einem Baum, die unterschiedliche Rohdichte, die Anisotropie von Quellung und Schwindung, die Anisotropie der Festigkeitseigenschaften und die Wirkung mannigfacher Unregelmäßigkeiten im Wachstum des Baumes bleiben aber unverändert, je stärker die Abmessungen des wenig bearbeiteten Stammes sind.

Diese Eigenschaftsvielfalt innerhalb eines bearbeiteten Baumes erschwert aber erheblich die vorausschauende industrielle Be- und Verarbeitung des Holzes. Sie trägt zu unbefriedigender Vorausschätzbarkeit des Bauteilverhaltens bei und erschwert eine industrielle Weiterbearbeitung, wenn diese Unregelmäßigkeiten eine großtechnische Verarbeitung nicht sogar unmöglich machen.

Durch die Auswahl der Holzart, die waldbauliche Behandlung, durch die Wahl von bestimmten phänomenologisch ausgewählten Sorten und Herkünften wurde lange Zeit versucht, Holz mit möglichst homogenen Eigen-

Abb. 3.1: Eigenschaften eines Stammes aus der Sicht der Holzverwertung

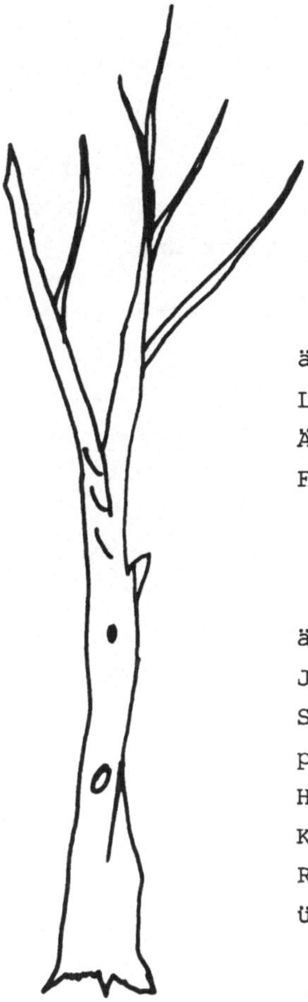

äußerlich meßbar
Länge, Durchmesser, Form, Abholzigkeit
Äste
Frost, Blitz, Schleimfluß

äußerlich nicht meßbar
Jahrringbreite
Spätholz, Frühholz
physikalische Eigenschaften
Holzchemie
Kernholz
Reaktionsholz
überwallte Holzfehler

schaften für einen speziellen Einsatzzweck vorherzubestimmen. Schon aus
dem Mittelalter sind die besonderen Eigenschaften zum Beispiel von Fichten und Tannen aus dem Schwarzwald oder die der lettischen Weißhölzer,
des weiteren der Schlitzer Lärche oder der Eiche aus dem Spessart bekannt, um nur einige mitteleuropäische Besonderheiten zu erwähnen.
Diese Möglichkeiten der Beeinflussung der Holzeigenschaften reichen
aber seit Jahrzehnten nicht mehr aus, um den Holzprodukten das nach-
gefragte Eigenschaftsprofil zu geben.

Den steigenden Anforderungen der Verarbeiter gerecht zu werden, um
diesen die Erfüllung der Wünsche der Endverbraucher möglich zu machen,
dies ist das eigentliche Ziel der Werkstoffentwicklung.

Je mehr die Verarbeitung industrialisiert werden mußte, um so homogener haben die Eigenschaften des Werkstückes zu sein, um zuerst eine
mechanisierte Fertigung, später eine automatisierte Fertigung möglich
zu machen. Unterstützt wird dieser Trend zur Homogenisierung durch den
Wunsch. nahezu aller Bereiche der Bevölkerung, den unmittelbaren
Lebensbereich, das Wohnen, durch Produkte mit Holzcharakter angenehm,
gemütlich, ruhig, sympatisch, natürlich zu machen. Wie anders ist es
zu erklären, daß mit vielen künstlichen Werkstoffen versucht wird, das
Image von Holz zu kopieren, imitieren, nachzuvollziehen. Welchen anderen Werkstoff duldet der Mensch schon seit Jahrhunderten so sehr in
seiner unmittelbaren Umgebung wie das Holz?

Ein weiterer Gesichtspunkt kommt hinzu. Mit dem Wachstum der Bevölke-
rung war die Nachfrage nicht mehr nur durch Massivholz zu befriedigen.
Preise und Mengen hätten nicht ausgereicht, um jeden Menschen mit den
Produkten aus Holz zu versorgen, die er sich wünscht.

So nimmt es nicht wunder, daß eine Konzentration auf das Wesentliche,
die Vorgänger der heute oft geforderten Wertanalyse auch schon früh
bei der Holzverwendung eingesetzt hat. Wertvolle Hölzer, die wegen
ihrer dekorativen Farbe und Zeichnung besonders hoch geschätzt werden,
sollten nicht mehr als massives Brett oder Balken Verwendung finden,
sondern so zerkleinert werden, daß sie für die Oberflächenveredelung
von möglichst viel geringerwertigen Holzarten ausreichend waren. Das
Furnier wurde erfunden. In den Anfängen als Sägefurnier, den ferti-
gungstechnischen Möglichkeiten der alten ägyptischen Kultur entsprechend (s. z.B. Sandermann, 1976). Heute als Messer- oder Schälfurnier
mit immer geringeren Dicken und reduzierten Abfällen bei der Fertigung,
um den ökonomischen Anforderungen, aber auch der größeren Nachfrage-

menge bei geringerem Holzeinsatz nachzukommen. Fortschrittlichere Technologie schont auch die natürlichen Ressourcen.

Die nachhaltige Bewirtschaftung der Waldbestände ist die - wenn auch
für viele Menschen zu langsam weltweit sich ausbreitende - zukunftsweisende Form der Waldbewirtschaftung. Sie trifft für eine ausreichende
Holzversorgung langfristige Vorsorge.

Für die industrielle Verarbeitung nachteilig erwiesen haben sich die
Inhomogenität des Holzes, die mit der Zelle bereits beginnt. Die Zell-
wand ist aus zahlreichen Schichten mit verschiedenartiger chemischer
Zusammensetzung und physikalischen Eigenschaften zusammengesetzt (vgl.
Bild 3.2). Sie hat sich in der Pflanzenentwicklung spezialisiert auf
die Funktion der Festigung des Baumes und der Einlagerung von Speicher-
stoffen sowie auf die spezifische Durchlässigkeit für die wachstums-
und speicherungsnotwendigen Substanzen. Diese Funktionen werden über

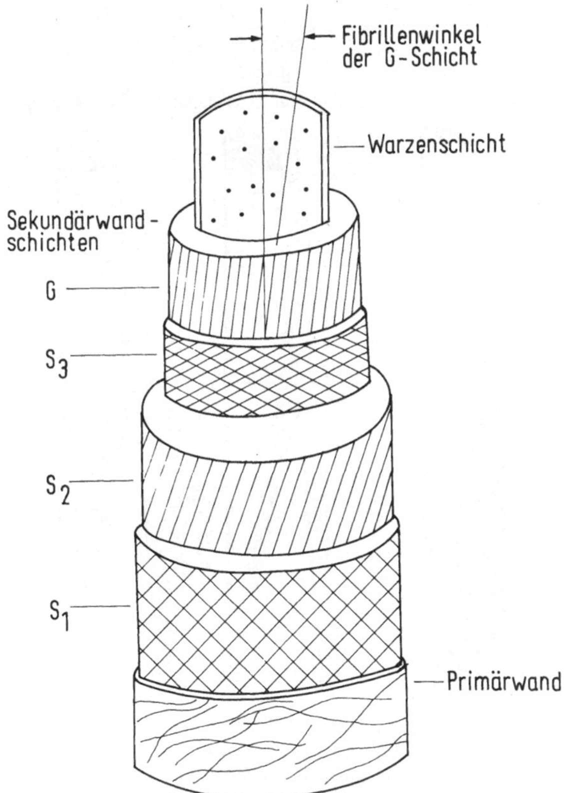

Abb. 3.2: Zellwandaufbau einer Laubholzfaser. (Manwiller, F.G. 1967).

den Stammquerschnitt unterschiedlich bedeutsam. Die Anordnung von Zellen
zu Geweben innerhalb von Jahresringen, die Aufeinanderfolge von - durch
das jeweilige Jahresklima in ihrer Ausprägung gestalteten - Jahresringen, die Durchquerung mit Ästen, die Überwallung von Beschädigungen, die
Anpassung an die durch Hangneigung und Windeinfluß unterschiedlichen
Kräfte mittels Zug- (bei Laubbäumen) und Druckholz (bei Nadelbäumen)
sowie die Exzentrizität des Stammquerschnittes sind einige Quellen der
Inhomogenität der Holzeigenschaften sowohl über den Stammquerschnitt
als auch in seiner Längserstreckung. Über die auf Ästigkeit bestehende
Inhomogenität des Holzkörpers verschiedener Baumarten gibt Bild 3.3
Auskunft. Zumindest einen Teil dieser Inhomogenitäten des Vollholzes
zu reduzieren, ist Ziel der Holzsortierung und auch der Holz-Werkstoff-
entwicklung.

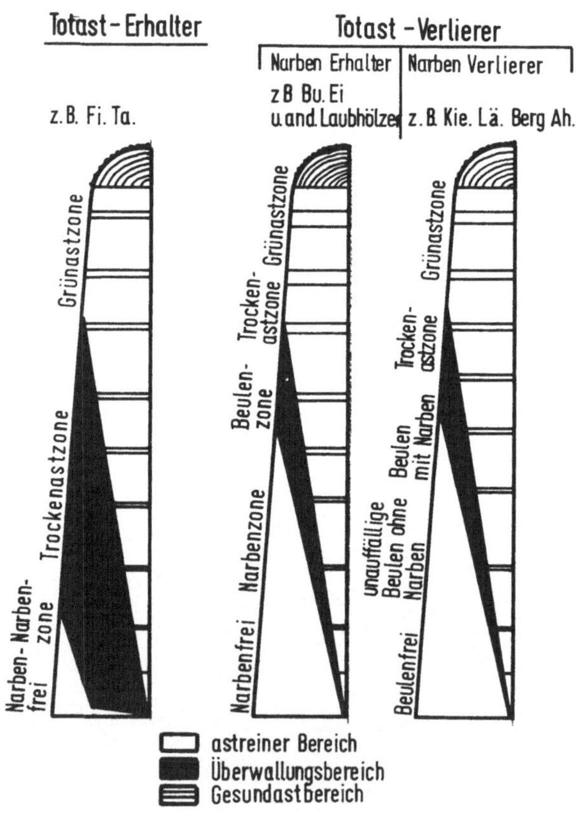

Abb. 3.3: Schematische Darstellung einiger Baumtypen mit unterschied-
          lichen inneren Astbereichen und verschiedenartiger Kenn-
          zeichnung der äußerlich sichtbaren Zonen (aus Knigge,
          Schulz, 1966)

In Mitteleuropa sind Laub- und Nadelhölzer heute wesentlich durch ihre
Form und Abmessungen unterschieden. Die wirtschaftlichen Bedingungen
lassen es heute nicht mehr zweckmäßig erscheinen, beispielsweise
geradschaftige Eichen als Grundlage von weitgespannten Holzkonstruktionen einzusetzen. Vielmehr wird mit den schneller wachsenden Fichten oder Kiefern und Lärchen versucht, die großen Abmessungen nach
kürzeren Lebensjahren zu erreichen: Es wird versucht, die höhere Witterungsbeständigkeit und Dauerhaftigkeit des Kernholzes von Eichen- oder
Kiefernholz durch chemische Holzschutzmaßnahmen zu erreichen. Auch sind
geradschaftige Stämme für Bauholzzwecke unterbewertet und sollten vielmehr für die hochwertigeren dekorativen Zwecke, wie Furniere, Verwendung finden. Holzwerkstoffentwicklung zielt also auch darauf aus,
Stämme geringer Durchmesser und Längen, d.h. im wesentlichen Stämme
mit unterdurchschnittlichem Alter, zu einerseits großflächigen Werkstoffen verarbeiten zu können oder als Elemente für lange, weitgespannte Konstruktionen heranziehen zu können.

Die Anisotropie der feuchtigkeitsbedingten Abmessungsänderungen, dem
Arbeiten von Holz, vom Fachmann als Quellen und Schwinden bezeichnet,
gilt die Aufmerksamkeit der Holzforschung und Produktentwicklung seit
dem Beginn der Holzverwendung.

Immer wieder wurden in der Vergangenheit durch Brandkatastrophen infolge von Kriegsereignissen oder Unachtsamkeit wertvolle Bausubstanz
aus Holz vernichtet. Dem Brandschutz, der Erforschung des Verhaltens
von Holz im Brandfall, sind weitreichende Entwicklungen gewidmet. Im
Zuge dieser Arbeiten hat sich auch gezeigt, daß die Brennbarkeit des
Holzes bei weitem nicht grundsätzlich als negativ einzuschätzen ist.
Vielmehr ergab die Beobachtung des Verhaltens des Holzes im Brandfall
seine Überlegenheit bezüglich der Formbeständigkeit in der Wärme, die
wärmedämmende und deshalb die Verbrennungsgeschwindigkeit vermindernde
Wirkung der verkohlten Holzschichten oder die vergleichsweise geringe
Toxizität der Brandgase. Feuerwehrfachleute beurteilen das Brandverhal-
ten von Holz heute weitaus weniger negativ als noch vor Jahrzehnten.
Glücklicherweise schließen sich Brandversicherungen dieser Meinung an.
Die Verbreitung der moderneren Beurteilung des Brandverhaltens von
Holz in den letzten 40 Jahren ist ein Beispiel dafür, wieviel intensive
Arbeit investiert werden muß, um die öffentliche Meinung zu beeinflus-
sen.

Stammholz ist aufgrund seines uneinheitlichen Aufbaus durch Äste oder
andere Unregelmäßigkeiten hinsichtlich seiner Festigkeitsausnutzung be-

grenzt. Während die gesunde Holzzellwand sehr hohe Festigkeitswerte aufweist, können diese im Brett oder Balken nicht voll zur Berechnung kommen, da Wuchsunregelmäßigkeiten, Äste oder veränderliche Holzfeuchtigkeit, die Festigkeiten deutlich vermindern. Die hohe Festigkeit der Holzfaser für belastete Konstruktionen nutzbar zu machen, ist Ziel der Holzwerkstoffentwicklung.

Die Biegsamkeit des Holzes kennenzulernen, technologisch nutzbar zu machen oder zu vergrößern, könnte die Gestaltungsvielfalt des Holzes erweitern. Die Abkehr von kantigen Strukturen im Bauwesen, Möbelbau und Innenausbau haben die Designer zuerst zur Kunststoffverwendung beflügelt. Die Besinnung auf längst bekannte handwerkliche Erfahrungen bei der Formgebung von Holz und deren Anpassung an die heutigen industriellen Fertigungsabläufe haben die Design-Möglichkeiten mit Holz wieder ins Bewußtsein gerufen. Nicht nur jede Möbelmesse zeugt davon.

Ein lange Zeit vergessener oder gering bewerteter Aspekt bei der Werkstoffentscheidung war deren jeweilige spezifische Umweltrelevanz. Holz hat sowohl beim Wachstum, bei dem Abbau von Rohstofflagerstätten-der Holzernte-oder bei der Holzverarbeitung überdurchschnittlich vorteilhafte umweltschonende Eigenschaften, deren Bedeutung nur bei kurzfristiger Betrachtung gering geschätzt werden kann. Diese vorteilhaften umweltschonenden Eigenschaften auch für Holzwerkstoffe zu erhalten, sollte Ansporn sein, um Kombinationen von Holz und Holzpartikeln mit umweltbelastenden Chemikalien (Formaldehyd, Phenol, PCP, Lindan usw.) oder Verbundwerkstoffen (z.B. Aluminium) auf das unumgänglich Notwendige einzuschränken.

Die üblicherweise als Holzeigenschaften angegebenen Kenndaten sind meist an kleinen fehlerfreien Holzproben ermittelt worden. Den in Abhängigkeit vom Einzelbaum und vom Baumteil wechselnden Eigenschaften des Holzes infolge der vertikalen und horizontalen Gliederung, der Schaftform, der Ästigkeit, der wechselnden Faserorientierung, der Reaktionsholzbildung und der Verkernung sowie auch der Veränderungen durch biotische Einwirkungen werden solche Kennwerte aber nicht gerecht.

Solange das Holz in rundem oder nur wenig bearbeiteten Zustand Verwendung findet, kommen diese die Individualität eines Stammes ausmachenden Kriterien in der Beurteilung besonders zum Ausdruck. Die in der großen Zahl der in Bäumen einer Holzart vorkommenden Strukturen, Dimensionen und Formen konnten solange vorteilhaft genutzt werden oder deren negative Folgen umgangen werden, als die Stämme und Baumteile einer

individuellen Beurteilung unterzogen und individuell genutzt wurden.
Den vielfältigen Bedürfnissen der Einsatzbereiche des Holzes konnte
durch gezielte Holzartenauswahl und Baumeinteilung Rechnung getragen
werden.

Mit der Ausbreitung der industriellen Produktionsweisen in den meisten
Verwendungsbereichen des Holzes veränderte sich die Beurteilung im
Hinblick auf den Rohstoff Holz und vor allem des individuellen Baumes.
Hinzu kam, daß die Entwicklung von Werkstoffen mit makroskopisch wesentlich homogeneren Eigenschaften einen nicht zu unterschätzenden
Wettbewerbsdruck ausübten. Die Verwendung von Holz in seinem gewachsenen Gefüge ist mit zunehmender Entwicklung der Industrie immer mehr
zurückgegangen, obwohl immer noch bedeutende Verwendungsgebiete dem
wenig bearbeiteten Baum im gewachsenen Gefüge erhalten bleiben werden.

Die grundlegende Entscheidung der Holzverwendung ist die Auswahl der
Baumart, weil dadurch eine Vorentscheidung für ein engeres Eigenschaftsspektrum getroffen wird. Die Anzahl der baumbildenden verholzten Pflan-
zenarten ist riesig. In Mitteleuropa, das zu den artenarmen Gebieten
der Welt gerechnet wird, kann man sich mit etwa 30 Nutzhölzern
(Sachsse, 1984) nur schwer ein Bild von der Mannigfaltigkeit der Baum-
bzw. Holzarten machen. Weltweit wird mit etwa 2 000 technisch-wirtschaft-
lich genutzten Baumarten gerechnet.

Es darf aber nicht unerwähnt bleiben, daß von diesen Baumarten nur wenige Gattungen einer intensiven wirtschaftlichen Nutzung zugeführt werden können, da ihr Eigenschaftsspektrum den Anforderungen einer Massen-
verarbeitung am wenigsten Widerstände entgegenstellt. Zu diesen Gattungen gehören in Mitteleuropa Picea spec., Pinus spec., Abies spec.,
Fagus und Quercusarten. Weltweit großindustrielle Bedeutung haben außerdem die Arten der Gattungen Eucalyptus, Pinus, Tsuga, Pseudotsuga,
Larix, Shorea, Tectona, Betula, Populus, um nur einige zu nennen.

Für sechs wichtige Holzeigenschaften ist die Variabilität in Tabelle
3.1 dargestellt. Holz erweist sich daraus als leichter und fester Bau-
stoff. Festigkeits- und Elastizitätswerte zahlreicher Holzarten sind
in DIN 68 364 niedergelegt.

Baumarten mit homogenerem Wachstumsbild, gleichmäßiger Farbe scheinen
die für industrielle Verarbeitung geeigneteren. Je vielgestaltiger die
Form der Bäume, um so mehr entzieht sich ihr Holz einer großtechni-
schen Nutzung. Intensive Farbe und Zeichnung sind Voraussetzung für

dekorative Verwendung des Holzes, die aber schon mehr auf individuelle
dem Stamm angepaßte Verarbeitungsbedingungen ausgerichtet ist. Früher
haben auch standortspezifische Eigenschaftsunterschiede eine noch
größere Beachtung gefunden als heute.

Die Holzwerkstoffe sind einerseits eine Antwort der Holztechnologie
auf die sich verändernden wirtschaftlichen Notwendigkeiten bei der
Fertigung von Holzprodukten, andererseits mußten einige Vorzüge des
Holzes aufgegeben werden, um homogene Werkstoffe zu erreichen. Diese
Vorzüge werden zum Teil unter nicht unerheblichem Aufwand den Werk-
stoffen durch Veredelung wieder gegeben.

Tabelle 3.1: Variabilität einiger Holzeigenschaften

Rohdichte	0,1	...	1,2 g/cm³
Elastizitätsmodul, parallel	2600	...	80 000 N/mm²
Druckfestigkeit, parallel	359	...	126 N/mm²
Zugfestigkeit	30	...	290 N/mm²
tangentiales Schwindmaß	3,5	...	11 %
Wärmeleitfähigkeit	0,06	...	0,2 W/mK

(aus: Knigge u. Schulz, 1966; Kordina u. Mayer-Ottens, 1983; Kollmann,
      1951)

3 Vom Baum zum Holzwerkstoff –
Ziele und Mittel der Werkstoffentwicklung

3.1 Ziele der Werkstoffentwicklung

Die Holzeigenschaften, die sich durch Holzartenauswahl vorherbestimmen
lassen, sind im wesentlichen:
Farbe und Zeichnung,
chemische Zusammensetzung,
Witterungsbeständigkeit,
Beständigkeit gegen biotische Schädlinge sowie
Festigkeit und
Dimensionsstabilität.

Diese vorteilhaften Eigenschaften des Holzes im Holzwerkstoff zur Wirkung kommen zu lassen und zu verbessern, ist das Ziel der Holzwerkstoffentwicklung.

Weiteres Rahmenziel der Werkstoffentwicklung ist es, die für die Verwendung weniger vorteilhaften Eigenschaften des Holzes durch gezielte
Verfahrensschritte in ihrer Wirkung einzuschränken oder sogar ganz
auszuschalten. Als Beispiele dafür können genannt werden (s. Tabelle
3.2.):
die Inhomogenität des Holzes,
die Ansisotropie der Festigkeitseigenschaften,
die begrenzten Abmessungen eines Stammes,
das Brandverhalten.

Eine Anpassung an den jeweiligen Verwendungszweck wird dadurch erforderlich, daß einige Eigenschaften in manchen Verwendungsgebieten vorteilhaft sein können (z.B. hohe Zugfestigkeit in Faserrichtung im Vergleich
zur Querzugfestigkeit) und in anderen wieder weniger gewünscht sind.

In den folgenden Abschnitten werden 8 Motive für die Werkstoffentwicklung besprochen.

Tabelle 3.2: Worin liegen die Vorteile der Holzwerkstoffe?

Nachteile des Rund- und Schnittholzes eindämmen:
        begrenzte Abmessungen,
        Inhomogenität,
        Anisotropie,
        Wuchsunregelmäßigkeiten/Fehler
        Quellung + Schwindung

Vorteile des Holzes bewahren:
        vielseitige Eigenschaften - Gewicht, Festigkeit,
                                    Farbe, Dauerhaftigkeit
        geringes Gewicht
        leichte Bearbeitbarkeit
        Gestaltungsmöglichkeiten - Designvielfalt
        Verbreitung dort, wo Lebensbedingungen für den Menschen
        positive gesamtökologische Bewertung
                        Umweltfreundlichkeit
                        Energiesparend

3.1.1 Homogenisierung

Die verwendungsbezogene Homogenisierung der Holzeigenschaften beginnt
mit der Auswahl der zu fällenden Baumarten, Baumdurchmesser usw.
sowie der Einteilung des Stammes im Wald. Im Reinbestand finden sich
Randbäume, unterdrückte Stämme, unterwüchsige Stämme oder solche, die
weiteren Wachstumsraum hatten neben solchen in engerem Verband gewachsenen. Bäume, die vom Alter, der individuellen Veranlagung, von der
Wasserführung und Nährstoffangebot des Bodens, von der Hangneigung,
der Exposition, der Windeinwirkung mehr oder weniger begünstigt oder
gegenüber den benachbarten Bäumen benachteiligt waren. Hinzu kommen
biotische Einflüsse, die Form (z.B. Kiefernposthornwickler) oder Ab-
m essungen (z.B. Rotfäule) beeinträchtigen oder abiotische Schadwir-
kungen wie Blitzschlag, Sturmbruch oder Frosteinwirkung, die die Ausbildung des verwertbaren Holzkörpers in mannigfaltigster Art beeinflussen und neben dem genetischen Potential bestimmen können. Nicht unerwähnt bleiben sollen die Vielzahl von waldbaulichen Möglichkeiten, die
Ausprägung der Form und innere Homogenität der Stämme eines Waldbe-
standes in Grenzen zu variieren. Pflanzverbände, Läuterung, Durch-

forstung, Ästung, Hiebsalter, Wildbestandsregulierung sind nur einige
Begriffe, die die menschliche Einwirkung charakterisieren sollen.

Die Homogenisierung geschieht durch Einteilung in homogene Stammabschnitte. Das Vorgehen dazu ist in verschiedensten Holzmeßanweisun-
gen niedergelegt. Das Bestreben ist, ein Optimum zu finden zwischen
zuviel und zuwenig differenzierenden Einteilungen. Wesentliche Kriterien sind die Abmessungen (Durchmesser, Länge), die Form (geradschaf-
tig, krumm, vollholzig, abholzig) und Qualität. Das Zerlegen des ge-
fällten Baumes in einzelne für den Verwendungszweck und die Beförderung geeignete Teile ist das Ziel der Sortierung im Wald. Zwischen
absoluten und Gebrauchssorten wird ein Optimum angestrebt. Beispiel
für eine weitreichende verwendungsbezogene Sortierung von Holz sind
aus dem Schiffsbau oder aus dem Fachwerksbau bekannt. Die Grundschwelle
der Fachwerkhäuser sind am besten aus altem Eichenholz oder aus kerni-
gem Kiefernholz, und der Stamm liegt mit seiner verkernten Seite auf
dem gemauerten Gebäudesockel. Die hohe Druckfestigkeit des verkernten
Holzes und seine größere Dauerhaftigkeit waren die entscheidenden
Auswahlkriterien (Issel, 1900).

Die Sortierungsbestimmungen tragen also den jeweiligen Marktverhältnis-
sen Rechnung durch die Vielzahl der Gruppen und der Differenziertheit
der Verwenderansprüche. Eichenwerkholz oder Prügelholz sind Sorten aus
einer Zeit sehr verwendungsbezogener Sortierung (Gayer u. Fabricius,
1949, S. 207 ff.). Alte Sortierungsbestimmungen können für einen am
Holz Interessierten eine Fundgrube für ehemalige Holzverwendungen sein.

Bei hochwertigen Sortimenten (Furnier, Teilfurnier, Schnittholz) werden die Klassen enger begrenzt sein als bei geringerwertigen Massen-
sortimenten (Industrieholz). In Deutschland waren noch vor dem 1. Weltkrieg 79 Sortierungsvorschriften amtlich gültig. Im Zuge der Verein-
heitlichung in größeren Wirtschaftsräumen wurde danach eine preußische
Holzmeßanweisung (1925) und eine bayerische Holzsortierungsanweisung
(1927) erlassen. Später folgte die HoMA (1936).

In aller Regel wird das Rundholz unterschieden nach Furnierholz, Säge-
holz, Konstruktionsholz und Faserholz sowie Brennholz.

Die Homogenisierung des Holzes erfährt dann nach der 1. Stufe der Bearbeitung einen weiteren Fortschritt. Sortierungsbestimmungen für be-
arbeitetes Holz sind dann öffentlich, wenn diese Halbprodukte gehandelt
werden. Dies trifft für Schnittholz und Furniere zu.

Die Sortierungsbestimmungen für Schnittholz sind in allen Ländern sehr
differenziert. Sie weisen teilweise Sonderbestimmungen für einzelne
Holzarten auf. Auf frühe Schnittholzsortierungen weisen auch die Anforderungen an den verschiedenen Holzbausystemen hin. Für die regelgemäße
Ausführung von Blockhauswänden bedarf es vor allem geradgewachsener
Hölzer mit Blockquerschnitten von 12/15 mal 15 bis 40 cm² (Lachner,
1887).

Bei Holzsortimenten für hochwertige Verwendungszwecke werden auch die
Wuchsgebiete unterschiedlich bewertet. Über die Bemühungen, genügend
hochwertiges Schiffsbauholz zu bekommen, berichtet z.B. schon Steinhaus (1858), als Lehrer an der Schiffsbauschule der hamburgischen Ge-
sellschaft zur Beförderung der Künste und nützlichen Gewerbe.

Als wertbestimmende Qualitätskriterien für Schnittholz gelten weltweit:
Anzahl, Form, Größe, Gesundheit und Lage der Äste, Breite und Gleichmäßigkeit der Jahrringe, Gerad-, Dreh- oder Wildwuchs, Größe und Verlauf von Rissen, Harzgallen und Harzgänge in Anzahl und Größe, Latex-
kanäle, unerwünschte Verfärbungen, Baum/Wandkante, Fäulnis, Insekten-
löcher oder Fraßgänge.

Als Merkmale aller "grading rules", die Schnittholz meist in 6 Klassen
einteilen, schälen sich heraus:
Die beste Klasse weist feinjähriges, ast- und fehlerfreies Holz möglichst breiter und langer Ware aus. Natürliche Unregelmäßigkeiten
degradieren die Ware abgestuft bis zur 2. und 3. Klasse. Holz aus
diesen Klassen eignet sich mit mehr oder weniger Abfall/Verschnitt
für dekorative Zwecke. Schnittholz der 4. Klasse greift schon über zu
den Anforderungen des Konstruktionsholzes. Für die Einteilung von
Konstruktionsholz wird an der Einteilung nach der wirklich entscheidenden Größe - der Festigkeit des Brettes - gearbeitet (vgl. z.B.
DIN 4074). Die 5. Klasse ist die eigentliche Klasse für Bauholz. Die
schlechteste Klasse - häufig "Sexta" genannt - umfaßt die stärksten
Äste, die tolerant gegenüber der Baumkante - bezeichnet immer noch
gesundes Holz. Unter dem Begriff Ausschuß - eigentlich die 7. Klasse -
werden nicht mehr gebrauchstaugliche Schnittholzpartien gehandelt.

Eine ausführliche maximale Zusammenstellung der Sortierungsregeln finden sich bei Lohmann (1987). Für Furniere haben sich meist firmen-
interne Klassifizierungen eingeführt, weil die meisten Furniere beim
Hersteller weiterverarbeitet werden. Für den internationalen Handel
gelten häufig die Sortierungen des Herstellerlandes. Der Endverbraucher

übernimmt die dekorativen Furniere meist nach eigener Probesortierung
beim Händler oder Hersteller, wodurch die speziellen verwendungsbezo-
genen Merkmale ohne zu große Übertragungsfehler zweckentsprechende
Bewertung und Geltung finden können.

Hackschnitzel und Späne, ferner Sägemehl oder Fasern sowie Zellstoffe,
um bis zu den am weitesten zerkleinerten Holzpartikeln vorzudringen,
haben wiederum ihre eigenen Sortierungskriterien. Grundlagen für die
Sortierung von Holzschnitzeln wurden vor längerem erarbeitet (Paulitsch, 1976) und auf den neuesten Stand gebracht (s. z.B. Becker,
1986).

Immer wieder sind die Holzart, die Abmessungen, deren Häufigkeitsver-
teilungen, der Gesundheitszustand und die Ab- oder Anwesenheit von
Verunreinigungen die entscheidenden Kriterien für die Einteilung in
einzelne Klassen. Das gemeinsame Ziel aller Sortierungsbestimmungen
ist die möglichst genaue Beschreibung des Gutes für den Weiterverarbei-
ter. Diesem kommt es darauf an, über lange Zeiträume gleichartiges,
durch die Klassifizierung möglichst homogenisiertes Ausgangsmaterial
zu beziehen.

Es liegt in der Natur, daß der Gültigkeitsbereich der Sortierungsbestimmungen mit der Ausdehnung der Handelsbeziehungen immer größer
wird. Für viele Produkte, z.B. Hackschnitzel (von Neuseeland oder Südamerika bis nach Japan) oder Zellstoffe, gelten die Sortierungsbestimmungen weltweit.

3.1.2. Abmessungen

Über Jahrhunderte haben die Abmessungen des Einzelbaumes die Höhe der
Stabkirchen, die Länge von Schiffen, die Höhe von Masten oder die
Spannweiten von Deckenkonstruktionen und Brücken bestimmt. Die höchsten Bäume waren aber nicht immer diejenigen, die sich für die größten
Bauwerke eigneten. Zu häufig beeinträchtigen die Unregelmäßigkeiten
im Baumwachstum die Festigkeit oder Dauerhaftigkeit des Baumes. Bei
älteren Fachwerkhäusern in Niedersachsen und Hessen findet man durch-
gängig, daß die zwei untersten Stockwerke zusammengezogen sind. Die
Stiele mußten also lang und gerade sein (Isssel, H. 190, S. 21). Aus
zahlreichen mittelalterlichen Berichten über den Bau von berühmten
Kirchen (St. Denis, St. Paul in London) sind die Schwierigkeiten bei
der Suche nach über 35 oder 50 Fuß langen Eichenstämmen bekannt (s.

z.B. bei Radakan u. Schäfer, 1987). Die Bauherren haben Jahre nach geeigneten Stämmen suchen lassen. Bald sind dem Konstrukteur die dadurch vorgegebenen Grenzen bewußt und zu eng geworden.

Die Suche nach Möglichkeiten, die Grenzen der durch die Stämme vorgegebenen Abmessungen zu überwinden, hat die Entwicklung der Holzverarbeitung vorangetrieben. Die Flächenvergrößerung und die Verlängerung der Bretter mußte erreicht werden. Metallische Verbindungsmittel und formschlüssige Verbindungen haben diese Grenzen überwinden helfen.

Die lange Tradition der Holz-Metallverbindungen wird bei der Betrachtung früher, mittelalterlicher Truhen augenfällig. Beispielsweise wurden westfälische Frontalstollentruhen im Bretterbau gefertigt, indem die Brettstollen mit den Seitenwänden durch metallische Beschläge verbunden wurden. Waagerecht verfestigen sie die Verbindung zwischen den Brettstollen und den Seitenwänden und senkrecht werden die Wände mit dem Boden verfestigt. Ungenauigkeiten in den Passungen, erhöhte Toleranzen bei den Passungen und Bretterabmessungen, die die Festigkeit der Verbindungen nicht zu hoch werden ließen, könnten damit auch in ihrer negativen Wirkung für die Stabilität des Möbels ausgeglichen worden sein. Erst die Erfindung der geeigneten Handhobel machten derart starke zusätzliche Verbindungen mit Metallbeschlägen überflüssig. Und die ehemals funktionalen Beschläge wurden zu dekorativen Elementen weiterentwickelt (Windisch-Graetz, 1982).

Der vollwandige Querschnitt wurde bereits im Mittelalter mittels Verdübelungen und Verbolzungen erstellt und ist beim frühen Brückenbau verwendet worden. Wie vielfältig die Verbindungen zwischen den Holzbauteilen eines Fachwerkhauses sind, das wurde versucht in Abbildung 3.4. darzustellen.

Erst durch die Verwendung von Leimen und Klebern konnte aber das größere Potential der großflächigen kraftschlüssigen Verbindungen ausgenutzt werden. So ist die Entwicklung großflächiger Dach- und Hallenkonstruktionen aus Holz, aber auch riesiger plattenförmiger Holzwerkstoffe, bis heute untrennbar mit den diesbezüglichen Innovationen der chemischen Industrie verbunden.

Eines der besten Beispiele für die heutigen Möglichkeiten gibt wohl die hölzerne Spannbandbrücke, die 190 m über den Main-Donau-Kanal bei Essing überspannt (ANON., 1988).

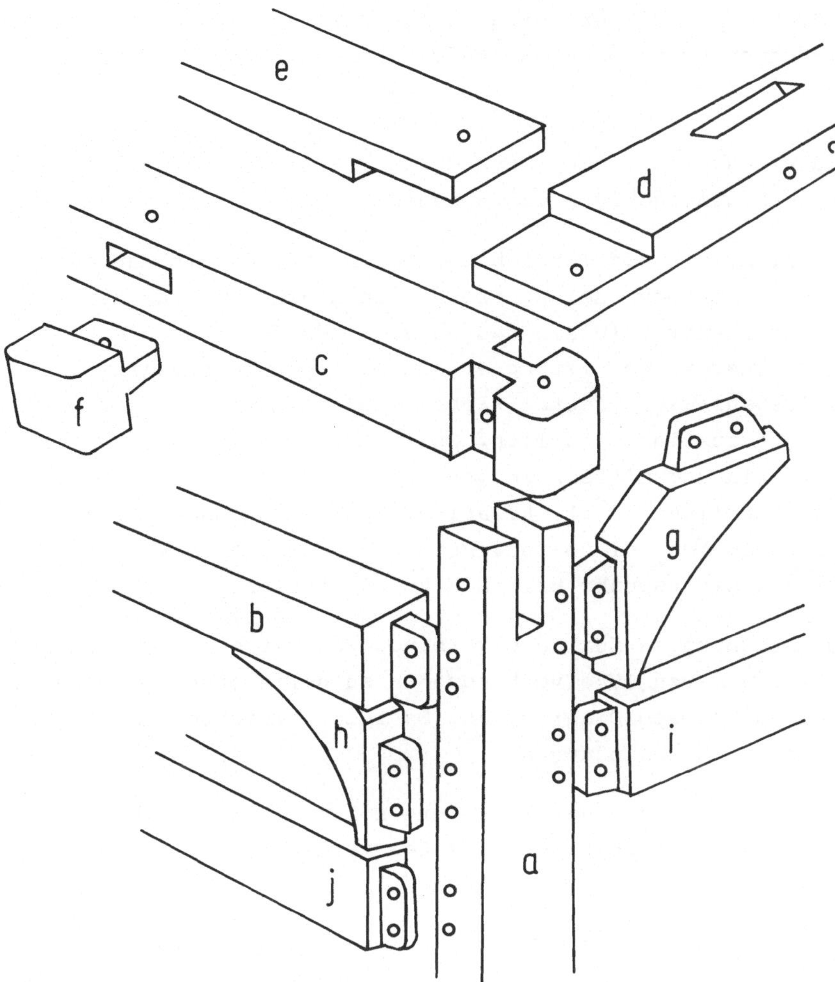

Abb. 3.4: Holzverbindungen für ein Fachwerkhaus (n. Gerner, 1983)
     a) Eckständer mit Einhalsung
     b) Ankerbalken eingezapft
     c) Ankerbalken eingehalst
     d + e) Überplattung der Rahmenhölzer
     f) Eingezapfter Balkenkopf
     g + h) eingezapfte Kopfbänder
     i + j) eingezapfte Riegel

Mit der stirnseitigen Keilzinkung der Bretter können theoretisch endlos lange Holzquerschnitte beliebiger Dimensionen geschaffen werden. Die Grenzen liegen nicht mehr im Material selbst, sondern in den Herstellungs- und Montageeinrichtungen. Selbst sphärische Formen lassen sich erstellen - Holz wird für viele Betonbauten zum Konkurrenten.

Für den modernen Holzingenieurbau wurden teilweise die zimmermannsmäßigen Verbindungen übernommen und teilweise neue Verbindungen entwickelt. Aus dem Zimmermannsbau sind es vor allem die Versätze und Verzapfungen sowie der Hartholzdübel. Neu entwickelte Verbindungen sind die Nagel- und die Dübelbauweisen, die zudem durch ständige Weiterentwicklung dem Holzbau neue Einsatzgebiete erschließen.

Eine, wenn nicht die erfolgreichste Verbindung, erhält man durch das Verleimen von Brettern. Belastbare Verbindungsmittel für den Holzbau müssen selbst fester sein als das zu verbindende Holz; die Bindekraft moderner Kunstharzkleber ist höher als die Scherfestigkeit des Holzes. Durch die Auswahl wasserfester Kleber sind auch weniger geschützte Leimbinderkonstruktionen möglich. Charakteristische Unterschiede zwischen den Verbindungsmitteln zeigen sich im Kraft-Verschiebungs- diagramm (s. Abbildung 3.5). Relativ große Verformungen schon bei geringen Lasten treten bei Bolzenverbindungen auf. Auch Versätze sind unter diesem Gesichtspunkt kritisch zu beurteilen.

Entwicklungsrichtungen für Nagelverbindungen mit dem Ziel höherer Belastbarkeit und von Dübelverbindungen zu geringeren Verformungen leiten sich aus diesem Diagramm ab. Es zeigt gleichzeitig die Über- legenheit der Leimverbindungen.

Dübel, Nägel oder Bolzen durch größere Holzquerschnitte können allerdings höhere Belastungen tragen als Leimverbindungen, deren Grenzen in der Scherfestigkeit des Holzes liegen.

Den Verbindungsmitteln kommt heute eine zentrale Stellung in der Bemessung und konstruktiven Gestaltung von Holzbauwerken zu. Sie sind deshalb Gegenstand zahlreicher Entwicklungen. Für die Verbindung von hölzernen Tragelementen mit Lochblechen, Zahnplatten, Hängebügel oder Schraubennägel sind einige Grundsätze zu beachten. Die Beanspruchung sollte parallel zur Faserrichtung erfolgen und möglichst weitgehend Rücksicht auf die Holzstruktur nehmen. Die Belastung des gewachsenen Holzes sollte möglichst gleichmäßig sein. Spannungsspitzen durch Kerb- wirkung oder sprunghafte Kraftübertragung sind ungünstig. Die An- schlüsse sollten möglichst mittig, nicht exzentrisch angesetzt sein.

Auch die große Fläche bildet heute kein unüberwindbares Hindernis mehr. Kleine Holzpartikel (Furniere, Späne, Fasern) werden mit Leim verbunden und zu Platten verpreßt. Über 100 m² große Spanplatten werden heute auf einer Einetagenpresse in einem Arbeitsgang hergestellt (vgl. Hanek,

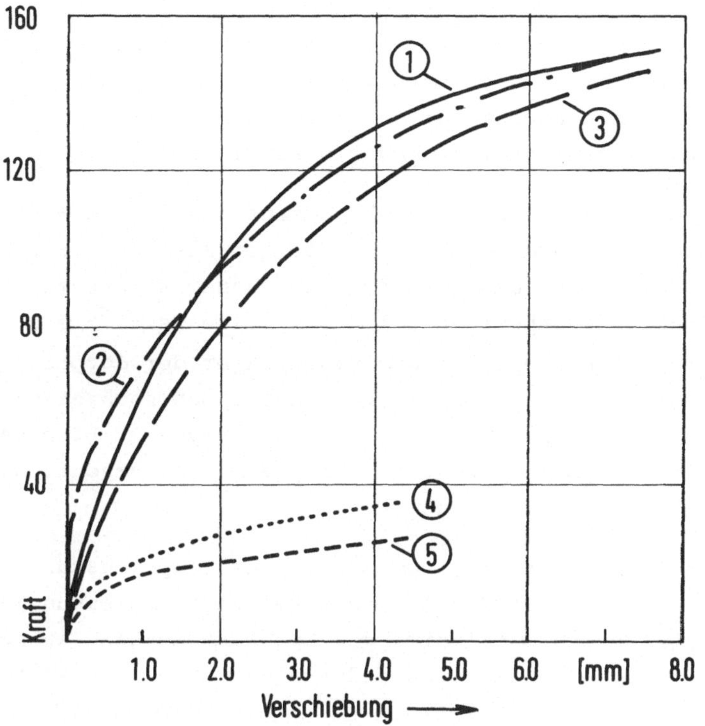

Abbildung 3.5: Beispiele für Kraft-Verschiebungslinien von Holz-
              verbindungen mit mechanischen Verbindungsmitteln

1988). Computergestützte Verschnittoptimierung ermöglicht die material-
sparende Aufteilung in kleinst- und größtformatige Zuschnitte.

Die Verwendung fester und großflächiger Holzwerkstoffe gibt besondere
Möglichkeiten gleichzeitig tragender und raumabschließender Bauteile,
die zeitweise besonders in der Fertigbauweise genutzt werden, z.B.
als Einfamilienhauswände in einem Stück mit großflächigen Holzspanplatten gebildet wurden.

3.1.3. Dimensionsstabilisierung - Trocknung und Absperrung

Der Holzfeuchtigkeitsgehalt ist eine der wichtigsten Zustandsgrößen
des Holzes, da die meisten physikalischen, technologischen und verarbeitungstechnischen Eigenschaften dieses Werkstoffes von seinem
jeweiligen Feuchtigkeitsgehalt abhängig sind.

Der Feuchtigkeitsgehalt des Holzes kann sich aus freiem Wasser in den
Hohlräumen der Zellen und zwischen den Zellen aus kapillargebundenem
Wasser in den Zellen und aus chemisch gebundenem Wasser zusammensetzen.
Von den chemischen Hauptbestandteilen des Holzes sind die Polyosen
wegen ihrer starken Hydrophylie die Hauptträger der Sorption. Auch die
Zellulosen haben aufgrund ihrer freien OH-Gruppen noch einen großen
Anteil, wenn auch geringeren Anteil als die Polyosen. Lignine sorbieren
nur geringfügig und können, wenn sie Polysacharide umschließen, deren
sorptive Wirkung beeinträchtigen.

Änderungen des Holzfeuchtigkeitsgehaltes, des Sorptionszustandes von
Holz, sind verbunden mit äußerlich feststellbaren Abmessungsänderungen,
Folgen der Schwind- und Quellvorgänge. Den Zusammenhang zwischen
Feuchtigkeitsgehalt und Dimensionsänderungen von Holz stellt Abbildung
3.6 dar.

In dem Holz-Feuchtigkeitsbereich von 5 bis 20 % besteht ein annähernd
linearer Zusammenhang zwischen der Volumenquellung und der Holzfeuchtigkeit. Bei Annäherung der Holzfeuchtigkeit an den Fasersättigungs-
bereich, der je nach Holzart etwa zwischen ca. 22 und 30 % Holzfeuchtigkeit liegt, weist der Verlauf der Quellenkurve bei den einzelnen
Holzarten große Unterschiede auf.

Infolge der im Holz ausgeprägten Orientierung der quellbaren Molekül-
verbände und der Holzzellen bestehen große Unterschiede zwischen den
Schwindmaßen in den drei anatomischen Hauptrichtungen. In tangentialer
Richtung ist die Schwindung am größten; wesentlich kleiner ist sie
in radialer Richtung, und in longitudinaler Richtung ist die Schwindung
außerordentlich klein, für viele Anwendungsfälle vernachlässigbar. In
Tabelle 3.3 sind für wichtige Holzarten die Schwindmaße angegeben.

Durch das Zusammenwirken der Anisotropie der Dimensionsänderungen und
der Festigkeiten, Elastizitäten und des Kriechens, verformt sich das
Massivholz in zwar gesetzmäßigen, aber aufgrund der vielfältigen Einflüsse (Trocknungsgradient, Ausgangsfeuchtigkeiten) nicht immer vor-

Tabelle 3.3: Schwindmaße wichtiger Wirtschaftsholzarten

Holzart	Botanischer Name	Dichte r_o g/cm³	axial	rad.	tang.	Vol.
Europäische Nadelhölzer						
Fichte	Picea excelsa	0,43	0,3	3,6	7,9	11,9
Sitkafichte	Picea sitchensis	0,42	0,4	4,3	7,5	12,2
Kiefer	Pinus sylvestris	0,49	0,4	4,0	7,7	12,1
Weymouthskiefer	Pinus strobus	0,37	0,2	2,3	6,0	8,5
Lärche europ.	Larix europea	0,55	0,1	3,8	7,8	11,4
Tanne	Abies pectinata	0,41	0,1	3,8	7,8	11,5
Europäische Laubhölzer						
Bergahorn	Acer pseudoplatanus	0,59	0,5	3,0	8,0	11,5
Bergulme	Ulmus montana	0,64	0,3	4,6	8,3	13,2
Birnbaum	Pirus communis	0,70	0,4	4,6	9,1	14,1
Birke	Betula verrucosa	0,61	0,6	5,3	7,8	13,7
Esche	Fraxinus excelsior	0,65	0,2	5,0	8,0	13,2
Linde	Tilia spec.	0,49	0,3	5,5	9,1	14,9
Platane	Platanus orientalis	0,58	0,5	4,5	8,7	13,7
Rotbuche	Fagus silvatica	0,68	0,3	5,8	11,8	17,9
Schwarzpappel	Populus nigra	0,41	0,3	5,2	8,3	13,8
Spitzahorn	Acer platanoides	0,62	0,5	3,2	8,4	12,1
Stieleiche	Quercus pedunculata	0,65	0,4	4,0	7,8	12,2
Traubeneiche	Quercus sessiliflora	0,65	0,4	4,0	7,8	12,2
Walnuß	Juglans regia	0,64	0,5	5,4	7,5	13,4
Außereuropäische Nadelhölzer						
Balsamtanne	Abies balsamea	0,41	0,4	2,8	6,8	9,8
Douglasie	Pseudotsuga taxifolia	0,47	0,3	4,2	7,4	11,9
Gelbkiefer	Pinus ponderosa	0,42	0,2	3,9	6,3	10,4
Pechkiefer	Pinus rigida	0,52	0,4	4,0	7,1	11,5
Riesenlebensbaum	Thuja plicata	0,34	0,2	2,4	5,0	7,6
Schierlingstanne	Tsuga canadensis	0,43	0,2	3,0	6,8	10,0
Silbertanne	Abies concolor	0,40	0,3	3,2	7,0	10,5
Zypresse	Cupressus sempervirens	0,55	0,2	3,5	4,8	8,5
Außereuropäische Laubhölzer						
Balsa	Ochroma lagopus	0,13	0,6	3,0	3,5	7,1
Bongossi	Lphira procera	1,04	0,3	7,4	8,7	16,4
Eucalyptus	Eucalyptus marginata	0,85	0,5	6,2	9,9	16,6
Gelbbirke	Betula lutea	0,66	0,5	7,2	9,2	16,9
Hickory	Hicoria alba	0,77	0,6	7,8	11,0	18,4
Limba	Terminalia superba	0,54	0,3	3,5	6,3	10,1
Mahagoni	Mahogani jacq.	0,55	0,3	3,2	5,1	8,6
Okume	Aucoumea klaineana	0,42	0,2	4,1	6,6	10,9
Pockholz	Guaiacum officinale	1,23	0,1	5,6	9,3	15,0
Roteiche	Quercus robur	0,66	0,7	4,0	8,2	12,9
Teakholz	Tectona grandis	0,63	0,6	3,0	5,8	9,4
Tulpenbaum	Liriodendron tulipif.	0,43	0,8	4,0	7,1	11,9
Weißeiche	Quercus alba	0,71	0,9	5,3	9,0	15,2

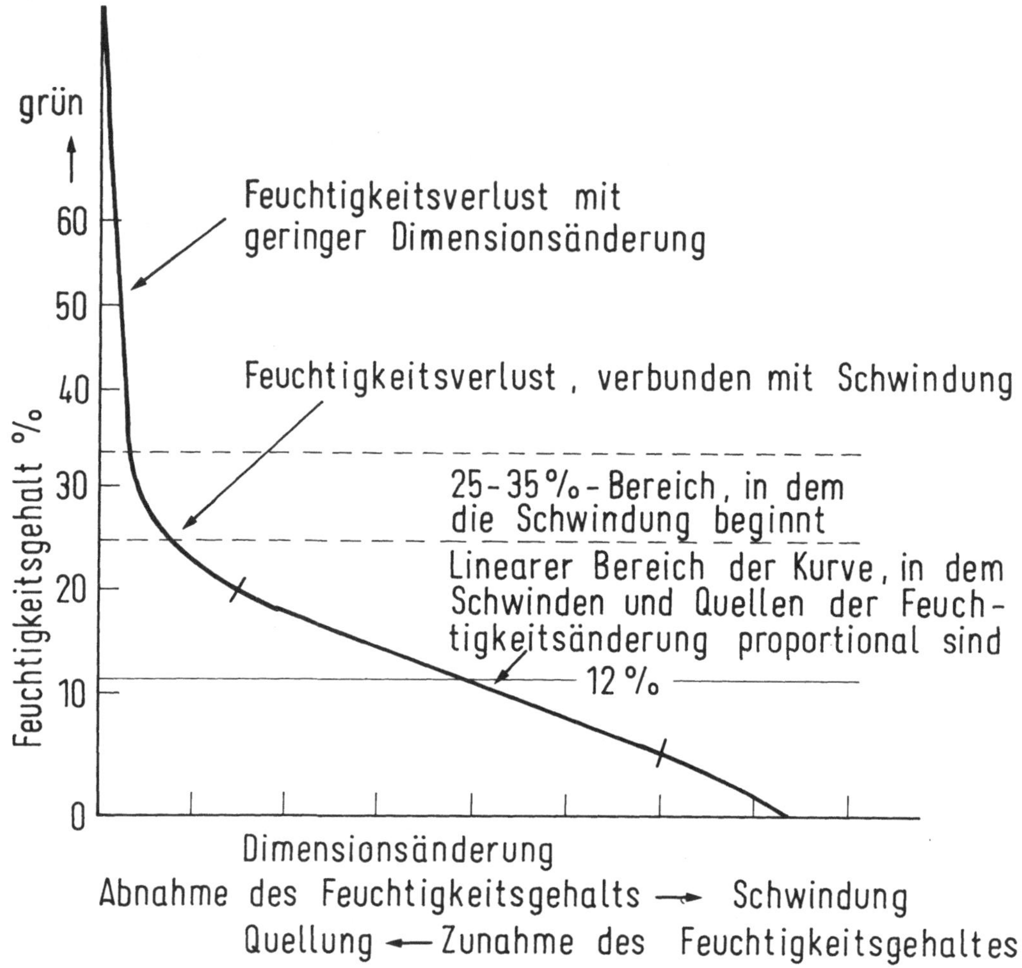

Abbildung 3.6: Zusammenhang zwischen Feuchtigkeitsgehalt und
Dimensionsänderungen von Holz

hersehbarem Ausmaß. Die generellen Verformungstendenzen von Schnitt-
holzquerschnitten je nach ihrer Lage im Stammquerschnitt veranschaulicht Abbildung 3.7.

Die Möglichkeiten, die Formänderungen von Holz zu verringern, waren
gering. Man glaubte zum Beispiel durch das "vollständige Ausziehen des
Saftes aus dem Holze ... die Verhinderung des Werfens und Krümmens
desselben zu erzielen" (Schultze, 1841, S. 297). Wie wenig die Reduk-

tion der Dimensionsänderung von Holz damit beeinflußt wird, wird an
Abbildung 3.6 deutlich. Nach vollständigem Ausziehen des "Saftes"
dürfte die Holzfeuchtigkeit bei 25 bis 35 % gelegen haben. Erfolgrei-
cher war wohl die Berücksichtigung des Quellens und Schwindens in der

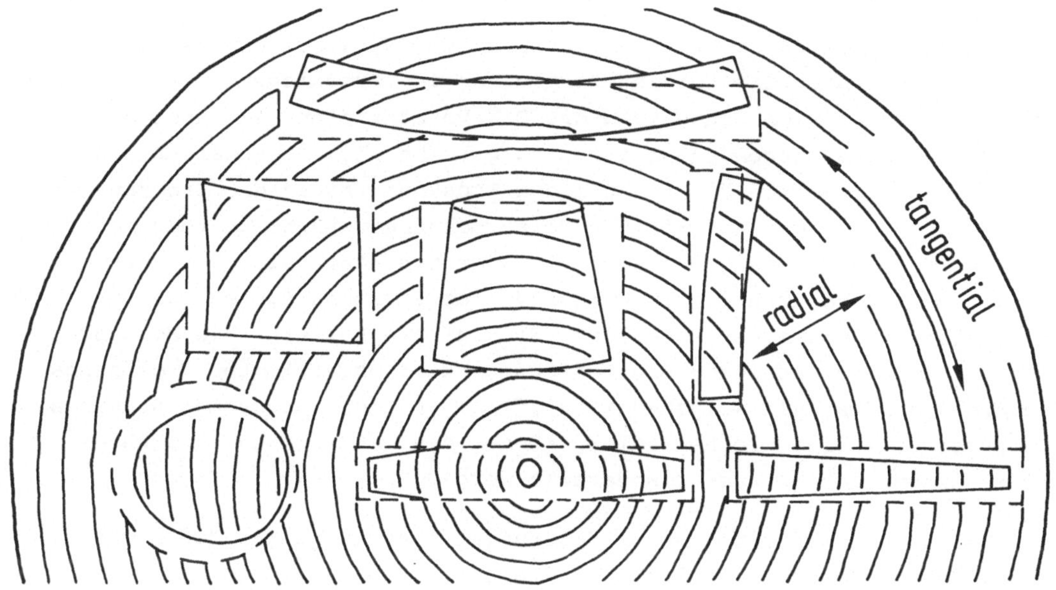

Abb. 3.7: Schwind-Verformungen von Massivholz entsprechend seiner ur-
          sprünglichen Lage im Stamm, in Abhängigkeit von dem Verlauf
          der Jahresringe im Holzquerschnitt.
          Beachte: Riftholz schwindet bevorzugt in der Dicke, Flach-
          schnitt-Holz schwindet vorwiegend in der Breite.

Baukonstruktion. Gayer und Fabricius (1949, S. 440) übermitteln frühere
Erfahrungen über die Verwendung des Holzes im Hochbau. Stockwerke, die
ohne durchgehende senkrechte Bauhölzer aufeinandergesetzt wurden, setzten sich infolge des starken Schwindens der Schwellen, Pfetten und
Balken (der waagrechten Teile). Bei dreistöckigen Häusern konnte das
5 bis 6 cm ausmachen. Der Bau kam erst nach mehreren Jahren zur Ruhe,
und die Verschiebungen konnten außen durch Verschindelung bzw. Ver-
täfelung überdeckt werden.

Große Bedeutung zur Vermeidung der negativen Folgen des "Arbeitens des Holzes" kommt also der Anpassung der Holzfeuchtigkeit vor dem Einbau an den für die Lebensdauer hauptsächlich herrschenden Feuchtigkeitsbereich zu. Ein Großteil des Schwindens vor dem Einbau zu gestatten und für die weiteren Quell- und Schwindbewegungen Fugen vorzusehen, das war und ist das Prinzip des "mit dem Arbeiten des Holzes leben".

Auf umfangreiche Untersuchungen von Graf und Mitarbeitern zwischen 1930 und 1940 über die Holzfeuchtigkeiten in verschiedenen Verwendungszwecken stützen sich heute noch die DIN-Vorschriften (s. Tabelle 3.4). Einer zweckentsprechenden Holztrocknung kommt also besondere Bedeutung zu. Die Möglichkeiten der technischen Trocknung haben die Trocknungszeiten gegenüber der natürlichen Holztrocknung wesentlich reduziert. Zu scharfe Austrocknung von Rundholz oder von stark dimensioniertem Schnittholz kann zu Rißbildung in radialer Richtung führen, da das Holz tangential stärker schwindet. Ein auf die Holzart, die Holzabmessungen sowie auf Anfangs- und Endfeuchtigkeit abgestimmtes Trocknungsprogramm schützt vor weiteren mannigfaltigen Trocknungsschäden. Durch computergesteuerte Trockenkammern können die gewünschten Trocknungsbedingungen noch genauer eingestellt werden.

Die Verringerung der Dimensionsänderungen kann nicht nur durch Trocknung, sondern auch durch Verfahrenstechnik erreicht werden.

Die Versuche und Verfahren zur Verminderung der Feuchteverformung von Holz sind sehr vielgestaltig. Burmester (1970) unterscheidet chemische und physikalische Verfahren von mechanischen Verfahren zur Dimensionsstabilisierung von Massivholz sowie die Gefügeveränderung von Holz.

Die Veränderung des Gefüges von Holz durch Zerkleinerung und das Wiederzusammenfügen der Leisten, Furniere, Späne oder Fasern in gezielter Anordnung kann die Anisotropie der Quellung und Schwindung verringern und durch gegenseitiges Absperren zur Dimensionsstabilisierung beitragen. Bei diesen Prozessen wirken meist physikalische und mechanische Wirkungsmechanismen an einer weiteren Dimensionsstabilisierung mit. Die Relationen zwischen den Dimensionsänderungen des Holzes und der Holzwerkstoffe veranschaulicht Abbildung 3.8. Für diese Darstellung ist die für Holz günstigte (das Rift-Brett) und ungünstigste (das Flachschnitt-Brett) als Bezugsbasis angegeben.

Die Holzwerkstoffe liegen hinsichtlich des Ausmaßes ihrer Dimensionsänderungen dazwischen, sind aber deutlich weniger anisotrop als die Massivholzbretter.

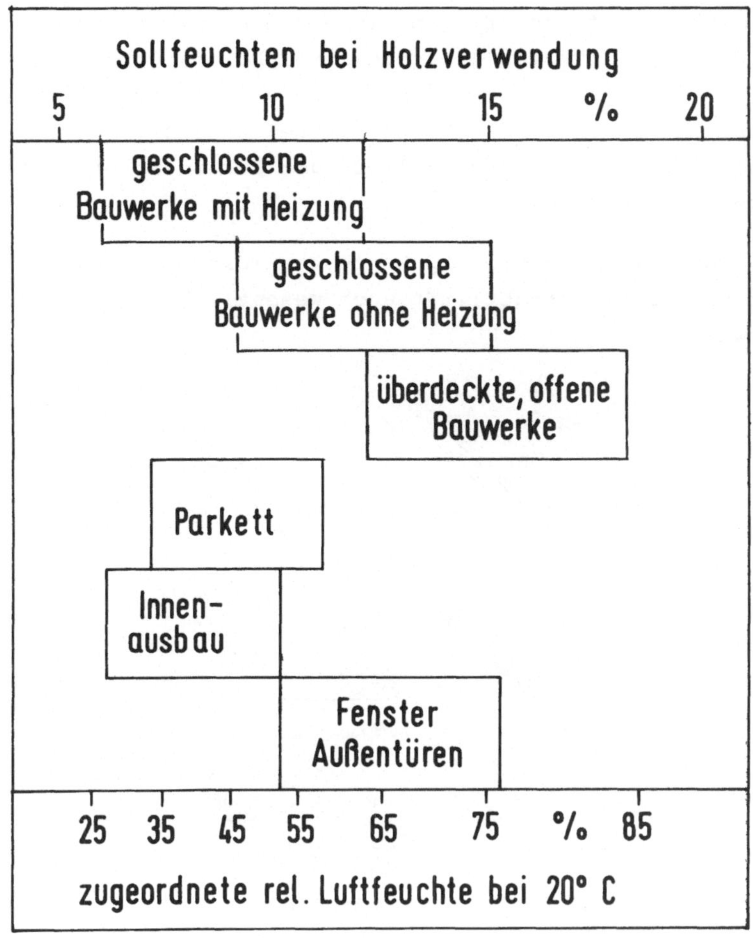

Tabelle 3.4: Sollfeuchten nach verschiedenen Normen bei der Holz-
            verwendung und ihre zugeordneten relativen Luftfeuchten

Chemische Verfahren zur Verminderung der Feuchteverformung von Holz
haben das Ziel, das Verhalten von Holz dadurch zu beeinflussen, daß
Stoffe in das Holz eingelagert werden oder besser mit den Holzbestand-
teilen eine chemische Verbindung eingehen. Die meisten zur Vergütung
eingesetzten Substanzen sind organische Monomere. Sie bieten den Vorzug, leicht in das Holz einbringbar zu sein und dann durch Polymerisa-

tion in Holz in einen unlöslichen Zustand überführt werden zu können.
Formaldehyd wurde schon früh als eine erfolgversprechende Reagenz
untersucht, wobei die Imprägnierung mit wässrigen Lösungen und die

Begasung meßbare Erfolge bringen. In der Praxis hat aber die Behandlung von Holz mit Glykolen (Polyethylenglykolen) größere Beachtung gefunden. In der Spanplattenindustrie werden Wachsdispersionen auf die Späne gesprüht, um damit die Kurzzeit-Quellungswerte zu reduzieren. Steinkohlenteerölimprägnierte Hölzer oder Faserplatten zeigen auch reduzierte Formänderungen.

Als Polymerholz wurde styrolimprägniertes Holz bekannt, daß neben verbesserter Diemsionsstabilität auch wesentlich erhöhte Festigkeitswerte aufweist.

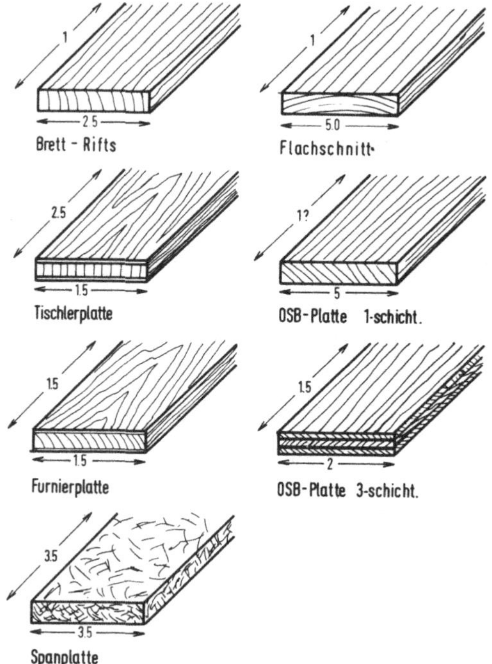

Abbildung 3.8: Vergleich der Quellung und Schwindung von Brett und Holzwerkstoffplatten

Eine Vielzahl von Spezialprodukten konnte mit der Imprägnierung von Holz oder Furnieren mit Phenol-Formaldehyd-Harzen entwickelt werden. Die Imprägnierung erfolgt dabei mit niedermolekularen wasserlöslichen Harzen. Unter Einfluß von Wärme wachsen diese Moleküle dann zum räumlich vernetzten Makromolekül. Durch Tränkung und Verdichtung des Holzes erhält man Kunstharzpreßholz mit stark verminderten Quellwerten, allerdings auch sonstigen Veränderungen (z.B. Farbe, Rohdichte).

Als physikalische Verfahren zur Dimensionsstabilisierung sind Hitze-
und Feuchtigkeitseinwirkungen verschiedener Temperatur und Dauer zu
verstehen. Dazu zählen auch die verschiedenen Verfahren der Holztrocknung. Als weiteres physikalisches Verfahren müssen die Beschichtungen
und Anstriche genannt werden. Es wird dabei durch den Abschluß der
Oberflächen des getrockneten Holzes mittels festen oder flüssigen
Materialien versucht, die Dimensionsstabilität zu erreichen. Sofern der
Abschluß nicht allseitig lückenlos vorgenommen wird, gelangt Feuchtigkeit in das Trägermaterial bzw. entweicht aus ihm und verursacht
Quellen und Schwinden. Die Praxis hat nun immer wieder deutlich gemacht,
daß ein lückenloser Abschluß über Jahre hinweg nicht aufrechterhalten
werden kann. Dampfdifusion, mechan. Beschädigungen, unzureichende
Dauerhaftigkeit des Abschlußmaterials sind einige Gründe dafür. Dimen-
sionsstabile Außenbauteile erfordern deshalb eine anstrichgerechte
Formgebung und Konstruktion, einen technisch einwandfreien Anstrich-
aufbau mit genauestens aufeinander abgestimmten Werkstoffen (s. z.B.
DGfH,1981).

3.1.4. Schutz des Holzes gegen biotische Schädlinge

Zahlreiche Bakterien, Pilze und Insekten sind mit ihrem Stoffwechsel in
der Lage, aus dem Holz Nahrungsstoffe zu gewinnen. Schließen sie die
Zellulose oder den Ligninanteil des Holzes auf, wirken sie als holzzerstörende Lebewesen. Leben sie nur von dem Zellsaft, sind sie gelegentlich farbverändernd (z.B. Bläue), nicht aber festigkeitszerstörend.

In dieser Zersetzbarkeit liegt ein Nachteil, aber zugleich ein nicht
mehr unterschätzbarer Vorzug dieses Werkstoffes. Die Probleme mit der
Abfallbeseitigung sind bei Holz und Holzwerkstoffen wesentlich geringer, solange es nicht durch chemische Behandlung mit umweltbeeinträch-
tigenden Substanzen kombiniert wurde. — Ein nicht zu gering zu bewer-
tender Vorteil des Holzes in unserer heutigen "Wegwerfgesellschaft." —
Andererseits liegt in seiner Zersetzbarkeit ein erheblicher Nachteil
als Bau- und Werkstoff. Allerdings ist die Gefährdung des Holzes
durch Bakterien, Pilze oder Insekten angegriffen zu werden, sehr stark
abhängig von dem Holzfeuchtigkeitsgehalt. Das Vorkommen dieser Lebewesen ist selbst an die unterschiedlichsten Temperaturen und Feuchtig-
keitsbedingungen gebunden, so daß sie Holz vor allem in dem jeweils
optimalen Zustand als Nahrungsmittel aufschließen können.

Holz hat sich dennoch beispielsweise über Jahrhunderte als Gründungselement für Großbauten (Hafenbauten, Kirchen) oder ganzen Städten (z.B. Venedig) hervorragend bewährt, da es bei vollständiger Durchfeuchtung sehr dauerhaft ist. Erst bei nachträglicher Trockenlegung dieser Pfahlgründungen, z.B. infolge von Grundwasserabsenkungen, verliert der Holzpfahl seine Festigkeit. Im Salzwasser der Meere gibt es jedoch auch zahlreiche Lebewesen, die das Holz zersetzen können.

Unter mitteleuropäischen Bedingungen ist Holz im Bauwesen aber durch zahlreiche holzzerstörende Lebewesen bedroht. Die Bemühungen, das Holz durch geeignete Maßnahmen zu schützen, sind daher so alt wie die Holzverwendung selbst.

Aus dem Altertum sind zahlreiche Mittel aus ätherischen Ölen und Pechen bekannt, mit denen wenig resistente Holzarten behandelt wurden.

Die Möglichkeiten, durch geeignete Holzartenwahl einer biotischen Zerstörung der Bauwerke vorzubeugen, sind erst mit zunehmendem internationalen Holzhandel auszunutzen. Beispielsweise wird heute bei hoch belasteten Bauteilen Bongossi im Wasserbau oder werden rote afrikanische, asiatische Hölzer (z.B. Meranti) im Fenster- und Türenbau eingesetzt. Schon früh hat man auch - wie schon erwähnt - Eichen-, Kiefern- oder Lärchenkernholz für feuchtigkeitsbelastete Bauteile (z.B. Schwellen in Fachwerkhäusern) eingesetzt. In Tabelle 3.5. sind Holzarten mit erhöhter Resistenz angegeben.

Der regionale Mangel in solchen resistenten Holzarten oder ihr hoher Preis haben aber den Einsatz von Schutzmitteln gefördert. Nach Zeiten einer übermäßigen, aus moderner Sicht auch z.T. unnötigen Verwendung von Holzschutzmitteln, strebt man heute, nicht zuletzt wegen einer umweltschutzbewußten Risikoabwägung, zu einer sparsameren,bewußteren Holzschutzmittelverwendung. Häufig wurde auch die Notwendigkeit zur dekorativen Gestaltung mit einer Schutzmittelbehandlung gleichgesetzt.

Aus Schadensanalysen und der Kenntnis der Lebensbedingungen von Holzschädlingen wurde vor nicht allzulanger Zeit ein allgemein anerkanntes Schema zur Beurteilung der Gefährdung von Holz unter mitteleuropäischen Verhältnissen entwickelt. Danach unterscheidet man jetzt 5 Gefährdungsklassen. Diesen Klassen wurden Anforderungen an Holzschutzmittel zugeordnet. In der Gefährdungsklasse 0, den sehr trockenen Anwendungsgebieten ohne baustatische Belastung der Hölzer (Holzfeuchtigkeit um 8 %), sind keine Schutzmittel erforderlich. Bei einer dekorativen Gestaltung der Oberfläche ist keine Schutzbehandlung erforderlich.

Tabelle 3.5: Holzarten mit erhöhter Resistenz des Kernholzes gegen
Pilzbefall sowie gegen Holzschädlinge im Meerwasser
(n. DIN 68 364)

	Roh-dichte (g/cm^3)	Holzarten mit sehr hoher natürlicher Resistenz des Kernholzes gegen Pilzbefall	Holzarten mit mäßig hoher Resistenz des Kernholzes gegen Pilzbefall	Holzarten mit besonderer Resistenz gegen Meerwasser
Lärche	0,5		+	
Eiche (Quercus spec.)	0,62		+	
Mattose (Tieghemella africana)	0,62	+		
Daru Red Meranti (Shorea Curtisii)	0,58-		+	
Kambala (Chlorophora exelsa)	0,63	+		
Teak (Tectona grandis)	0,65	+		
Afrormosia (Pericopsis elata)	0,65	+		
Keruing (Dipterocarpus alatus)	0,7		+	
Basralocus (Dicorynia gnianensis)	0,72	+		+
Merbau (Intsia palembanica)	0,75	+		
Wenge (Millettia laurentii)	0,79	+		
Greenheart (Ocotea rodiei)	0,98	+		+
Bongossi (Lophira alata)	1,0	+		+
Doulasie (Pseudotsuga menziesii)	0,5		+	
Redwood (Sequoia sempervirens)	0,38		+	
Western Red Cedar (Thuya plicata)	0,34		+	

Die Gefährdungsklassen 1 bis 4 sind in Tabelle 3.6 ausreichend beschrieben. In dieser Tabelle sind auch die Ansprüche an die Wirksamkeiten der Schutzmittel wiedergegeben.

Es liegt nicht nur im Sinne des Umweltschutzes, zu beachten, daß Holzschutzmittel nur in dem wirklich erforderlichen Umfang und mit möglichst wenig auswaschbaren Mitteln verwendet werden. Einige Holzschutzmittel sind mit ihrer Wirksamkeit in Tabelle 3.7 aufgeführt. Das wichtigste Kriterium des modernen Holzschutzes aber ist es, das Holz in einen Feuchte-Zustand zu bringen und dann möglichst darin zu halten, in dem die Lebensbedingungen von holzzerstörenden Organismen ungünstig sind.

Für Bakterien, Pilze und Insekten wachstumsbestimmende physikalische Faktoren sind vor allem die Feuchtigkeit, Temperatur und Luftgeschwindigkeit. Auch die Abwesenheit von Nahrungsstoffen hemmt das Pilzwachstum. Der Zeitpunkt des Holzeinschlages und die Dauer der Ablagerung bestimmen den Nahrungsgehalt mit. Saftführendes Holz ist aus diesem Grunde zu vermeiden.

Unangenehmerweise haben die Holzschädlinge verschiedene optimale Wachstumsbedingungen. Abbildung 3.9 macht die Holzfeuchtigkeitsansprüche von drei in Mitteleuropa verbreiteten holzabbauenden Insekten deutlich. Im trockenen Zustand ist Holz also wenig gefährdet. Dies gilt noch stärker für den Schutz vor Pilzen und Bakterien.

Konstruktive Maßnahmen leisten den effektivsten Beitrag, um den Idealzustand der Trockenheit von Holz zu erreichen. Der vorbeugende konstruktive Holzschutz des Mittelalters bestand beim Fachwerkhaus in einem trockenen, gemauerten Sockel, genügend großen Dachvorsprüngen und "Klebedächer" an den Fassaden. Maßnahmen, die im modernen Holzbau wieder Beachtung gefunden haben. Wenn aber der Grenzbereich zwischen Trockenheit und Nässe nicht eindeutig abgegrenzt ist, werden mit Sicherheit Probleme mit der Dauerhaftigkeit von Holzbauteilen auftreten.

Nur wo Holz nicht ausreichend trocken gehalten werden kann, ist ein chemischer Holzschutz angezeigt. Aber dann auch nur so viel, wie unbedingt notwendig.

Bei der Neufassung der DIN 68 800 wurden diese Grundsätze berücksichtigt.

Tabelle 3.6: Anforderungen an die Wirksamkeit von Holz-Schutzmitteln

Anforderungen an die Wirksamkeit von Holzschutzmitteln

Bereich des Holzeinsatzes und Beanspruchung	Zeichen Gefährdungsklasse (GK)	Eingrenzende Merkmale mit Auswirkung auf die erforderlichen Mindestwirksamkeiten	erforderliche biologische Wirksamkeit der Schutzmittel gegen		
			Bläuepilze	holzzerstörende Pilze	holzzerstörende Insekten
2	3	4	5	6	7
Hölzer im Innenbereich ohne Feuchtigkeitsbeanspruchung, Holzfeuchte < 20 %	GK 1	Nadelhölzer und nährstoffarme Laubhölzer		O	
		nährstoffreiche Laufhölzer [1]	□	□	●
Hölzer im Innenbereich mit zeitweisem Holzfeuchtigkeitsanstieg > 20 % Hölzer im Außenbereich unter Dach ohne Erdkontakt	GK 2	Holzverblauung von Bedeutung	●	●	●
		Holzverbláuung ohne Bedeutung	□	●	●
Hölzer im Außenbereich mit direkter Sonnen- und Regenbelastung ohne Erdkontakt	GK 3	Holzverblauung von Bedeutung	●	●	● [3]
		Holzverblauung ohne Bedeutung [2]	□	●	●
Hölzer mit ständigem Erd-/Wasserkontakt [4]	GK 4	Erstbehandlung nur durch Kesseldrucktränkung oder ähnliche Verfahren	□	● einschl. Moderfäule	●

Es bedeuten: ● biologische Wirksamkeit erforderlich □ biologische Wirksamkeit nicht erforderlich O kein Schutzmittel erforderlich

[1] Beispiele: Eichensplintholz, Ramin, Abachi u.ä.
[2] Beispiele: Schindeln, Schuppen, Unterkonstruktionen, oberirdische Teile von Zäunen, Perfolen u.ä.
[3] Bei Fenstern und Außentüren kann auf Insektenschutz verzichtet werden.
[4] Anmerkung: Gütezeichen für Präparate in der Gefährdungsklasse 4 werden nicht vergeben, solange in diesem Anwendungsbereich allgemein Holzschutzmittel mit Prüfzeichen (PA V) vorgeschrieben sind bzw. zur Anwendung gelangen.

Tabelle 3.7: Holzschutzmittel

	Zum Streichen und Spritzen geeignet	Wirksamkeit	Auswasch-beständig	Giftklasse
Wasserlösliche Schutzmittel				
NF-Salze	nein	P	nein	2
Zinkverbindung	ja	P	nein	3
CF-Salze	soweit über 10 % löslich	P Ib	ja	2
CFA-Salze	soweit über 10 % löslich	P Iv	ja	1
SF-Salze	ja	P Iv	nein	2
HF-Salze	ja	P Iv (Ib)	nein	2
Borpräparate	ja	P Iv	nein	—
Ölige Schutzmittel				
Carbolineen	ja	P (Iv)	ja	meist —
Teerölpräparate	ja	P Iv	ja	meist —
Chlornaphtalinpräparate	ja	P Iv	ja	meist —
Lösungsmittelhaltige				
Präparate (Anstrichstoffe)	ja	P Iv (Ib)	ja	meist —
Begasungsmittel	—	Ib	—	1
Heißluft	—	Ib	—	—

P:	Wirksam gegen Pilze
Iv:	Gegen Insekten vorbeugend wirksam
( ):	Nur bei Tiefschutz Wirkung nachgewiesen
Ib:	Gegen Insekten bekämpfend wirksam
—:	Nicht geeignet bzw. nicht ausgewiesen

Erläuterungen:

Randschutz:	Eindringtiefe liegt in der Größenordnung von Millimetern
Tiefschutz:	Eindringtiefe größer als 10 Millimeter
Vollschutz:	Gesamter Holzquerschnitt wird getränkt

Unter den vielen Holzarten gibt es auch solche, die gegenüber Chemikalien überdurchschnittliche Widerstandsfähigkeit aufweisen.

Diese Eigenschaft läßt Holz vorteilhaft gegenüber anderen Baustoffen
bei vielen Anwendungsgebieten in der Chemie erscheinen. Lagerhallen
für Düngemittel sind nur ein Beispiel dafür.

Sicherlich sind Holzoberflächen gegen die moderne Umweltverschmutzung
besser gerüstet als manche Betonoberfläche. Dies gilt besonders für
engringig gewachsenes Holz, dessen Resistenz höher ist als die von
weitringigem.

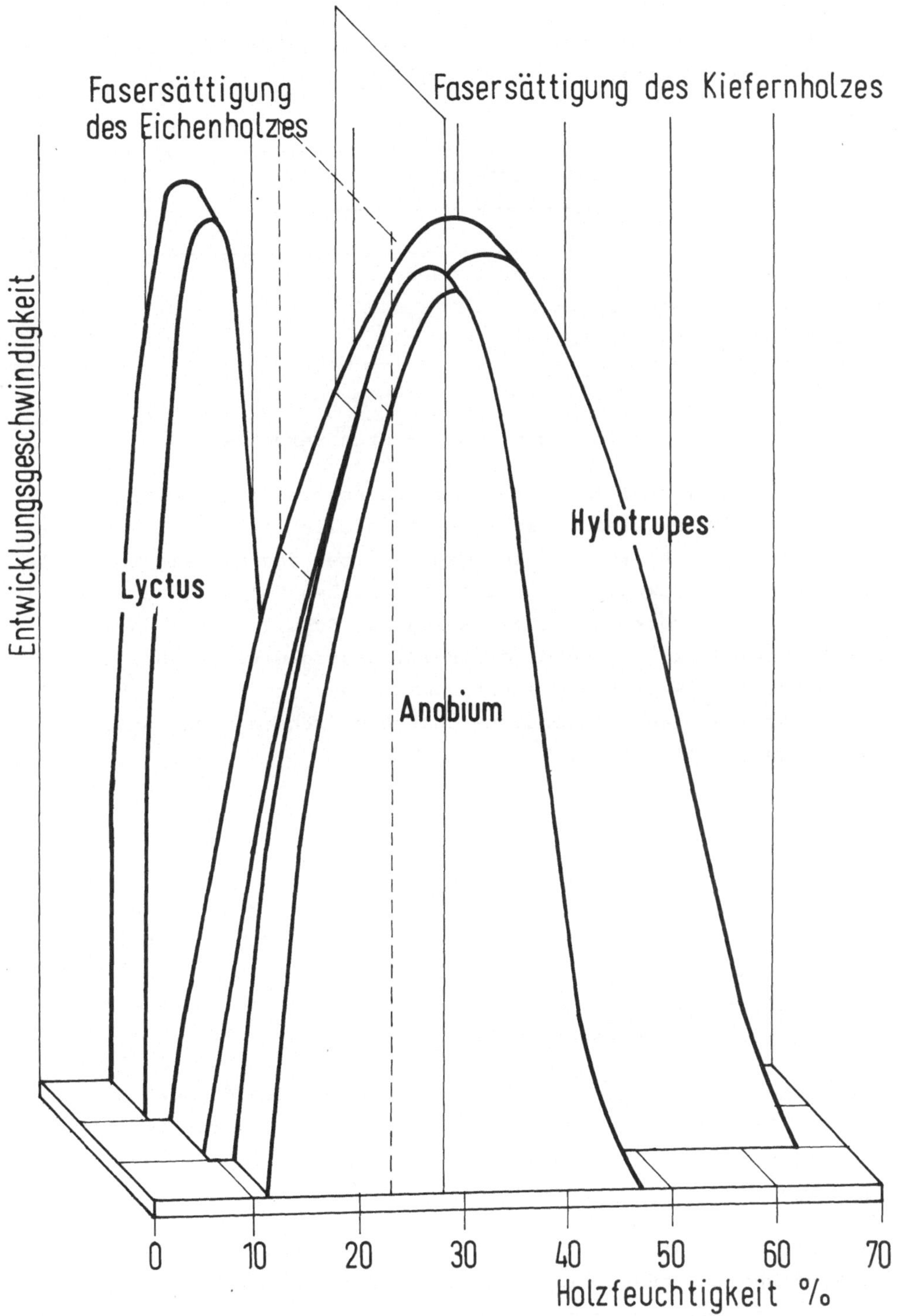

·Abbildung 3.9: Holzfeuchtigkeitansprüche von 3 holzabbauenden Insekten

Tabelle 3.8 nennt die Holzarten, deren hohe Resistenz gegenüber Chemikalien, insbesondere Säuren, bekannt ist.

Tabelle 3.8: Holzarten mit hoher Resistenz des Kernholzes gegen Chemikalien, insbesondere Säuren

	Dichte
Pitchpine (Pinus caribaca, palustus, taeda, rigida)	ca. 0,7g/cm³
Lärche (Larix europaea, japonica)	0,6 g/cm³
Douglasie (Pseudotsuga menziesii)	0,55g/cm³

3.1.5. Widerstandsfähigkeit gegen Feuer - Brandverhalten

Holz setzt sich im wesentlichen aus den brennbaren Naturstoffen Zellulose und Lignin sowie akzessorischen Bestandteilen zusammen. Der Anteil an nicht brennbaren Stoffen ist sehr gering, bei den mitteleuropäischen Nadelhölzern um 0,3 Gew %, bei einigen tropischen Holzarten aber auch bis zu 4 % der Holztrockensubstanz (Knigge u. Schulz, 1966). Nichtbrennbarer Bestandteil ist zudem die Holzfeuchtigkeit. Feuchtigkeitsgehalte von über 20 % können die Entflammbarkeit von Holz fühlbar herabsetzen, sind aber aus holzschutztechnischen Gründen nicht über längeren Zeitraum zu tolerieren.

Eine Erwärmung von Holz führt zuerst zu dessen Trocknung, und damit setzt schon eine Dampfexhalation, später, nach weitgehender Austrocknung, eine chemische Zersetzung der Holzsubstanz ein. Der Zeitpunkt der Entzündung oder eine Entzündungstemperatur hängt im wesentlichen von den Holzabmessungen und der Erwärmungsdauer ab. Holzteile können sich erst nach 20stündiger Erwärmung bei 120 °C oder aber sofort bei ca. 350 °C entzünden; letzteres ist bei kleinen Holzproben beobachtet worden (Kordina u. Meyer-Ottens, 1983).

Leider bestehen nur geringe Unterschiede zwischen den Holzarten bezüglich der Entzündungstemperatur, so daß sich das Brandverhalten von Holzkonstruktionen durch die Auswahl der Holzart nur wenig beeinflussen läßt. Als wichtigster Einflußfaktor ist die Rohdichte bekannt.

Balsaholz hat einen um 10... 20 % geringeren Zündverzug als die Nadelhölzer. Eichenholz wiederum liegt um etwa 10 % besser. Nochmals um den gleichen Betrag besser liegen die Holzarten mit Rohdichten über ca. 700 g/cm³, z.B. Buche oder Pockholz. Der Brandfortschritt nach der Ent-

zündung des Holzes wird durch die Abbrandgeschwindigkeit beschrieben.
Diese wird stärker als von der Rohdichte und der Holzfeuchtigkeit von
der Geometrie des Bauteils (Verhältnis Oberfläche/Volumen) vom Sauer-

stoffangebot (also der Belüftung) und verständlicherweise auch von der
Temperaturbeanspruchung bestimmt. Die Brandtemperatur nimmt starken Einfluß auf die Art der Zersetzung des Holzes. Bei Temperaturen um 300 °C
beginnt der Verbrennungsvorgang exotherm zu werden. Von dieser Temperatur beginnend wird beim Verbrennungsvorgang zusätzlich Energie abgegeben, so daß die Verbrennung von selbst weitergeht. (Diese im Bauwesen
unerwünschte Eigenschaft des Holzes war über Jahrhunderte Grundlage
der Energiegewinnung des Brennholzes.)

Der Heizwert der Zersetzungsgase - brennbare Kohlenwasserstoffe -
erreicht bei 400 °C sein Maximum, um dann über 500 °C wieder abzuneh-
men.

Bezüglich der Wirkung des Holzquerschnittes auf den Abbrand ist zu beachten, daß Risse, Spalten, Fugen oder Astbereiche, um nur einige natürliche Unregelmäßigkeiten an Bauholzquerschnitten zu nennen, nicht zuletzt wegen spezieller Belüftungsbedingungen, den homogenen Querschnitt
vermindern. Sie unterteilen den Bauteilquerschnitt in mehrere kleinere
Einzelquerschnitte, welche dann wesentlich für den Brandverlauf werden
können.

Bei den Abbrandgeschwindigkeiten homogener, nicht profilierter Holzoberflächen wurden Unterschiede zwischen den Holzarten gefunden. Die
Abbrandgeschwindigkeit verlangsamt im wesentlichen mit zunehmender
Rohdichte des Holzes. Fichte und Tanne zeigen Werte von 0,5 mm/min
bis 0,8 mm/min. Bei Eichenholz wird von Abbrandgeschwindigkeiten von
0,35 ... 0,4 mm/min berichtet (Kordina u. Meyer-Ottens, 1983, S. 26).

Bekanntlich bildet sich beim Abbrand von Holz eine Kohleschicht. Diese
haftet am unverkohlten Holzkörper gut an, solange keine Biegespannung
wirkt. Infolge des Brandfortschrittes nimmt aber der tragende Querschnitt von Bieträgern ab, dadurch wirken stärkere Verformungen auf
die in der Biegezugzone befindlichen Holzkohleschicht. Hinzu kommen
die niedrigeren Festigkeiten der verkohlten Schichten (s. Abb. 3.10).
Danach lösen sich die wärmedämmenden Holzkohleschichten in dieser Zone
vorzeitig ab und geben die weniger verkohlten Trägerquerschnitte frei.
Dies fördert den weiteren Abbrand. Für unbekleidete Holz-Zugglieder
sind die Dicken der verkohlenden Holzschutzschichten entsprechend
den gewünschten Feuerwiderstandsdauern festgelegt (s. Abb. 3.10).

Hinsichtlich der Abbrandgeschwindigkeit im Balken oder Dach- bzw.
Deckenschalungen ist zwischen der Oberseite und den Seiten sowie der
Unterseite zu unterscheiden. In den Rechenwerten der DIN 4102, Teil 2,
haben diese Beobachtungen Eingang gefunden. Dort ist auch ein Unterschied zwischen den Abbrandgeschwindigkeiten leichterer Nadelhölzer
und schwererer Laubhölzer (≥ 600 kg/m³) gemacht.

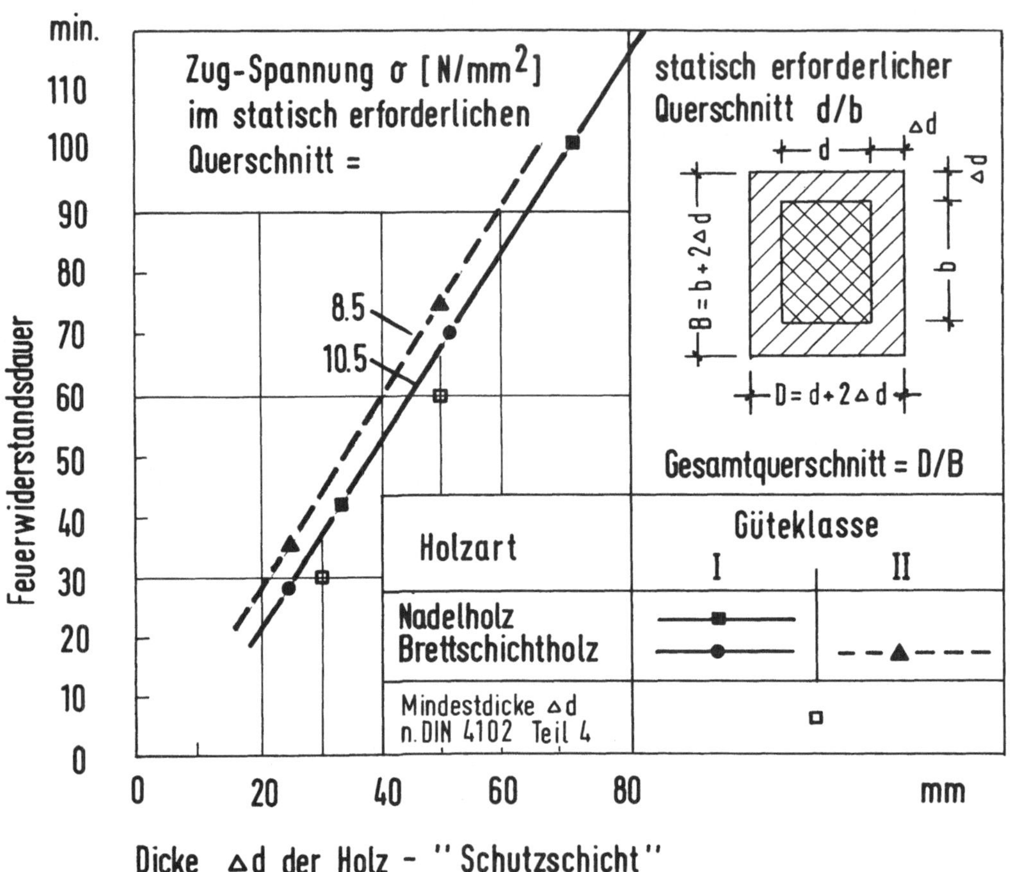

Abb. 3.10: Feuerwiderstandsdauer unbekleideter Holz-Zugglieder in
Abhängigkeit von der Dicke der Holzschutzschicht Δd, der
Holzart, Güteklasse und Zugspannung (n. Kordina et al., 1983

Für eine reproduzierbare Beurteilung von Baustoffen im Brandfall wurde
eine international etwa gleiche Einheitstemperaturkurve ("ETK") festgelegt (s. Abb. 3.11.). Entsprechend diesem Temperatur-Zeitverlauf
werden die Baustoffe in einem Brandschacht belastet (s. DIN 4102,

Teil 2). Verschiedene derartige Prüfungen haben gemeinsam mit anderen, z.B. die Giftigkeit der Brandgase beurteilende Prüfungen, zur Festlegung von Baustoffklassen geführt.

Die Stellung von Holz und Holzwerkstoffen in den Baustoffklassen nach DIN 4102 ist in Tabelle 3.9 angegeben. Daraus ist abzulesen, daß die meisten Holzhalbfabrikate der Baustoffklasse B2 - normalentflammbar - zuzurechnen sind.

Holz und Holzwerkstoffe als normalentflammbare Baustoffe dürfen also im Bauwesen soweit verwendet werden, als nach den bauaufsichtlichen Vorschriften nicht Baustoffe der Klasse B1 oder A verwendet werden müssen.

Zahlreich sind die Bemühungen, aus normalentflammbarem Holz und Holzwerkstoffen feuerwiderstandsfähige Baustoffe zu machen.

Zur Verbesserung des Brandverhaltens von Holz und Holzwerkstoffen sind zahlreiche Verfahren erprobt. Dazu zählen die Imprägnierung der Holzteile mit im Brandfall wasserabspaltenden Schutzsalzen. Die Oberflächenberhandlung mit dämmschichtbildenden Anstrichen ist eine Methode, die wegen der geringen Festigkeit der Anstriche nur direkt im eingebauten Zustand zu empfehlen ist. Es können auch nichtbrennende Decklagen aufgeleimt werden, wobei thermoplastische Kleber nicht verwendet werden dürfen.

Mengenmäßig bedeutsam ist auch die Verwendung von mineralischen Bindemitteln und Zuschlägen für Holzwerkstoffplatten geworden (siehe z.B. zementgebundene Spanplatten).

3.1.6 Mechanische Eigenschaften des Holzes verbessern

Die mechanischen Eigenschaften eines Werkstoffes kennzeichnen seinen Widerstand gegen Belastungen von außen. Holz unterscheidet sich dabei charakteristisch von dem Verhalten anderer Werkstoffe. Die ausgeprägte Anisotropie seines Aufbaus, die Orientierung der Zellulose in den Zellwänden, die bevorzugte Orientierung der Zellen in Längsrichtung und die auf mannigfachen wuchsbedingten Unregelmäßigkeiten bedingte Inhomogenität sind wichtige Unterscheidungsmerkmale. Das ausgeprägte Sorptionsverhalten führt zu deutlich unterschiedlichem Verhalten im Vergleich zu weniger oder nicht hygroskopischen Materialien. Während Metallen und Kunststoffen die Abhängigkeit ihrer mechanischen Eigenschaf-

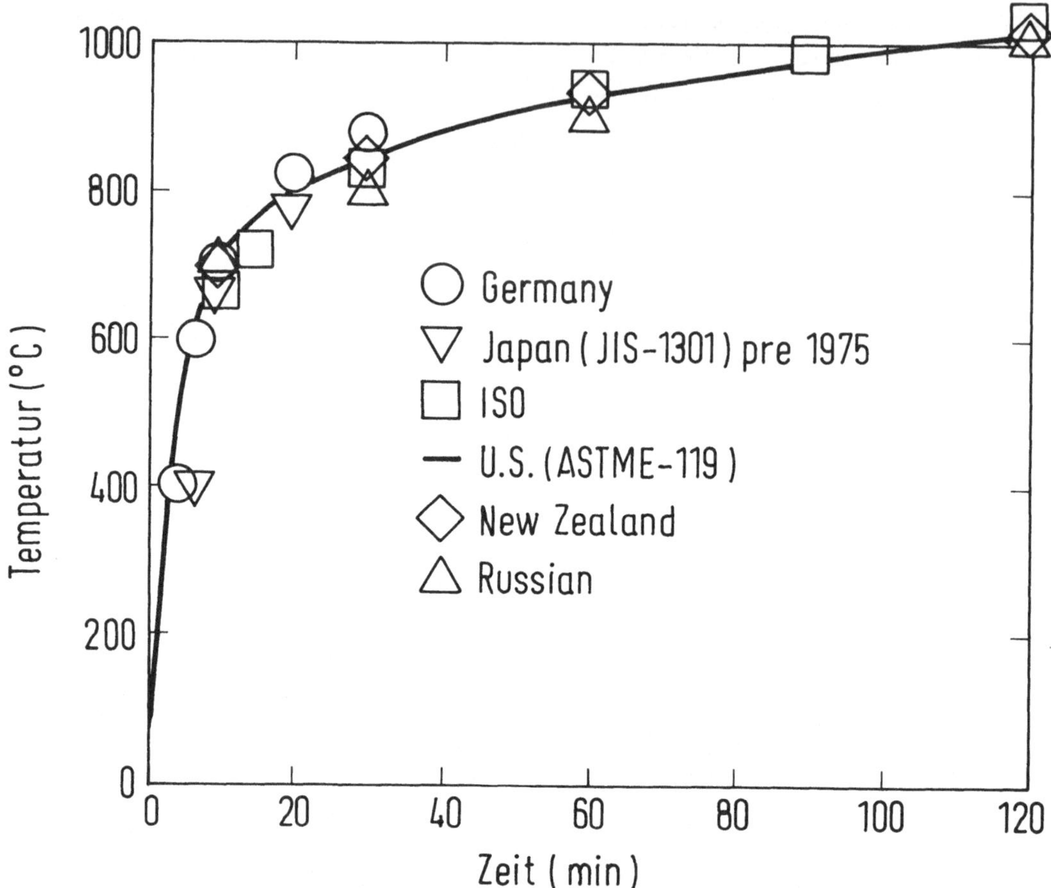

Abbildung 3.11: Standardisierte Temperatur-Belastungskurven in Brand-
schächten zur Ermittlung des Brandverhaltens von Holz
in verschiedenen Ländern (n. Schaffer, 1984)

ten von der Temperatur zu eigen ist, sind die mechanischen Eigenschaften von Werkstoffen aus oder mit Holz im weitaus stärkeren Maße von
ihrer jeweiligen Materialfeuchtigkeit abhängig. In Abbildung 3.12
sind dazu einige Beispiele angegeben.

Dem Verhalten der Werkstoffe bei mechanischer Belastung kommt entscheidende Bedeutung für ihre Verwendungsgebiete zu. Die Festigkeiten und
Elastizitäten des Holzes sind für alle Bereiche des Hoch- und Tiefbaus,
seine Härte und Abnutzungswiderstand für seinen Einsatz im Maschinenbau bestimmend. Die elastischen Eigenschaften verschiedener Holzarten
führen zu deren bevorzugter Verwendung in Sportgeräten, Fahrzeug- oder
Maschinenbau.

Tabelle 3.9: Einordnung von Holz und Holzwerkstoffen in die Baustoffklassen und DIN 4102, Teil 1

Baustoff-klasse	Bauaufsichtliche Benennung	Einordnung von Holz und Holzwerkstoffen ohne Brandschutzmittel
A A1 A2	nichtbrennbare Baustoffe	
B	brennbare Baustoffe	
B1	schwerentflammbare Baustoffe	Holzwolle-Leichtbauplatten nach DIN 1101 Fußbodenbeläge aus Eichen-Parkett aus Parkettstäben n. DIN 280, Teil 1, Mosaik-Parkett-Lamellen n. DIN 280, Teil 2 und Parkettriemen n. DIN 280, Teil 3, jeweils auch mit Versiegelungen
B2	normalentflammbare Baustoffe	Holz n. DIN 4074, Teil 1, DIN 68122, DIN 68123, DIN 68126 Teil 1 und Holzwerkstoffe n. DIN 68705 Teil 3 und Teil 5, DIN 68754 Teil 1, DIN 68763 mit einer Rohdichte von 400 kg/m³ und einer Dicke 2 mm oder mit einer Rohdichte von - 230 kg/m und einer Dicke 5 mm Genormte Holzwerkstoffe, die vollflächig durch eine nicht thermoplastische Verbindung mit Holzfurnieren oder mit DKS-Platten nach DIN 16926 belegt sind Kunststoffbeschichtete dekorative Flachpreßplatten n. DIN 68765, Dicke 4 mm und gleichwertig beschichtete Holzfaserplatten nach DIN 68751, Dicke 3 mm sowie dekorative Schichtpreßstoffplatten u. DIN 16926
B3	leichtentflammbare Baustoffe	Holz und Holzwerkstoffe mit Rohdichten und/oder Dicken, die kleiner als die bei BZ vorgeschrieben sind

Im gewachsenen Holz werden die Festigkeiten der Zellulose aber nur ganz
gering wirksam. Youngquist (1983) hat die Festigkeiten verschiedener
Elemente des Holzes gegenübergestellt (s. Abb. 3.13). Die theoretisch
berechnete Festigkeit eines Zellulosemoleküls beträgt ein Vielfaches
der Festigkeit der einzelnen Holzfaser. Die Holzfaser wiederum ist
etwa fünf mal so zugfest wie fehlerfreies Holz. Die Inhomogenitäten
des Stammes vermindern die Festigkeiten eines regelmäßigen Holzkörpers
nochmals auf etwa 25 %. Trockenes Nadelholz der Güteklasse I hat eine
Biegefestigkeit von etwa 450 bis 600 kp/cm². Bei Nadelholz der Güteklasse II, das z.B. größeren Astanteil aufweisen darf, wird mit Festigkeitswerten von 300 bis 500 kp/cm² gerechnet.

Für die statischen Berechnungen von Holzbauwerken dürfen dann nur
wiederum weiter reduzierte Festigkeitswerte eingesetzt werden, da Ab-
minderungsfaktoren, z.B. für Feuchtigkeitseinflüsse und Kriechen unter
Langzeitbelastung, berücksichtigt werden müssen. Nach DIN 1052 dürfen
für europäische Nadelhölzer der Güteklasse I nur 130 kp/cm² und der

Güteklasse II nur 100 kp/cm² bei Biegebelastung angesetzt werden. Das
schwerere Eichen- und Buchenholz mittlerer Güte wird mit 110 kp/cm²
Biegefestigkeit berechnet.

Das Potential für die Erhöhung der Festigkeitseigenschaften des Holzes
ist also enorm.

Der Nutzungsgrad der Festigkeit des Zellulosemoleküls ist bei den Holzarten verschieden. Die Zugfestigkeiten in Längsrichtung des Holzes
liegen zwischen etwa 600 und 2 000 kp/cm², wobei die am weitesten verbreiteten Nadelhölzer etwa Werte von 800 bis 1 000 kp/cm² aufweisen.
Für Spezialverwendungen können also durchaus Holzarten mit höheren
Festigkeiten ausgewählt werden. Dem internationalen Holzhandel kommt
auch bei der Beschaffung dieser Spezialholzarten eine wichtige Funktion
zu.

Die Abbildung 3.13 macht aber auch deutlich, daß mittels Sortierung
hinsichtlich fehlerfreien Holzes Sortimente mit erhöhten Festigkeiten
gewonnen werden können. Für Massenprodukte bleiben aber nur die Methoden der Homogenisierung durch Zerkleinern und Wiederzusammenfügen. Von
gewissem Erfolg im Hinblick auf höhere Rechenwerte der Festigkeiten ist
die Herstellung von Brettschichtholz. Bei Parallel-Laminierung von
Brettern erhöhen sich die zulässigen Spannungen bei Biegebelastung um

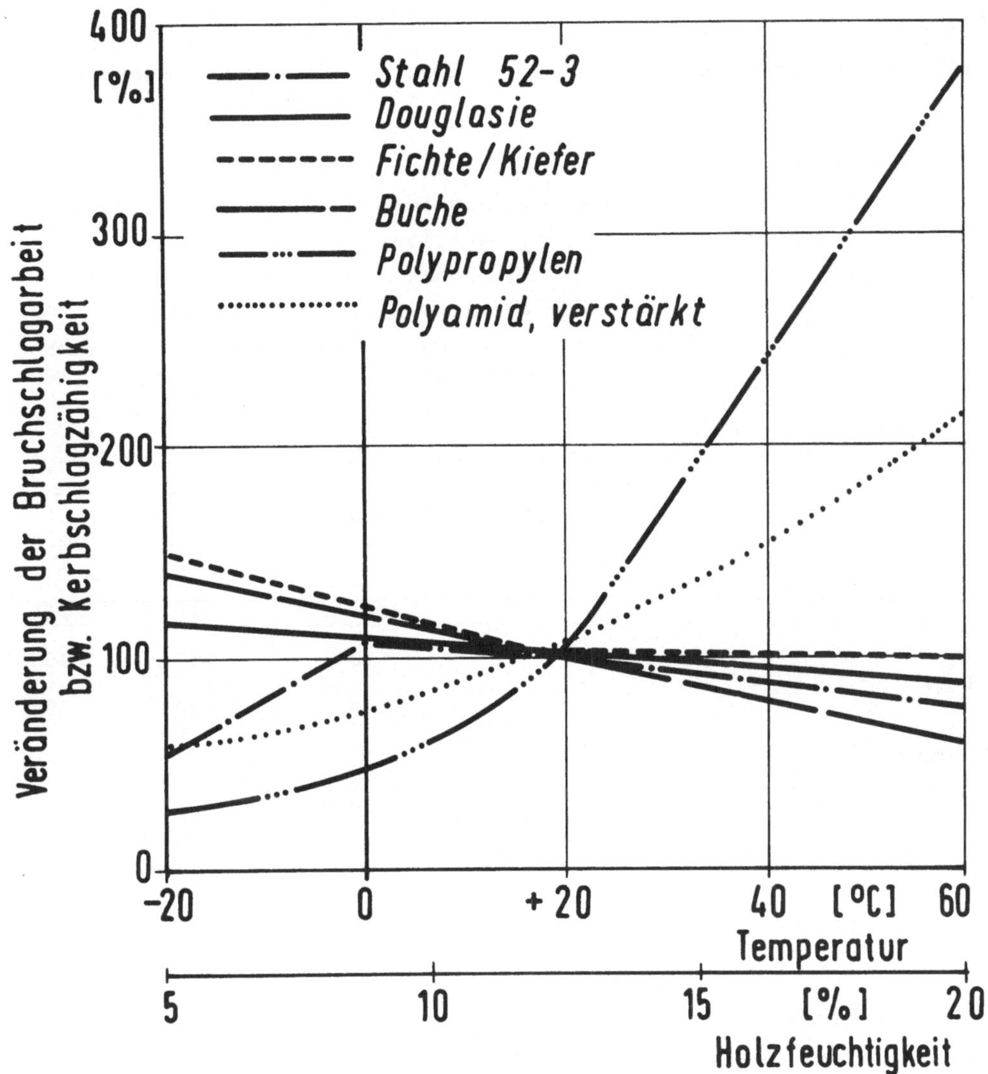

Abb. 3.12: Veränderung der Bruchschlagarbeit bzw. Kerbschlagzähigkeit in Abhängigkeit von Temperatur und Holzfeuchtigkeit

etwa 10 % auf 140 (Güteklasse I) und 110 kp/cm² (Güteklasse II). Die
zulässigen Spannungen für Schub aus Querkraft erhöhen sich sogar um
2 5 % (vgl. Tabelle 3.10).

Die Festigkeiten des Holzes lassen sich durch Parallel-Laminierung
auch dünnerer Holzschichten, also von Furnieren, nur begrenzt erhöhen.
Für solches Schichtholz darf nach Sonderzulassung mit Biegespannungen von 20 mN/m² gerechnet werden (Zulassung IfBT Z. 9.1.-100). Die
Inhomogenität läßt sich durch kreuzweises Verleimen ganz erheblich
reduzieren; die Höhe der Festigkeit verringert sich dadurch aber auch
deutlich.

Tabelle 3.10: Zulässige Biegespannungen für Bauholz (kp/cm²)

	Nadelhölzer Güteklasse		beschicht. Nadelhölzer Güteklasse		Eiche und Buche mittl. Güte	Biegefestigkeit trockenes Nadelholz Güteklasse	
	II	I	II	I		I	II
Biegung zul. B	100	130	110	140	110	450 ... 600	300 ... 500
Schub aus Querkraft zul. T_{II}	9	9	12	12	10		

Um wieviel mehr mußte ein Festigkeitsabfall hingenommen werden, um großflächige Holzplatten herstellen zu können.

Aufgrund der begrenzten Möglichkeiten der Verbesserung seiner Festigkeitseigenschaften wurde Holz als Werkstoff für hoch belastete Konstruktionen des Bauwesens, des Maschinenbaus, des Fahrzeugbaues nach
und nach weniger verwendet. Erst langsam kommt Holz in die Bereiche,
welche mit Modern und High Tech positiv belegt werden, wieder zurück.

Für Spezialverwendungen im Maschinenbau reicht die durch Imprägnierung
mit Phenolharzen und Verdichtung erzielbare Festigkeitserhöhung aus.
Auch mittels Beplankung durch glasfaserverstärkte Kunststoffe sind die
Biegefestigkeiten vor allem von Holzwerkstoffen deutlich anzuheben.
Solche Platten haben ihren Markt im Fahrzeug- oder Containerbau.

Die Festigkeitseigenschaften des Holzes und der Holzwerkstoffe machen
wieder deutlich, daß Holz nicht wegen einer hervorragenden Eigenschaft,
sondern wegen des Eigenschafts-mixes seine Beachtung verdient.

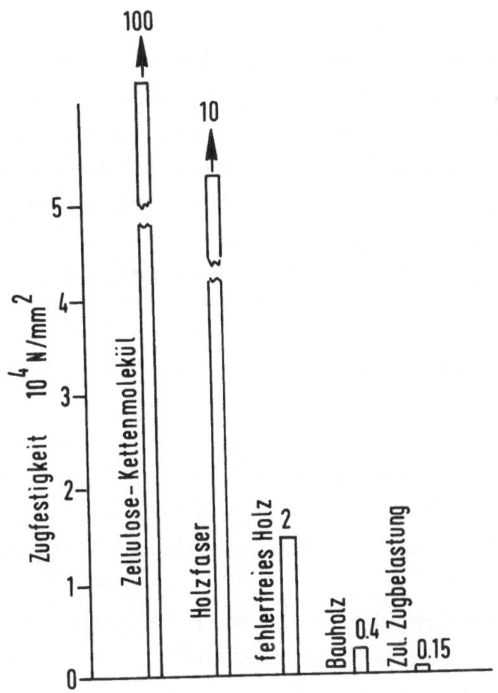

Abb. 3.13: Vergleich der Zugfestigkeit von Holzelementen am Beispiel
von Douglasie.

3.1.7 Design-Möglichkeiten, Oberfläche, Formgebung

Vielfältige Formbarkeit, Freiheit in Farbe und Zeichnung, ferner in der
Oberflächenstruktur sowie leichte Bearbeitbarkeit, zeichnen einen Werkstoff aus, der zu jeder Zeit im modernen Möbel- und Innenausbau Verwendung findet und dem Architekten die Möglichkeiten zur Realisierung
seiner Vorstellungen bieten wird. Holz und Holzwerkstoffe können auf
vielfältigste Weise spanend oder spanlos verformt werden. Sägen, Fräsen,
Hobeln, Drehen oder Schleifen sind die spanenden Formgebungsverfahren.
Biegen, Pressen, Schichten oder Falten sind Möglichkeiten, ohne Abfälle Formteile aus Holz herzustellen.

Je kleiner die Partikel sind, die zur Formung herangezogen werden,
desto vielfältiger können die Teile gestaltet werden. Das Biegen von
Vollholz, Furnieren oder Platten dient dabei meist dem Herstellen einfach gekrümmter Profile oder Flächen, das Pressen von Furnieren, Spänen oder Fasern vorzugsweise dem Verdichten und Herstellen sphärisch
verformter dünnwandiger Körper.

Holz hat gegenüber Kunststoffen den Vorteil, auch für kleine bis mittlere Serien wirtschaftliche Formpressen zu ermöglichen. Die künstlerische Einzelfertigung wird durch die leichte Bearbeitbarkeit des Holzes gefördert.

Auch hinsichtlich Farbe und Zeichnung lassen sich aus der Vielzahl der Holzarten zahlreiche, wenn nötig gegensätzliche Effekte auswählen. Helle Hölzer mit unauffälliger Zeichnung (Birke, Buche) können ebenso Oberflächen bilden wie dunkle, stark gestreifte (Wenge, Palisander, Mahagony) oder durch besondere Schnittrichtung blumig gezeichnete Bretter und Furniere. Intarsienarbeiten auf hochwertigen Möbelfronten oder aufwendige Fußbodengestaltungen geben belebtes Zeugnis von der Vielzahl der Gestaltungsmöglichkeiten.

Diese natürlichen Oberflächeneffekte können noch durch eine Vielzahl von Beiz- und Färbtechniken variiert werden. Wenn diese Möglichkeiten noch nicht ausreichen, kann durch Bedrucken der Holzwerkstoffoberflächen oder durch Laminierung mit phantasievoll bedruckten Papieren und Folien der gewünschte Effekt erzielt werden. Die Entwicklungen der Beschichtung von Holzwerkstoffen, vor allem von Spanplatten mit bedruckten Papieren, haben dem Werkstoff Holz eine überaus starke Position im Möbel- und Innenausbau gegeben. Die Oberflächenstrukturierung ermöglicht weitere Vielfalt. Der Beginn dieser Technologie liegt noch nicht viel mehr als 25 Jahre zurück.

Die dekorative Gestaltung mit Massivholz hat durch die Entwicklung der Hobel- bzw. Frästechnik zusätzliche Unterstützung erhalten. Nicht nur die Normalprofile, z.B. nach DIN 68 126, auch zahlreiche neue Profilgebungen, Oberflächenstrukturierungen sowie Farbgestaltungsmöglichkeiten haben den Einsatz von Holz im Innenausbau belebt.

Das mit Kunststoff-Design begonnene Rundkantenprinzip ist in kürzester Zeit von Holz und den Holzwerkstoffen adaptiert und vielfältig variiert worden.

3.1.8 Gesamtökologische Beurteilung - Umweltfreundlichkeit erhalten

Im Bewußtsein des Endverbrauchers haben sich außer Preis und Qualität eines Produktes immer auch allgemeine Ansichten ("Image") als Kriterien für eine Kaufentscheidung ausgewirkt.

In den vergangenen Jahrzehnten sind Aspekte der Umweltverträglichkeit
ganz besonders in den Vordergrund gerückt. Man erinnere sich nur an
die überschäumende Akzeptanz des Umweltzeichens "Blauer Engel" des
RAL, welche allerdings in der jüngsten Vergangenheit reservierter
Beurteilung gewichen ist. Holz und Holzwerkstoffe haben dabei meist,
aber nicht immer positiv abgeschnitten.

Grundgedanken bei der Beurteilung der Produkte sind dabei die Auswirkungen der Produktion, Verarbeitung und des Gebrauchs auf die Gesundheit des Menschen und die direkte Beeinträchtigung von Boden, Wasser,
Luft sowie die indirekte Beeinträchtigung infolge des erforderlichen
Energieeinsatzes.

Den Versuch einer gesamtökologischen Betrachtungsweise von Holz sowie
seiner konkurrierenden Werkstoffe hat Schulz 1972 schon unternommen.
Eigenschaften der Werkstoffe wie Verfügbarkeit/Reproduzierbarkeit,
Wiederverwendbarkeit, biologische Abbaubarkeit sowie Energieverbrauch
bei der Produktion und Verarbeitung, ferner für die Beseitigung, sind
heute wichtiger denn je (s. Kreislauf der Wirtschaftsgüter, Kap. 1).

In den Stufen von Produktion, Herstellung sowie Be- und Verarbeitung,
ferner Anwendung und Vernichtung, liegen zahlreiche Vorzüge des Holzes.
Reproduzierbarkeit des Rohstoffes durch die Tätigkeit der Waldbewirtschaftung, geringe Eingriffe in Landschaft und Boden, geringer Energieaufwand für Abbau, Zerkleinerung und Produktion sowie der hohe
Recyclinganteil sprechen für Holz und Holzwerkstoffe.

Probleme tauchen auf bei der nassen Aufbereitung von Holz zu Faserstoffen (Papier- und Faserplattenherstellung) sowie bei der Kombination von
Holz mit anderen Werkstoffen. Bei der Verleimung von Holzpartikeln und
beim Holzschutz wurden lange Zeit Materialien verwendet, deren schlech-
te Umweltverträglichkeit selbst die Umweltfreundlichkeit des Holzes
überlagert haben.

Andererseits finden sich auch hier eindrucksvolle Beispiele, wie durch
das Zusammenspiel von Endverbraucher-Meinung, Wissenschaft, Behörden
und Industrie die Produktentwicklung positiv vorangetrieben wurde.
Am Beispiel der nachträglichen Formaldehydabgabe von Holzwerkstoffen
läßt sich das deutlich nachweisen. Nachdem die möglicherweise gesund-
heitlich abträgliche Wirkung des Formaldehyds bekannt wurde, sind
Meßverfahren (s. Paulitsch, 1976) entwickelt und Grenzwerte festgelegt
worden. Holzspanplatten wurden nach ihrer Formaldehydemission in drei

Emissionsklassen eingeteilt und die Verwendung von Spanplatten mit
verschiedenen Emissions-Klassen bauaufsichtlich geregelt.

Seit dem Zeitpunkt der Einführung dieser Verwendungsrichtlinie im
Jahr 1980 hat sich die Produktion der Spanplattenklassen rasch und
dauerhaft geändert, wie aus Abb. 3.14 hervorgeht. Berücksichtigt man,
daß ein Großteil der Spanplatten der Klasse E2 nachträglich mit Materialien veredelt wird, welche den Formaldehydaustritt drosseln, dann
kann von einer fast 100 %igen Klassifizierung in E1 gesprochen werden.
Die Gefahrstoffverordnungen von 1986 werden diese Situation stabili-
sieren. Diese Veränderung hat sich vor dem Hintergrund unterschiedlicher Spanplattenleime und -verfahrenstechniken abgespielt. Formalde-
hydarme Leime mit wirtschaftlichen Verarbeitungsbedingungen waren zu
entwickeln.

Heute greifen die Maßnahmen auf andere Holzwerkstoffe über. Sperrholz
und MDF-Platten müssen auch klassifiziert werden. Bei Sperrholz gilt
grundsätzlich das gleiche wie bei Spanplatten, daß Phenolharzverlei-
mungen praktisch formaldehydfrei sind (Marutzky, 1985).

Ein weiteres Gebiet, in dem die Umweltbeeinträchtigung durch Kombina-
tionsmaterialien entsteht, sind die Holzschutzmittel. Holzschutzmittel
können biozidwirksame Stoffe enthalten. Mit ihrem Einsatz können Risi-

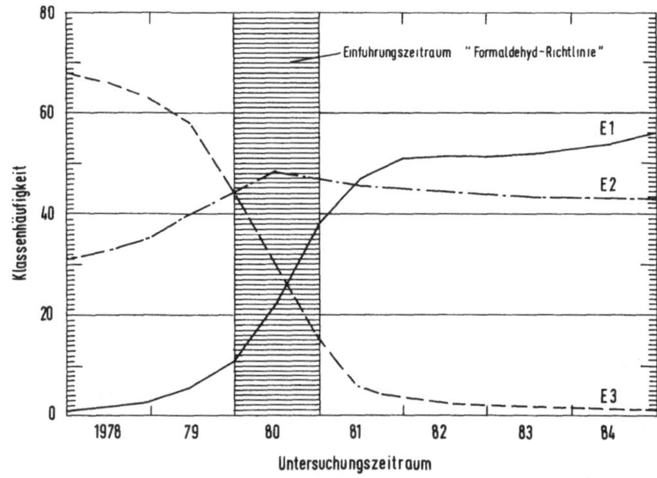

Abb. 3.14: Entwicklung der Produktionsanteile für Spanplatten ver-
           schiedener Emissionsklassen gemäß ETB-Richlinie
           (Quelle: WKI-Kb. Nr. 10/85)

ken für die Gesundheit des Menschen und seiner Umwelt verbunden sein.
Für Holzschutzmittel wurden maximale Innenluftraumkonzentrationen vorgeschrieben (Lingk, 1987).

Holzschutzmittel enthalten aber nicht nur Wirkstoffe, sondern auch ver-
arbeitungstechnisch erforderliche Substanzen. Um Holzschutzsalze an
der Holzfaser zu fixieren und somit schwer auslaugbare Schutzmittel zu
erzielen, mußten lange Zeit Chromsalze eingesetzt werden. Kommen Chromsalze durch Unachtsamkeit in Abwasseraufbereitungen, wird der Algen-
haushalt im Wasser total vernichtet. Die Reinigungswirkung von Klär-
anlagen wird unterbrochen. Deshalb werden chromfreie Holzschutzsalze
entwickelt, die gefahrlosere Verwendung sicherstellen.

Freiwillige Selbstbeschränkung, Verbote wo nötig, Entwicklung und Einsatz von Ersatzstoffen sind mögliche Konsequenzen. Wie unterschiedlich
die Beurteilung einzelner Substanzen aber im internationalen Bereich
sein kann, dafür liefert die Beurteilung von Pentachlorphenol (PCP)
ein Beispiel. Die Exekutivbehörde der EG bereitet eine Richtlinie vor,
nach der die PCP-Verwendung lediglich auf einige Anwendungsbereiche
beschränkt werden soll, heißt es. In der BRD ist PCP aber verboten.
Nach Aussage eines Schweizer Herstellers ist PCP ungefährlich (FAZ
1988 Nr. 199, S. 4).

Die Lackierung von Holz nimmt im Möbel- und Innenausbau einen großen
Umfang ein. Die Lackherstellung und -verarbeitung ist von Lösemittel-
einsatz geprägt. Die Notwendigkeit, umweltschonende Entscheidungen zu
treffen, wird mittel-und langfristig den Wasserlacken (Paulitsch,
1986) und den High Solids zusätzliche Marktanteile bringen.

3.2 Mittel der Werkstoffentwicklung

Holzwerkstoffe werden seit jeher durch das Zerkleinern von Rundholz hergestellt. Als Zerkleinerungsverfahren haben sich das Sägen, das Spalten
in der Form des spanlosen Schälens sowie das Zerspanen, Zerhacken oder
Zerfasern, je nach den maschinenbautechnischen Fortschritten, entwickelt (s. Abb. 3.15).

Technische und wirtschaftliche Gründe bestimmen die Abmessungen des
für Holzwerkstoffe verfügbaren Rundholzdurchmessers. Im Laufe der vergangenen 30 oder 40 Jahre konnten dabei gegenläufige Tendenzen festgestellt werden. Zuerst wurden beispielsweise Holzspanwerkstoffe konzipiert, um geringwertiges Rundholz einer Verwertung zuführen zu können. Die nachlassende Wirtschaftlichkeit der Schnittholzherstellung

aus Stammholz der unteren Stärkeklassen hat dann das Vordringen der
Holzzerspanung und der Rundholz-Hackschnitzelherstellung bis zu Durchmessern von 35 ... 40 cm möglich gemacht. Langsam haben dann jedoch
Technologien der Profilzerspaner oder des Schälens von derartigem Rundholz dieses für die Spanplattentechnologie knapper gemacht. Die Antwort darauf war dann Versuche zur Nutzbarmachung der gesamten Kronen-
Biomasse für die Span- oder Faserplattenherstellung. Die Grenzen der
Ganzbaumbiomasse-Herstellung lagen in den Folgejahren dann in den
technologischen Problemen bei Nutzung und wirtschaftlichen Problemen
bei der Ernte der Ganzbaumhackschnitzel. Heute erscheint die Nutzung
der Ganzbaumhackschnitzel für die Energieerzeugung aussichtsreich. Das
Rohmaterial für die Span- und Faserplattenherstellung wird zunehmend
Industrie- und Baurecyclingholz. So bestimmen die Energiekosten, vor
allem die Erwartungen über deren zukünftige Veränderungen, die Nutzung
der Baumteile für Holzwerkstoffe mit.

Die Übergänge zwischen den verschiedenen Stufen der Zerkleinerung sind
dabei fließend. Bretter, Stäbe, Stäbchen bis zu dickeren Furnieren lassen sich mit dem Sägen herstellen. Großflächige Furniere bis zu flächigen Furnierstückchen - flake-förmig - oder stabförmigen Furnierstücken
- strands - können mittels Schältechnologie entstehen. Die für den
Aufbau von Holzwerkstoffen zur Zeit verfügbaren Elemente sind in Abbildung 3.16 zusammengestellt.

Abb. 3.15:
Zerkleinerungsverfahren des Holzes

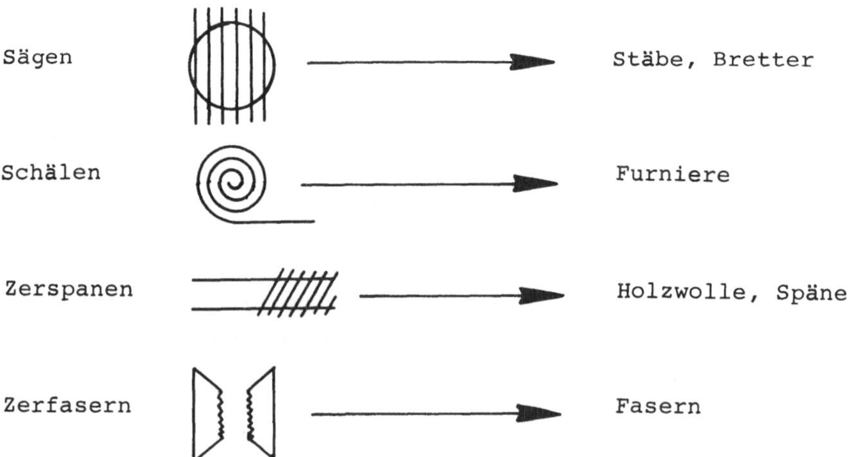

Abb.3.16: Tafel der Holzelemente (n. Mara, 1972)

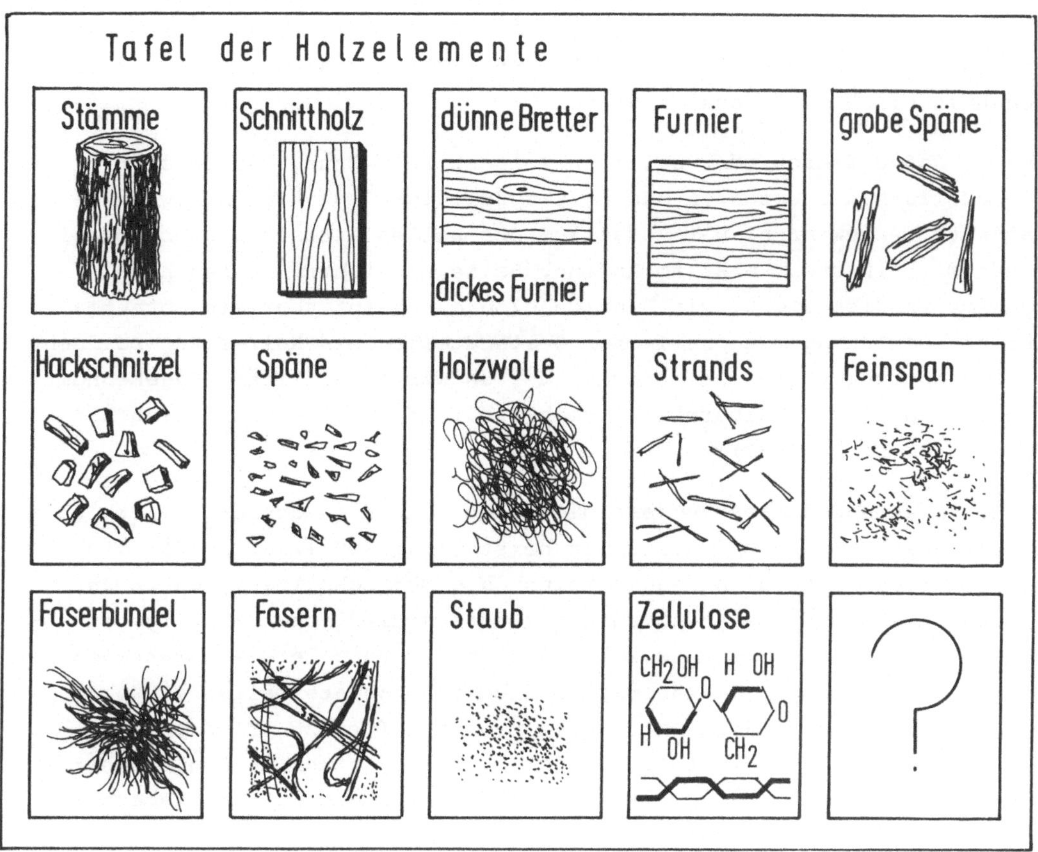

Zwischenprodukte für den weiteren Holzaufschluß sind die in Rund-
oder Trommelhackern erzeugten Hackschnitzel. Mit dem Zerspanen des Holzes können Späne verschiedenster Größe und Form erzeugt werden. Den
stärksten Holzaufschluß ermöglicht schließlich das Mahlen oder Zerfasern
von Holz bis hin zu Faserbündeln.

Nur im Naßverfahren oder durch thermische Zersetzung lassen sich bisher
die chemischen Substanzen des Holzes Zellulose und Lignin sowie Inhaltsstoffe gewinnen. Der Aufschluß des Holzes mittels biotechnologi-
schen Mitteln steht erst am Anfang. Seine Aussichten werden noch
kontrovers diskutiert. Die Biotechnologie scheint aber ein Potential
für die Gewinnung von chemischen Bestandteilen des Holzes zu eröffnen,
dessen Nutzung vor allem bei veränderten wirtschaftlichen Gegebenheiten
(Ausbeutung der Rohölvorräte?) noch vielfältige Chancen in sich birgt
(vgl. z.B. Kirk, 1987).

Im Zusammenhang dieses Buches sollen aber nur die mechanisch zerkleinerten Holzelemente und die damit herstellbaren Holzwerkstoffe diskutiert werden. Erst am Anfang scheinen die Möglichkeiten genutzt zu
werden, die durch die Ausnutzung der unterschiedlichen Holzeigenschaften gegeben wären. Vielmehr zeigt die Betrachtung der gegenwärtigen
Holzwerkstoffe, daß mit unterschiedlichsten Rohmaterialien versucht
wird, Werkstoffe gleicher mittlerer Eigenschaften zu erzielen, z.B.
plattenförmige Holzwerkstoffe großer Dimensionsstabilität und hoher
Oberflächenfeinheit bei geringen Ansprüchen an die Witterungsbeständigkeit (Möbelbauplatten).

Wie vielfältig die Möglichkeiten zur Eigenschaftsbeeinflussung durch
das Wiederzusammenfügen der verschiedensten Holzpartikel sind, veranschaulicht Tabelle 3.12 schematisch. Werden Bretter miteinander kombiniert, entsteht das Brettschichtholz. Eine gewisse Dynamik hat in
jüngster Zeit die Herstellung von Platten aus Stäbchen erreicht. Wobei hier die holzartentypischen Eigenschaften in den Kiefern-, Fichten-
oder Buchen- und Eichenstäbchenplatten noch am deutlichsten unterschieden werden. Die Verwendung der zahllosen tropischen Holzarten lassen
noch eine große Vielzahl von Stäbchenplatten erwarten. Es erscheint besonders in diesem Bereich durch gezielte Qualitätssortierung, Fehl-
stellenkappen und Wiederzusammenfügen von Schnittholzresten eine hochwertige Verwendungsmöglichkeit sich aufzutun. Die Herstellung von Stab-
oder Stäbchenplatten könnte einen Veredelungsbereich für Schnittholz-
abfälle ermöglichen. Zumindest denkbar wären doch auch Schnittholzplat-
ten mit Außenlagen aus gespundeten Brettern und Stäbchenmittellagen;

Tab. 3.12: Eigenschaftsvielfalt durch Neukombination

Bretter   Brettschichtholz

Stäbe   Leimholzplatten

Furnier   Stab- + Stäb-
                   chenplatten

Späne   Furnierspanplatten
                     Waferboard
                      Feinspanplatten
                       Faserplatten

Fasern   Papier

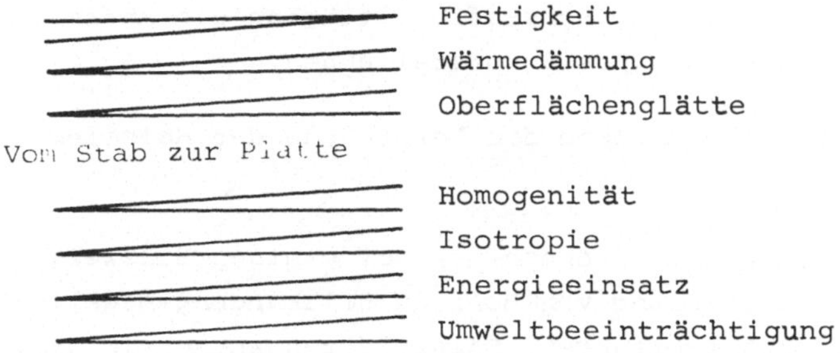

Festigkeit
Wärmedämmung
Oberflächenglätte

Vom Stab zur Platte

Homogenität
Isotropie
Energieeinsatz
Umweltbeeinträchtigung

großflächige Plattenelemente mit großen Festigkeitseigenschaften. Seit langem schon sind Stäbchenplatten mit Furnierdecklagen für den Möbel- und Innenausbau, aber auch als Bauschalungsplatten usw. bekannt.

Je kleiner die Holzpartikel werden, umso homogener werden die Eigenschaften daraus hergestellter Werkstoffe. Hier finden wir Holzspan- und Holzfaserplatten, die mengenmäßig die größte Bedeutung erlangt haben. Die Eigenschaften der Holzwerkstoffe werden aber auch unabhängiger von jenen des Rundholzes, je stärker zerkleinert das Holz ist.

Gleichzeitig geht mit der weiteren Zerkleinerung des Holzes aber die Abnahme der Festigkeit der daraus hergestellten Werkstoffe einher. Dies wird mit der größeren flächigen zweidimensionalen Ausdehnung erkauft. Die Entwicklung vom Stab zur Fläche geht mit der Auflösung des Gefüges desHolzes einher. Die Technologie der kontinuierlichen Plattenherstellung ermöglicht dann sogar fast endlose Platten, deren Verwertungsgrenze nur durch die Manipulationsmöglichkeiten begrenzt zu sein scheinen.

Erst mit der Abnahme der Dicke der Platten zu papierdünnen Schichten
ermöglicht die Zunahme der Aufwickelfähigkeit die weitere Ausnutzung
der großen Fläche.

Mit der zunehmenden Zerkleinerung des Holzes geht der Verlust der holz-
typischen Wirkung einher. Andererseits wird dadurch die Möglichkeit
von Holzfarbe und Holzzeichnung unabhängigem Design gewonnen. Beliebig
einfärbbar und bedruckbar sind die Holzwerksstoffe mit geringer Eigenfarbe. Die starke Auflösung des Gefüges bis zur Holzfaser ermöglicht
dann sogar die Herstellung transparenter Folien.

Wenn auch dem Holz durch seine typische Farbe und Zeichnung ein weites
Verwendungsgebiet sicher ist, so ermöglicht gerade die freie Gestaltung
der Oberfläche der Holzwerkstoffoberflächen die Anpassung an die laufenden Änderungen der Designvorstellungen.

Holzwerkstoffe können ohne die Verbindung der Holzelemente nicht entstehen.

Holzeigene Bindemittel können nur bei einigen Holzwerkstoffen genutzt
werden. Die Aktivierung von Holz zu Holzbindungen gelingt soweit bisher
bekannt nur im Naßverfahren. Faserplatten können im Naßverfahren bei
ausreichendem Aufschluß des Lignins und bei ausreichend hohen Preßtemperaturen ohne weitere Bindemittel hergestellt werden (Suchsland
und Woodson, 1986). Im Trockenverfahren erzeugte Holzelemente erfordern Bindemittel, die nicht aus dem Holz selbst aktiviert werden können.

Nachdem vor allem in der ersten Hälfte dieses Jahrhunderts die Verwendung tierischer und pflanzlicher Klebstoffe sowie von Metallen die Holz-
werkstoffherstellung mitbestimmt haben, ist der Aufschwung der Holzwerkstoffe nach dem 2. Weltkrieg vor allem mit der Verwendung von Klebstoffen aus Rohölderivaten einhergegangen. In diesem Zusammenhang soll
jedoch auch darauf hingewiesen werden, daß die Verwendung von diesen
Derivaten inzwischen nicht als einzige Grundlage der Holzwerkstoffher-
stellung sein muß (s. z.B. Maloney, 1987).

Die Entwicklung der Holzwerkstoffe ist von der Entwicklung von synthetischen und mineralischen Bindemitteln eigentlich laufend befruchtet
worden. Beispielsweise ist die Produktion von SiS-Faserhartplatten um
1940 dadurch erst möglich geworden, daß wasserlösliche, vorkondensierte
Phenolharze mit alkalischem pH verfügbar wurden.

Für beidseitig glatte Faserplatten, die im Naßverfahren hergestellt werden, ist die Verwendung von wärmehärtenden Phenolharzen als Bindemittel
nicht möglich. Die Platten werden vor dem Verdichten und Pressen einem
starken Trocknungsvorgang unterworfen, in dem das Phenolharz konden-
sieren würde, ohne als Leimbrücken wirksam werden zu können. Für diese
Platten werden thermoplastische Harze (Kiefern-Rosin) oder Asphalte
eingesetzt. Auch Stärke wird als Kleber verwendet, beispielsweise als
Bindemittel für Dämm-Faserplatten.

In Tabelle 3.13 sind die heute gebräuchlichsten Verbindungsmittel für
Holzelemente dargestellt. Mit Metallen, Kunstharzen und mineralischen
Bindemitteln werden die verschiedensten Holzwerkstoffe hergestellt.
Die Verbindungsmittel sind feuchtigkeits-, temperatur- oder feuerbestän-
dig und können die Holzpartikel vor Pilz- und Insektenbefall schützen.
Die Verwendung nur eines Klebers oder von Kleberkombinationen ermög-
licht eine weitere gezielte Eigenschaftsbeeinflussung der Holzwerkstoffe.
Sie wird aber auch von der Verfahrenstechnik bestimmt.

Diese Tabelle gibt einen systematischen Überblick über die wesentlich
bekannt gewordenen Kombinationen. Sie weist einerseits auf alternative Kleber hin, die bei veränderten wirtschaftlichen Relationen als
Ausweichstoffe in Frage kämen (z.B. tierische Eiweißleime). Andererseits regt sie zu Überlegungen an, welche bisher noch nicht praktisch
bedeutsamen Kombinationen neue technologische Eigenschaften von Holzprodukten ermöglichen.

Mit der Entwicklung der Technologie der mitteldichten Faserplatten
dürfte die gesamte Holzwerkstoffpalette weitere Anregungen bekommen.
Die spezielle Problematik des Trockenverfahrens im Brand- und Explo-
sionsrisiko sowie in der gleichmäßigen Beleimung ist soweit gelöst,
daß Platten für den Möbel- und Innenausbau mit UF oder MUF-Verleimung
eine deutliche Ergänzung und Veränderung erfahren werden.

Wie weitgefächert die neuen Anwendungsbereiche dieses Plattentyps werden können, läßt sich alleine schon aus den Kombinationsmöglichkeiten
mit verschiedenen Bindemitteln abschätzen (vgl. Tabelle 3.14 a,b). Wie
lange wird es dauern, bis wetterbeständige MDF-Platten produziert
werden? Einer der Schwachpunkte der Spanplatten für den Außenbau war
die grobe Struktur der Schmalfläche - die größere Homogenität der
Schmalfläche der MDF-Platten läßt in Richtung auf die Außenverwendung
Positives erwarten. Wenn auch häufig die Entwicklung eines neuen Holz-
werkstoffes nur die Wettbewerbssituation innerhalb der Holzwerkstoff-

Tabelle 3.13: Verbindungsmittel für Holz und Holzwerkstoffe

		Bretter	Stäbe	Furniere	Holzwolle	Strands	Wafers	Späne	Fasern
Metalle	Dübel	+	+						
	Nagel	+	+						
	Bolzen	+	+						
	Schrauben	+	+						
Kunstharzleime	Epoxid	+	+						
	Polyurethan								
	Resorcin	+	+						
	Phenol	+	+	+	+	+	+	+	+
	Melamin			+	+	+	+	+	+
	Harnstoff	+	+	+	+	+	+	+	+
	Thermoplast.			+					
Natürliche Bindemittel	Tierische Stärke			+	+	+	+	+	+
	Eiweiß			+	+	+	+	+	+
	Zement Portland				+			+	
	Magnesia				+			+	
	Gips Natur							+	+
	Industrie							+	+
	REA							+	+

Tabelle 3.14a: Charakteristische Eigenschaften wichtiger Klebstoffe für Holzwerkstoffe
(n. Kolb, 1986 u. Malone, 1987)

Eigenschaft	Thermoplastische Kunstharzleime (PVAC, Neopren)	Kaseinleime	Phenolharzleime	Resorcinleime	Harnstoffharzleime	Melaminharzleime	Polyurethane (Isocyanat)	Epoxidharze
Feuchtigkeitsbeständigkeit	gering	gering	gut	sehr gut	gering	gut	gut	gut
Temperaturbeständigkeit	gering		gut	gut				gut
Kriechen unter Last	stark	gering	gering (Alkali!)				gering	gering
Formaldehydgehalt	−	−	+	+	+	+	−	−
Fugenfüllend			mit Füllstoffen	mit Füllstoffen			mit Füllstoffen	ohne Füllstoffen
Anwendungsgebiete	Möbel- und Innenausbau	nicht für Holzleimbau	feuchtigkeitsbeständige Leimbrükken	in Mischung mit Phenolharz	im Holzleimbau nur mit Füllstoffen		nicht für Holzleimbau	Sanierung von Holzbauteilen

Tab. 3.14b: Kunstharzbindemittel-Kombinationen in Holzwerkstoffen

	Span-platte	MDF	Wafer-board	OSB	Harte Faserplatte Trocken-verfahren	Naß-verfahren
UF	+	+			+	
UMF	+	+			+	
PF flüssig	+		+		±	+
PF Pulver				+		
PRF	+					
I/UF	+					
I/PF	+		+			
MURF	+					
MUPF	+					
MIUP	+					
MIUPF	+					

F = Formaldehyd

I = Diisocyanat

M = Melamin

P = Phenol

R = Resorcin

U = Harnstoff

gruppe verschärfte, so lassen sich mit MDF-Platten hoffentlich zusätzliche bisher nicht vom Holz beanspruchte Marktnischen erschließen (z.B.
Fassadenplatten?) oder zumindest für das Holz verlorengegangene End-
verbrauchszweige wieder zurückgewinnen.

Es wäre zu wünschen, daß mittels der Trockenfaserplattentechnologie
auch die Verwendung von Holzarten hoher Rohdichte neue Impulse bekäme.
Mittels Spanplatten- oder Naßfaserplattentechnologie haben sich schwere
Holzarten bisher nicht in dem forstwirtschaftlich und auch volkswirtschaftlich erwünschten Umfang nutzen lassen (vgl. Tabelle 3.15). In
dieser Holzartengruppe finden sich zahlreiche Holzarten mit ausgespro-
chen günstigem Witterungsverhalten. Dieses sollte sich im Zusammenwirken mit witterungsbeständigen Bindemitteln (PF, ISO, Zement) zu vorteilhaften Produkteigenschaften ausnutzen lassen, zumal sich das vergleichsweise höhere Gewicht solcher Platten im Vergleich zu mineralischen Platten immer noch günstiger darstellt. Allerdings müssen bis zur
Produktionsreife noch erhebliche Probleme wegen der chemischen Wechselwirkungen Holzinhaltsstoffe - Bindemittel bearbeitet und gelöst werden.

Faserverbundwerkstoffe unter Verwendung von Holz als Faser und anderen
Matrixmaterialien sind bisher vereinzelt erprobt worden. Faserplatten
erscheinen hier wegen ihrer Homogenität am aussichtsreichsten. Die
Gipsfaserplatten sind dafür ein relativ neues Beispiel.

Auch Schichtpreßstoffplatten können als Faserverbundwerkstoffe mit
Holzfasern in Kunstharzmatrix angesehen werden.

Die Verwendung von Glas-, Graphit- oder Kevlarfasern für die Kombination ist bisher auf flächige Anwendung und Verbindung erprobt, nicht
aber als Werkstoff mit Holz als Matrix. Die Kunstfasern werden dabei
in Leim oder andere Kunstharzschichten eingebettet und zugleich mit
d er Verbindung mit dem Holz oder direkt als Laminate verarbeitet.

Erfolgversprechend könnten solche Holz-Faserverbunde im Bereich von
Knoten für Holzleimbinder werden. Die Faserwerkstoffe vergleich-
mäßigen dabei die Festigkeitseigenschaften und können sie je nach
ihrer Lage im Verbund auch erhöhen. Jüngste Versuche wurden dazu von
Rowlands et al. (1986) veröffentlicht.

Zusammenfassend gibt Tabelle 3.16 die Beeinflussungsmöglichkeiten der
Eigenschaften von Holzwerkstoffen wieder.

Tabelle 3.15: Einsatz von Holzarten bei Holzwerkstoffplatten

	Furnier	Span-platten	Wafer-board	Trockenfaser-platten
Nadelholz	+	+	+	+
Laubholz				
niederer	+	+	+	+
mittlerer	+	+	?	?
hoher Rohdichte	?	?	?	?

Die Technologie der Holzwerkstoffe ermöglicht durch die Erzeugung unter-
schiedlichster Partikel hinsichtlich Rohstoffeigenschaften, geometri-
schen Abmessungen und Mischungen sowie deren Vorbehandlung, ferner der
Anordnung im Lagen-, Haufwerk- oder Faserverbund ungezählte Kombinationsmöglichkeiten. Diese werden vervielfältigt durch die Wahl von
Art, Menge und Verteilung von Bindemitteln und Zusatzstoffen, die wiederum in wechselseitiger Beziehung mit der Herstellungstechnik stehen.

Die endgültigen Produkteigenschaften werden durch die Nachbehandlung
und Vergütung der Halbprodukte gestaltet.

Zukünftig besonders erfolgversprechend erscheinen weltweit solche Mittel
und Verfahrenstechniken, die das Holz umweltfreundlich und energiespa-
rend verändern und gestalten lassen.

Tabelle 3.16: Beeinflussungsmöglichkeiten der Eigenschaften von
              Holzwerkstoffen

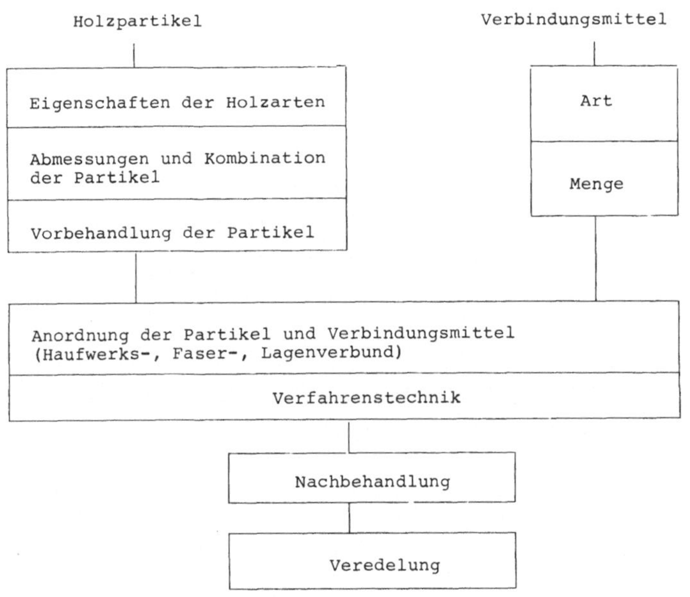

4 Moderne Holzwerkstoffe

Holzwerkstoffe sind aus unterschiedlichen großen Holzpartikeln wie
Brettern, Furnieren, Spänen oder Fasern zusammengesetzt, die durch
Bindemittel zusammengehalten werden.

Die Herstellung dieser Werkstoffe ist in ähnliche Verfahrensabschnitte
gegliedert. Die Produktion beginnt bei einer mehr oder weniger end-
produktbezogenen Sortierung des Rundholzes. Es folgt die Zerkleinerung
des Holzes, die Trocknung der Holzpartikel auf eine für die Verarbeitung optimale Feuchtigkeit sowie eine mehrschichtige Anordnung der
Teile. Diese Neuanordnung ist meist nach Lagen unterschiedlich, wobei
die Holzqualität und die Abmessungen der Partikel nur zwei der entscheidenden Kriterien sind. Anschließend oder zuvor erfolgt das Aufbringen des Bindesmittels.

Die Bindemittel entwickeln ihre Bindekraft meist in Heißpressen, bevor
dann die Nachreife der neuen Holzwerkstoffe und das Schleifen der Oberfläche die Produktion des Halbproduktes abschließen.

Die weit überwiegende Menge der Holzwerkstoffe wird noch einer anschließenden Formgebung (Zuschnitt) und Oberflächenbehandlung unterworfen.

Je nach Art der Zerkleinerung, Bindemitteltyp und Verdichtung entstehen eine Vielzahl von Holzwerkstoffgruppen, für die Abbildung 4.1
eine grobe Einteilung gibt.

Die Anforderungen an Holzwerkstoffplatten aus den verschiedenen Ver-
wendungsbebieten vermittelt Tabelle 4.0.

Tabelle 4.0: Anforderungen an plattenförmige Holzwerkstoffe aus verschiedenen Verwendungsgebieten (n. Noack u. Schwab, 1977)

Eigenschaften	Verwendungsgebiete							
	Möbel Gehäuse	Tragende Elemente		Verkleidungen		Dächer Fußböden	Schalungen Plakattafeln	Verpackungen Container
		Innenraumklima	Außenklima	Innenraumklima	Außenklima			
Bearbeitbarkeit	++			+	+	+		++
Haltevermögen für Verbindungsmittel	++	++	++	+	+	+	+	++
Oberflächengüte	++	+	++	+	++		++	
Statische und dynamische Beanspruchbarkeit	++	++	++			++		++
Zeitstandverhalten	+	++	++			++		
Klimabeständigkeit			++		++	++	++	+
Dimensionsstabilität	+		++		+	+		
Widerstand gegen Schädlinge und Feuer	+	+	++	+	++	++		
Hygienische Unbedenklichkeit	++	++		++		+		

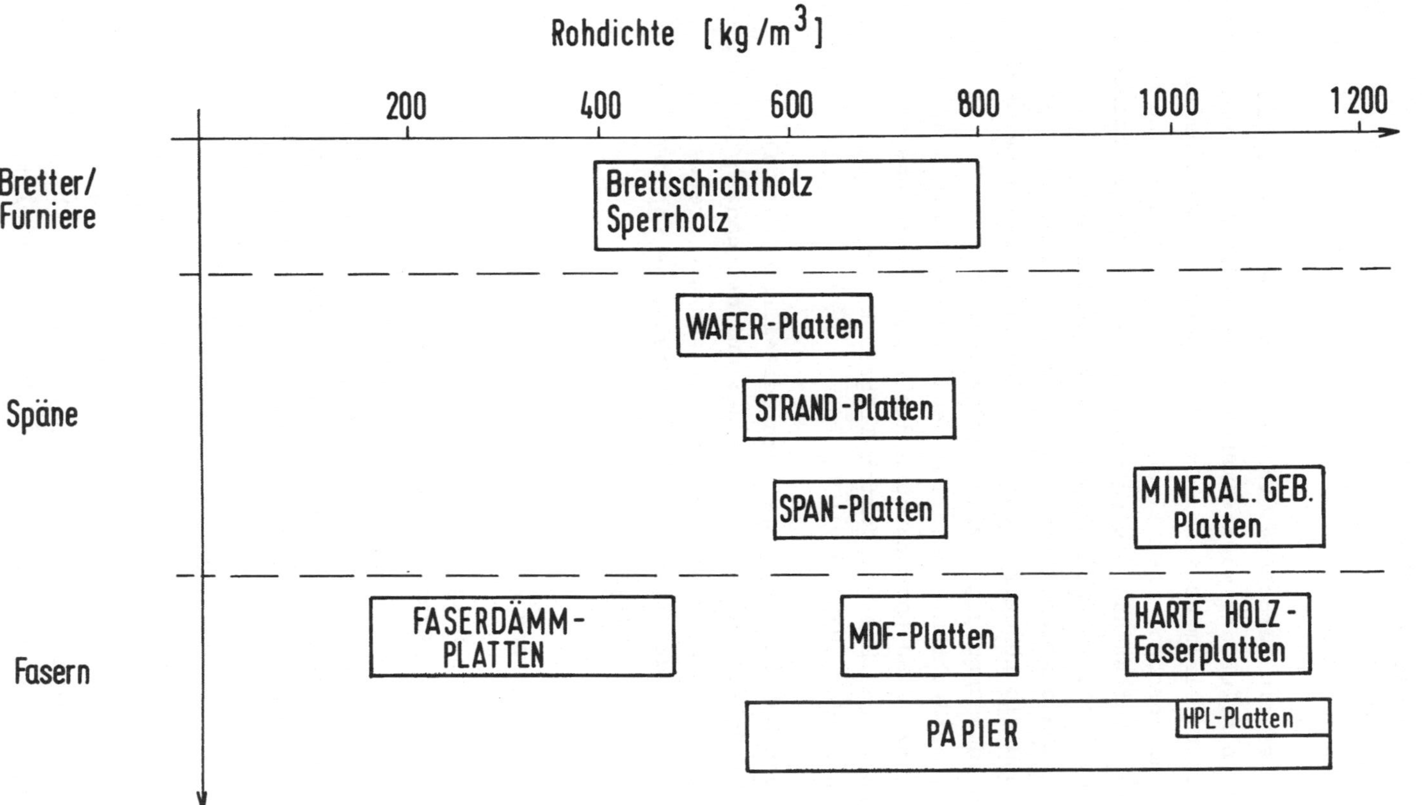

Abb. 4.1: Einteilung der Holzwerkstoffplatten nach Holzelement und Rohdichte (n. Suchsland u. Woodson, 1986)

4.1 Brett- und Lamellenwerkstoffe

4.1.1 Brettschichtholz (BSH)

Brettschichtholz ist ein vergütetes Vollholz, bei welchem der festig-
keits-abmindernde Einfluß der wachstumsbedingten Holzfehler, vor allem
der Ästigkeit, bis zu einem gewissen Grade aufgehoben wird. Am Beispiel
von fehlerfreien Holzproben, visuell sortiertem Schnittholz und verschiedenen Holzwerkstoffen hat das Laufenberg (1985) wieder nachgewiesen (s. Tabelle 4.1). Die Streuungen der Festigkeiten werden so verringert, daß nach den deutschen Holzbauvorschriften höhere zulässige
Biegespannungen und ein höherer Elastizitätsmodul parallel der Faser
als bei Vollholz in Rechnung gestellt werden können. Auch Trockenrisse
sind kaum noch zu befürchten, vor allem wenn die Endhirnholzflächen
zuverlässig geschützt sind, so daß auch die zulässige Schubspannung
aus Querkraft erhöht und bei gekrümmten Trägern höhere Querzugspan-
nungen zugelassen wurden (Möhler, 1976).

Weiterhin ist gegenüber Massivholzträgern vorteilhaft, daß für BSH
die Bedingungen bezüglich der Astdurchmesser auf den ganzen Querschnitt
bezogen werden dürfen. Bei BSH-Trägern müssen nur die Bretter im äußeren Zugbereich auf 15 % der Trägerhöhe der Güteklasse entsprechen, die
der Berechnung zugrunde liegt.

4.1.1.1 Anforderungen an das Holz für Brettschichtholz

Das wichtigste verwendete Holz für Leimbinder ist in Deutschland das
einheimische Fichtenholz. Kiefern- und Lärchenholz wird in geringem
Umfang auch verleimt. Das Verleimen von Harthölzern ist bisher auf
Sonderfälle beschränkt geblieben, könnte aber mit der zunehmenden
Kombination von Holzarten zur Erzielung gezüchteter Eigenschaften (z.B.
erhöhte Wetterbeständigkeit) interessanter werden. Jedoch sind die teilweise aus den Holzinhaltsstoffen herrührenden Unsicherheiten bei der
Verleimfestigkeit noch nicht umfassend bekannt. Die Möglichkeiten der
Eigenschaftsbeeinflussung des Schichtholzes durch die Auswahl des Holzes sind erst in Anfängen erprobt. Beispielsweise wird in Mitteleuropa
eine erhöhte Witterungsbeständigkeit von Brettschichtholz nicht durch
Verwendung witterungsbeständiger Holzarten, sondern durch Schutzimprä-
nierung von Fichte angestrebt (Meierhofer, 1988). In Bewitterungs-
versuchen an imprägniertem Brettschichtholz hat sich gezeigt, daß
ölige Schutzmittel und wäßrige Schutzsalze eine dämpfende Wirkung

Tabelle 4.1: Variabilität der Zugfestigkeiten von fehlerfreien
Holzproben, visuell sortiertem Schnittholz und
verschiedenen Holzwerkstoffen (n. Laufenberg, 1985)

	Zugfestigkeit (lb/in^2)	Variations-koeffizient (V)	5 % Ausschluß Grenze [1] (lb/in^2)
Fehlerfreies Holz	20	20	13.6
visuell sortiertes Schnittholz	7	40	2.2
Furnierschichtholz (LVL)	7	18	4.6
Orientiert gestreute Spanplatte (OFB)	7	12	4.8
Mitteldichte Faserplatte (MDF)	2.5	8	2.2

1) 5 % Ausschluß Grenze = Zugfestigkeit - 1.6 (V) Zugfestigkeit

auf den Feuchtehaushalt und damit auf die Quell- und Schwindbewegungen
sowie die Delamination und Rißentwicklung ausüben. Querschnitte durch
die bewitterten Brettlamellen haben aber dennoch gezeigt, daß bei
einigen Varianten Befall von Fäulniserregern in Trocknungsrissen auftreten kann.

Bei der Verwendung von Buchenbrettlamellen sind nicht nur kleinere
Trägerabmessungen möglich, sondern wird auch die Auflagerlänge erheb-
lich vermindert. Zudem wird das Querdruckproblem wesentlich entschärft
(Gehri, 1985). Allerdings sind die hohen Quell- und Schwindmaße sowie
die geringe Witterungsbeständigkeit des Buchenholzes bei Verwendung im
Außenbereich durch effiziente Holzschutzmaßnahmen zu kompensieren.

Die Auswahl der einsetzbaren Bretter sollte die Ästigkeit der Bretter
berücksichtigen. Bretter mit größerer Ästigkeit haben deutlich niedrigere Zugfestigkeitswerte als Bretter mit geringer Ästigkeit (s. Abb.
4.2). Die Lage der Äste, z.B. als Flügeläste, Punkt- oder Kantenäste

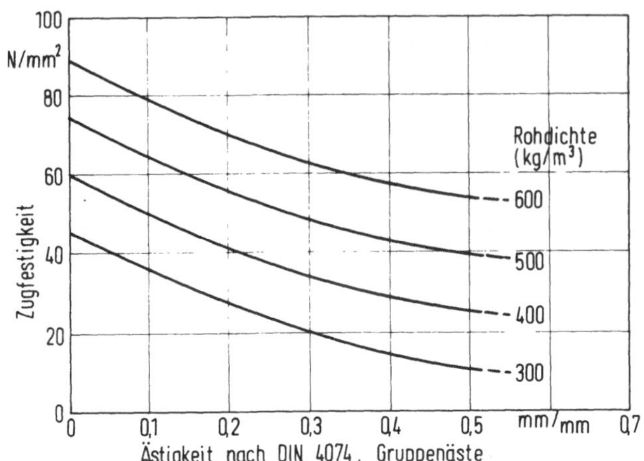

Abb. 4.2: Einfluß von Rohdichte und Ästigkeit auf die Zugfestigkeit
von Fichten-Brettlamellen (n. Glos, 1983).

birgt weitere Einflüsse auf die Festigkeit der Brettlamellen. Die
genaue Auswertung der Ästigkeit von repräsentativen Fichten-Brettlamellen aus deutschen Holzleimbaubetrieben ergab, daß weder die Herkunft
(Wuchsgebiet) noch die Brettbreite einen statistisch gesicherten Einfluß auf die Ästigkeit der Bretter nehmen (Colling et al. 1987,
Ehlbeck et al. 1987). Für die Beurteilung der bislang durchgeführten
visuellen Gütesortierung von Fichtenholz - die Gütebedingungen gibt
Tabelle 4.2 - ist ferner aufschlußreich, daß bei den visuell in Güteklasse I und II eingestuften Brettern nur die Größe des charakteristischen Astes signifikante Unterschiede zeigte. Insgesamt waren aber
die Ästigkeitsunterschiede geringer als erwartet. Die Trennschärfe
einer visuellen Sortierung hinsichtlich des Astflächenanteils (KAR -
Knot Area Ratio) ist demnach gering. Dies geht auch deutlich aus
Abb. 4.3 hervor.

Untersuchungen über den Elastizitätsmodul von Fichtenholz verschiedener
Herkünfte (Skandinavien, Bayer. Wald, Österreich) und verschiedener
Güteklassen nach DIN 4074 haben aber die straffen linearen Zusammen-
hänge mit der Knot Area Ratio sowie der Rohdichte deutlich gemacht.

Am Untersuchungsmaterial, das einen repräsentativen Querschnitt des
in deutschen Leimbaubetrieben verwendeten Fi-Schnittholzes darstellte,
wurden Rohdichten von unter 0.35 bis etwa 0.55 und KAR-Werte von 0 bis
0.6 gemessen. Die Brettlamellen wiesen E-Modulen von 6000 bis
18.000 N/mm² auf. Die Einzelwerte folgten folgender Regressions-

Tabelle 4.2: Gütebedingungen nach DIN 4074 T1 für Bauschnittholz
           (Kantholz und Balken aus Nadelholz)

| | Güteklasse | | |
| | I | II | III |
	mit besonders hoher Tragfähigkeit	Bauschnittholz mit gewöhnlicher Tragfähigkeit	mit geringer Tragfähigkeit
Einschnitt	vollkantig	fehlkantig	sägegestreift
Durchmesser für Einzeläste	bis 50 mm	bis 70 mm	-
Verhältniszahl für Einzeläste[1]	bis 1/5	bis 1/3	bis 1/2
Verhältniszahl für Astansammlungen[2]	bis 2/5	bis 2/3	bis 3/4
Abweichungen der Faser auf 1 m Länge	bis 100 mm	bis 200 mm	bis 330 mm
Abweichung der Jahrringe auf 1 m Länge	bis 70 mm	bis 120 mm	bis 200 mm
zulässige Pfeilhöhe auf 2 m Länge	bis 5 mm	bis 8 mm	bis 15 mm
zulässige Pfeilhöhe bezogen auf die Gesamtlänge	bis 1/400 aber nur bei Hölzern für Druckglieder	bis 1/250 aber nur bei Hölzern für Druckglieder	-
Bläue	zulässig	zulässig	zulässig
nagelfeste braune und rote Streifen	zulässig nur für Hölzer mit Holzschutz nach DIN 68 800	zulässig	zulässig
Insektenfraß	unzulässig	zulässig nur an der Oberfläche für Hölzer mit Holzschutz nach DIN 68 800	zulässig nur für Hölzer mit Holzschutz nach DIN 68 800
Blitz- und Frostrisse, Mistelbefall, Ringschäle	unzulässig	unzulässig	zulässig für Hölzer mit Holzschutz nach DIN 68 800
Rotfäule, Weißfäule	unzulässig	unzulässig	unzulässig

1) Durchmesser des einzelnen Astes im
   Verhältnis zur Breite der entspre-
   chenden Querschnittsseite   maßgebend ist stets der
2) Summe der Astdurchmesser·auf   kleinste sichtbare Durch-
   150 mm Länge auf jeder Fläche im   messer
   Verhältnis zu ihrer Breite

gleichung:

$$E = 2695 + 38\ 963 \cdot \rho_0 - 8756\ \text{KAR},$$

hierbei sind

    E   Elastizitätsmodul   [N/mm²]

    ρ_0 Darr-Rohdichte   [g/cm³]   und

    KAR die Knot Area Ratio.

Die Gleichung ergab einen multiplen Korrelationskoeffizienten von
R = 0.87.

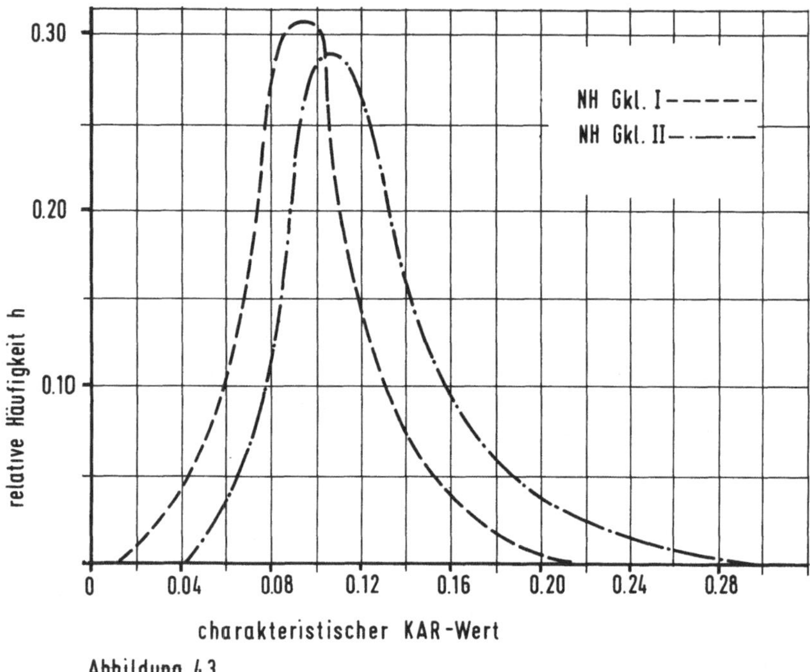

Abb. 4.3: Häufigkeitsverteilung des charakteristischen KAR-Wertes
für Gkl. I und Gkl. II

Für die Zuordnung einzelner Brettlamellen in Güteklassen aufgrund von
Elastizitätsmodul-Messungen wichtig ist ein weiteres Ergebnis dieser
Untersuchungen, wonach die Streuung des Elastizitätsmoduls innerhalb
eines Brettes geringer ist, als die Streuung allen Fichtenholzes.

Diese neuen Untersuchungen haben auf die untergeordnete Bedeutung weiterer wuchsabhängiger anatomischer Eigenschaften des Fichtenholzes wie
Jahrringbreiten oder Faserabweichungen verwiesen. Sortierungsbestimmungen für das Holz von Holzleimbindern sind in Tabelle 4.3 zu finden.

Bekanntlich schwankt auch die mittlere Rohdichte der Bretter nicht
unerheblich. Gleichmäßig in feinen Jahresringen gewachsenes Holz wird
deshalb hochwertiger eingeschätzt als lockeres, leichtes oder sogar
ungleichmäßig gewachsenes Holz. Eine Sortierung der Bretter direkt
nach ihren Festigkeiten steht in Mitteleuropa erst am Anfang. Die kontinuierliche, zerstörungsfreie Festigkeitssortierung durch stress-
grading läßt hier weitere Fortschritte hinsichtlich homogenerem Brettschichtholz erwarten.

Durch die beabsichtigte weitere Harmonisierung der Normen und Bauvor-
schriften innerhalb der europäischen Gemeinschaft gewinnt auch die Ver-
einheitlichung der Holzsortierung an Bedeutung. In Tabelle 4.3 sind
die Sortierungsvorschriften einiger Länder angegeben. Mit der Vorlage
des Entwurfs für den sogenannten Eurocode 5 (ECE, 1982) über den Holzbau ist hier ein wichtiger Schritt erfolgt. Festgelegt werden u.a.
einige Baustoffeigenschaften, die bisher in der DIN 1052 als Mittelwert
der Holzfestigkeit unter Berücksichtigung einer etwa dreifachen Sicherheit geregelt werden.

In Angleichung an die heute schon übliche Verfahrensweise in einigen
Nachbarländern wird für die Bemessung von Bauteilen von einer "charakteristischen" Festigkeit ausgegangen werden. Im Entwurf des Eurocodes 5
sind drei Sortierungsmöglichkeiten vorgesehen:

1. Die visuelle Beurteilung des Bauholzes,
2. die zerstörungsfreie maschinelle Feststellung einer oder mehrerer
   Merkmale, und
3. eine Kombination aus der visuellen und maschinellen Sortierung.

Die visuelle Sortierung der Bretter kann erfahrungsgemäß nicht die Geschwindigkeit und Genauigkeit erreichen wie die automatische Festigkeitssortierung von Brettern, die sich in den vergangenen Jahren auch in
Europa auszudehnen beginnt. In Nordeuropa, speziell in Schweden, sind
bereits 33 Anlagen im Einsatz. In den USA wird dem stress-grading auch
in Verbindung mit Nagelplattenbindern große Bedeutung beigemessen
(Kahns, 1979).

Kahns weist auch ausdrücklich darauf hin, daß fehlerfreie Bretter oder
Kanthölzer nicht zwangsläufig in die beste Klasse sortiert werden. Das
automatisch klassifizierte Material führt weiterhin zu homogeneren
Klassen als das visuell sortierte.

Tabelle 4.3: Sortierungsvorschriften für das Holz von Holzleimbindern
der höchsten Belastungsklasse (n. Schulz, 1976)

	Mindest-Rohdichte 20 % Fi/Ta g/cm^3	Zulässige Jahrringbreiten mm	Faserabweichungen cm/lfm	Eingelöste b-Breitseite h-Schmalseite	Astansammlung b-Breitseite h-Schmalseite	Maximale Astgröße
BRD	0,38	max. 4 auf 1/2 des Querschnitts		1/5	1/3	
Finnland			bis 7 mm/lfm			
Frankreich	0,50					30 mm
Dänemark		0,5 bis 3 mm		1/6 b, 1/3 h	1/6 b + 1/3 h	
Norwegen		max. 5 mm	bis 10 cm	1/4 b, 1/2 h	1/4 b + 1/2 h	
Schweden			bis 10 cm			
USA		0,8 bis 3/4				
Schweiz			5 cm/ lfm	1/6	1/3	
England			bis 5,5 cm/lfm	1/10	1/10	
Österreich						70 mm

Prinzip der automatischen Festigkeitssortierung ist es, auf die Bretter
eine vorgegebene Last aufzubringen und die Durchbiegung des durchlau-
fenden Holzes zu messen. Bei konstanter Last wird die variierende Flach-
Durchbiebung das Meßkriterium. Eine exakte Dicke der Prüfkörper muß dabei eingehalten werden. Andere, weniger verbreitete Systeme bringen die
Bretter zu einer vorgegebenen Durchbiegung, indem sie um versetzt ange-
brachte Druckwalzen gelenkt werden. Der hierdurch hervorgerufene Biege-
widerstand wird mittels Kraftmeßdosen gemessen. Die beiden am weitesten
verbreiteten Meßprinzipien sind in Abb. 4.4 schematisch dargestellt.

Wieder andere automatische Sortieranlagen arbeiten mit berührungsfreiem
Meßverfahren, z.B. durch Strahlungsabsorption. Mit Hilfe dieser Sortierung auf Grundlage der Durchbiegung der Bretter könnte sich auch her-
ausstellen, daß Bretter aus Starkholz, d.h. aus Stämmen mit längerer
Umtriebszeit nicht unbedingt besser sein müssen als Bretter aus jünge-
rem Holz.

Solange bei der Festigkeitssortierung keine automatischen Kameras mit-
eingesetzt werden, muß jedes Brett vor der Einführung in die Sortier-
anlage visuell beurteilt werden. Baumkante, Risse, Faserverlauf, Wimmer-
wuchs, Form, Fäule- oder Insektenschäden und die Ästigkeit müssen dabei
erfaßt werden, um eine endgültige Einordnung in die Güteklassen zu gewährleisten.

Zur Zeit scheint das Angebot von elektronischen Kameras den Ansprüchen
der Zustandserfassung schon zu genügen. Problematisch ist aber die Einordnung der Bretter in einzelne Güteklassen, die je nach Kombination
der festgestellten Grenzwerte bzw. den entsprechend bewerteten Fehlern
mittels Computerprogrammen erfolgen muß.

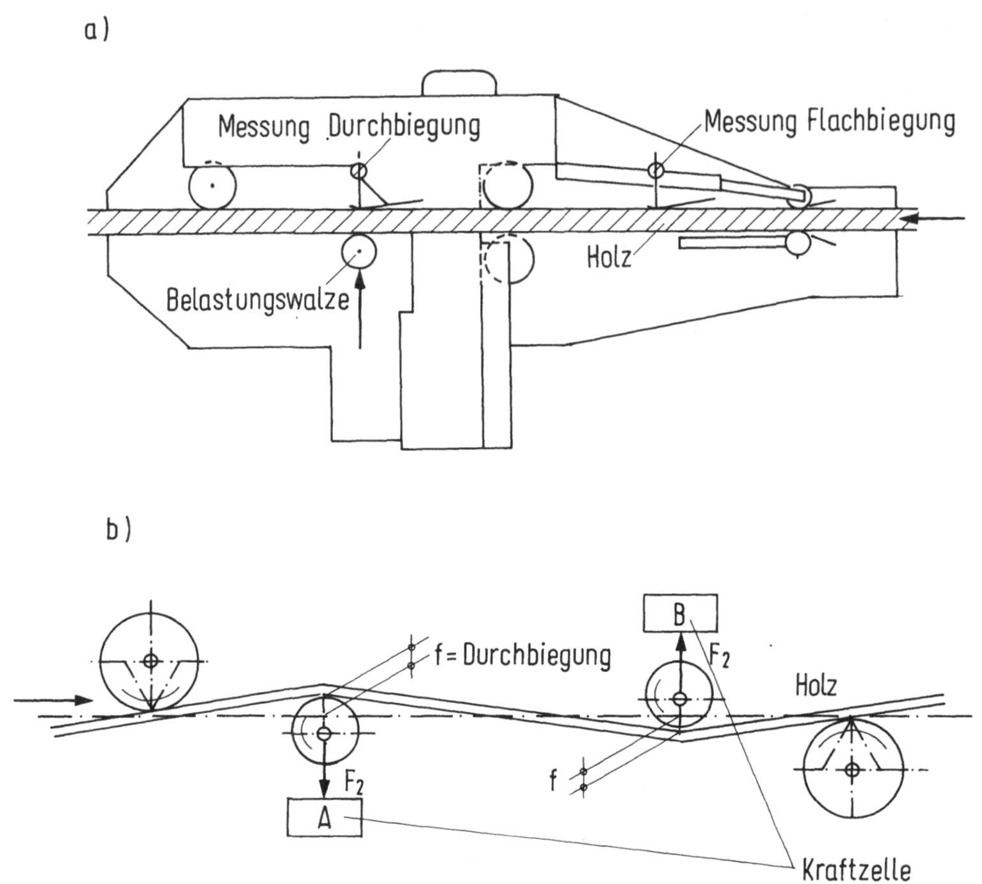

Abb. 4.4: Prinzipien der maschinellen Festigkeitssortierung
        a) Belastung (Computermatic MK P/Va)
        b) Umlenkung (Raute Timgrader)

Bauholz mit praxisüblichen Abmessungen verhält sich aber bei der Lang-
zeitbeanspruchung anders als kleine, fehlerfreie Normproben.

Nach umfangreichen Langzeit-Biegeversuchen an nordamerikanischen Holzarten ergab sich, daß der an kleinen fehlerfreien Proben ermittelte
Zeiteinfluß bei Holz mittlerer und hoher Festigkeit entspricht, daß er
aber bei Holz niedriger Festigkeit sehr viel schwächer, wenn überhaupt,
feststellbar ist. Untersuchungen von Glos et al. (1987) stützen die

These, daß eine Beanspruchng, die 50 % der Kurzzeitfestigkeit nicht
übersteigt, keine Schädigung oder Festigkeitsminderung des Holzes bewirkt. Für die Berechnungen im Holzbau ist daher die Richtigkeit eines
Abminderungsbeiwertes von 0.6 für die Berücksichtigung langandauernder
Beanspruchung neu zu überdenken.

Richtungsweisend sind auch die Ergebnisse von Ehlbeck et al. (1987)
aus Analysen von Bruchursachen an biegebelastetem Brettschichtholz.
Von 21 untersuchten Holzleimbindern aus Holz hoher Rohdichte sind 17
an den Keilzinkenverbindungen und nicht im Holz gerissen. Es wird zu
klären bleiben, wie die Festigkeit der äußeren Zuglamellen besser ausgenutzt werden kann.

4.1.1.2 Anforderungen an die Klebstoffe für Brettschichtholz

Ende 19. Jh. hat Zimmermeister Hetzer Patente für Kaseinleime erworben
und damit Bauteile beachtlicher Größe verleimt. Kaseinleime haben eine
sehr gute Trockenbindefestigkeit, sind aber nicht witterungsbeständig
und nicht für feuchte Klimate geeignet.

Ende der 30er Jahre des 20. Jh. bekam der Holzleimbau erst stärkere
Impulse durch die Einführung von kalthärtenden Kunstharzleimen. Heute
werden zu nahezu 2/3 gefüllte Harnstoffharzleime verwendet. 30 bis 40 %
der Leime sind Resorcin- oder Phenol-Resorcinharzleime. Letztere können als Leime für die Außenverwendung angesprochen werden, da sie allen
chemischen und klimatischen Beanspruchungen widerstehen, denen auch
Holz widersteht.

Die Beanspruchungen, welchen die Leime im Ablauf des Gebrauchs der verleimten Bauteile unterworfen sind, wurden zu sog. Beanspruchungsgruppen
zusammgenfaßt (DIN 68 602). Danach werden 4 Beanspruchungsgruppen (B1
bis B4) unterschieden.

Kleber der Beanspruchungsgruppe B1 sind beständig in geschlossenen Räu-
men mit im allgemeinen niedriger Luftfeuchtigkeit und daher vorwiegend
für Möbel und Innenausbauten geeignet. Gegen kurzzeitige Wassereinwir-
kung und kurzzeitig hohe und wechselnde Luftfeuchtigkeit widerstands-
fähig sind Kleber der Gruppe B2. Diese sind in Küchen oder Badezimmern
oder anderen Innenräumen mit erhöhter Luftfeuchtigkeit einzusetzen.

In einem Klimagebiet mit gemäßigtem Klima können für die Außenverwendung (Türen, Fenster oder Treppen usw.) Kleber der Klasse B3 verwendet
werden.

Kleber für die Beanspruchungsklasse B4 müssen für gemäßigte Klimate
aber unter besonders ungünstigen Bedingungen einsatzfähig sein (z.B.
Hallenbäder, Duschkabinen).

Für Verleimungen, die der Beanspruchungsgruppe B1 und B2 entsprechen
sollen, reicht im allgemeinen die Verleimung mit Harnstoffharz, das
seine Bewährung seit über 50 Jahren bewiesen hat und eine dauerhafte
Verbindung liefert. Die hellfarbige Leimfuge zeichnet sich gegenüber
dem Holz kaum ab. Hierdurch bieten sich Chancen im Innenausbau, die
beim Vertrieb über den Holzhandel positive Mengenentwicklung erwarten
lassen.

Für Bauteile, die im Gebrauchszustand den Beanspruchungsgruppen B3 und
B4 ausgesetzt sind, müssen Leime auf der Basis von Resorcinharz verwendet werden. Dies gilt insbesondere für Bauteile, die der Bewitterung
frei ausgesetzt sind. Diese Leimharze sind an der dunkelbraunen Leimfuge zu erkennen.

Für letztere Bauteile ist auch ein sorgfältiger chemischer Holzschutz
erforderlich, der nach dem Auftreten der unvermeidbaren Schwundrisse zu
wiederholen und danach entsprechend dem Abbau der Pigmente nach ästhe-
tischen Gesichtspunkten instand zu halten ist (Cyron und Sengler,
1985).

Die Leime müssen umfangreichen Prüfungen unterzogen werden (s. DIN
68 141). Beständige Leimverbindungen setzen fugenfüllende Leime voraus,
die bis zu 1 mm Fugendicke ermöglichen. Die zu prüfenden Eigenschaften
des Leimes sind:
Topfzeit (Lebensdauer der Leimflotte),
offene Trockenzeit des Leimes,
pH-Wert,
Einfluß der Fugendicke auf die Aushärtungsgeschwindigkeit,
Einfluß des Raumklimas auf die Aushärtegeschwindigkeit,
Einfluß von Normalklima, Kaltwasserlagerung und kochend Wasserlagerung
auf die Festigkeit der Leimverbindungen sowie
Veränderung der Leimfugenfestigkeit bei Alterung bis zu 12 Monaten.

Die Temperatur muß bei allen Leimarbeiten mindestens 20°C betragen.
Preßdrücke für Nadelholz sind 0,6 bis 0,8 N/qmm, bei Hartholz bis
1,0 N/qmm (vgl. Tabelle 4.4).

Tabelle 4.4: Preßdrücke und Preßzeiten
            von Bauholzleimen für Brettschichtholz

| | Preßdrücke (N/mm²) | | Mindest- |
	Nadelholz	Laubholz	preßzeit (h)
gerade Bauteile	0.6 ... 0.8	0.8 ... 1.2	6 ... 14
gekrümmte Bauteile	0.8 ... 1.2	1.2 ... 1.5	12 ... 20

Der konstruktive Holzleimbau ist seit Jahrzehnten mit der Verwendung
von Polykondensationsklebstoffen verbunden. Witterungsbeständigkeit und
fugenfüllende Eigenschaften stehen dabei im Vordergrund, wenn die
Grundforderung nach der Festigkeit der Klebeverbindung erfüllt ist.

Neuere Versuche haben das Ziel, die Eignung von Polyurethan- und
Polyamidklebstoffen für Brettschichtholz zu untersuchen. Diese zäh-
elastischen Leime könnten zum Abbau von Spannungsspitzen im Bereich
der Keilzinkenverbindungen beitragen, wodurch wiederum höhere Keil-
zinkenfestigkeiten erwartet werden dürfen.

4.1.1.3 Herstellung von Brettschichtholz

Die Herstellung von Brettschichtholz setzt sorgfältige Sortierungs- und
Beleimungsbedingungen voraus. Der Produktionsablauf gliedert sich wie
folgt in:
Vorsortieren der Bretter hinsichtlich Ästigkeit, Geradheit, Gesund-
heitszustand usw.
Stapeln
Trocknen
Zwischenlagern
Entstapeln
Vorhobeln
Kontrolle des Feuchtigkeitsgehaltes
Hauptsortierung nach Güteklassen
Keilzinkung

Stapeln für Zwischenlager

Rückstapeln

Hobeln

Beleimen

Einlegen in die Presse

Pressen

Entnahme aus der Presse

Endbearbeitung des Bauteils (Abbund)

Überall dort, wo der Leim aushärtet, müssen 20°C Umgebungstemperatur
mindestens erreicht werden und mit einem kontinuierlichen Temperatur-
schreiber aufgezeichnet und zum Nachweis gesammelt werden. Die Leim-
räume sind von den Holzbearbeitungsräumen abzutrennen, um sie staub-
frei halten zu können.

Die Brettdicke beträgt im fertig gehobelten Zustand meist 30 bis 33 mm
und ist bei gekrümmten Leimbindern niedriger oder je nach Belastungs-
verhältnissen unterschiedlich. Neuere Untersuchungen haben gezeigt, daß
mit größerer Lamellenzahl bei gleichen Querschnittabmessungen die blei-
benden Verformungen geringer und die Durchbiegungen geringer werden
(Nozynski, 1986). Die Bretter sind üblicherweise nicht breiter als
22 cm. Bei größeren Breiten sind beidseitig Trockennuten einzuschnei-
den, die höchstens 4 mm breit und 1/4 bis 1/5 der Brettdicke tief sein
dürfen.

Breitere Brettschichtträger können aus Brettern verschiedener Breiten
aufgebaut werden, wobei jeweils ein schmales und ein breites Brett zusammengelegt werden können. Die Fugen sollen aber in aufeinanderfol-
genden Brettlagen einen Abstand von mindestens doppelter Brettdicke
besitzen.

Beim Zusammenlegen der Bretter zu einzelnen Lagen bei breiten Leimbindern ist auf die Jahrringslage zu achten, derart, daß jeweils die linke
Seite des Brettes auf die rechte Seite des vorhergehenden Brettes gelegt
werden muß (Abb. 4.5). Die Bretter haben in der Regel eine Länge von
4 bis 5 m. Um längere Bauteile herstellen zu können, müssen sie durch
zugfeste Verbindungen längenunabhängig gemacht werden. Dies erfolgt
z.B. durch die in den Jahren 1937 bis 1943 von Prof. Egner entwickelte
Keilzinkenverbindung.

Vor der Verleimung ist das Holz zu trocknen, in der Regel auf 10 und
12 % ± 2,5 %. Die Holzfeuchtigkeit darf 15 % nicht überschreiten. Dabei

ist die Feuchte jedes Brettes zu erfassen und bei Verwendung elektrischer Meßgeräte über die Darrmethode zu kontrollieren.

Die zu verleimende Holzoberfläche muß eben und sauber sein. Es ist deshalb zweckmäßig, die Oberflächen erst kurz vor dem Verleimen zu hobeln.

Ausführliche Untersuchungen über den Einfluß der Oberflächenrauhigkeit einzelner Brettlamellen auf die Klebefestigkeit von Brettschichtholz bestätigen die zu erwartenden Zusammenhänge (Frühwald, 1988). Mit zunehmender Abstumpfung der Hobelmesser steigt die Rauhigkeit und Welligkeit der Holzoberfläche besonders bei hohen Vorschubgeschwindigkeiten. Gleichzeitig werden mit dem Anstieg der erforderlichen Schnittkraft infolge abstumpfender Messer die bearbeiteten Zellschichten gelockert und beschädigt. Dadurch kann bei der Verleimung, vor allem bei sparsamem Leimauftrag oder holzbedingter geringer Leimpenetration, geringen Bindefestigkeiten Vorschub geleistet werden.

Die Verleimung gehobelter Oberflächen, die unter optimalen Bedingungen hergestellt wurden, ergibt höhere Bindefestigkeiten als mit der groben 40er oder 60er Körnung geschliffene Oberflächen. Die optimale Leimauftragsmenge ist erwartungsgemäß von der Oberflächengeometrie abhängig. Bei unruhigeren Oberflächen sind die Auftragsmengen an die obere empfohlene Grenze zu erhöhen.

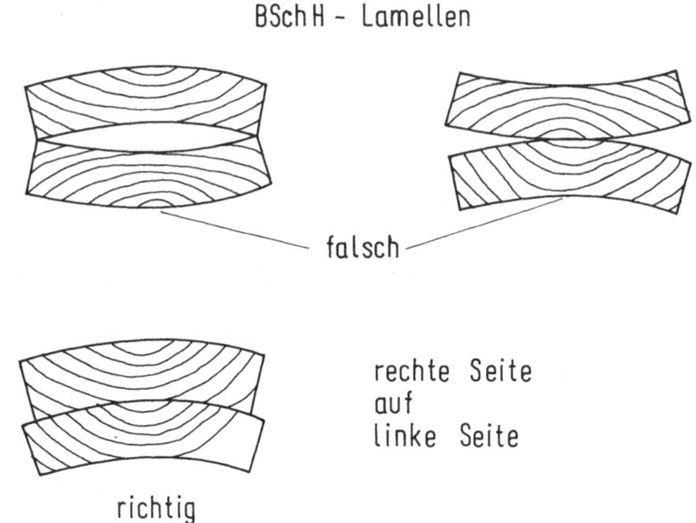

Abb. 4.5: Anordnung von BSchH-Lamellen

Die Holzteile sind möglichst an dem Tag zu verleimen, an dem sie gezinkt
wurden, um Formänderungen der Zinken, z.B. infolge Feuchtigkeitsänderungen des Holzes, zu vermeiden. Dadurch würde dann Fehlpassungen Vorschub
geleistet werden.

Keilzinkenverbindungen verbinden Massivholzbretter oder verleimte Holzteile, deren Enden mit keilförmigen Zinken gleicher Teilung und gleichen
Profils ineinandergreifen und miteinanderverleimt sind (s. Abb. 4.6).

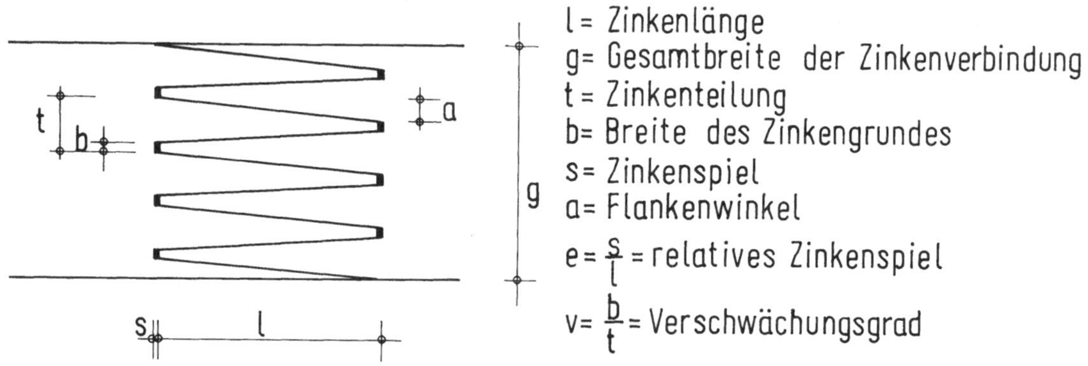

Abb. 4.6: Begriffe zur Beschreibung von Keil-Zinkenverbindungen

Die Zinkenprofile sind nach ihrem Flankenwinkel in Beanspruchungsgruppen geordnet (s. Tabelle 4.5).

Tabelle 4.5: Flankenwinkel und Verschwächungsgrad von Keilzinken
             n. DIN 68 140

Beanspruchungsgruppe

I	$\leq 0,18$	≤ 10	$\leq 7,5°$ (1 : 7,6)
		> 10	$\leq 7,1°$ (1 : 8)
II	$\leq 0,25$	≤ 10	$\leq 7,5°$ (1 : 7,6)
		> 10	$\leq 7,1°$ (1 : 8)

Die Keilzinkenverbindung gestattet auch den geraden oder winkelbilden-
den Stoß ganzer Binderteile aus Brettschichtholz.

Bestimmte Regeln über Holzgüte und Anordnung der Brettlamellen, Trock-
nungsgleichmäßigkeit und Ausbildung der Brettstöße müssen eingehalten
werden.

Hierfür sind in DIN 1 052, Blatt 1, genaue Anweisungen gegeben. So soll
der Brettschichtträger mit Rechteckquerschnitt so aufgebaut sein, daß
stets rechte und linke Brettseiten aufeinander geleimt werden, an den
Außenseiten sollen aber nur rechte Seiten liegen (Abbildung 4.7). Die
Holzgüte muß im Zugbereich (von 0,15 mal der Trägerhöhe) von jeder Ein-
zellamelle, mindestens aber von den beiden äußeren Lamellen der Zug-
zone erfüllt werden. Die übrigen Lamellen können eine Güteklasse darunter liegen. Das bedeutet, daß bei Güteklasse I die Bretter auf 0,15
mal h den entsprechenden Anforderungen dieser Güteklasse voll genügen
müssen, während die übrigen Bretter mindestens der Güteklasse II entsprechen sollen. Die Zinkenverbindungen werden in einem besonderen
Arbeitsgang vor dem Aushobeln hergestellt, so daß nach Abschnitt
11.5.6 der DIN 1 052, Blatt 1, die Schwächung in den Keilzinken unberücksichtigt bleiben darf.

Im Innern (Zone B) derartiger Biegeträger sind auch Stumpfstöße zulässig, die jedoch um mindestens 50 cm gegeneinander versetzt sein müssen.
Schließlich wäre noch auf die Beschränkung der Lamellendicke hinzuweisen, die in der Regel 30 mm, in Ausnahmefällen bei geraden Trägern
40 mm nicht überschreiten darf. Besonders bei hohen und weitgespannten Trägern, die auf eine größere Strecke durch ein hohes Biegemoment
beansprucht werden, sollten sämtliche obige Regeln sorgfältig beachtet werden, da neuere Untersuchungen gezeigt haben, daß ganz allgemein
mit zunehmendem Volumen eines beanspruchten Holzteiles seine Festigkeit
sinkt. Da bei Biegeträgern aus Brettschichtholz ab einer gewissen Trägerhöhe und Stützweite insbesondere bei Belastung durch Streckenlast
ein wesentliches Holzvolumen hohen Beanspruchungen ausgesetzt ist,
kommt es besonders darauf an, daß hier Holzgüte, Stoßausbildung und
Verleimung der Berührungsflächen voll den zugrundegelegten Anforderungen entsprechen (Möhler, 1976).

Die Keilzinkenverbindung wird mit Preßdruck in Zinkenrichtung (Längs-
preßdruck) ausgeführt. Zusätzlich ist Querpressung erforderlich, wenn
die Zinkenlänge über 25 mm und die Gesamtbreite der Zinkenverbindung

Je nach der Geometrie der Brettlamellen können verschiedene Zinkenprofile zweckmäßg sein. Die vorzugsweise anzuwendenden Profile sind in
DIN 68 140 niedergelegt (s. Tabelle 4.6).

Tabelle 4.6: Zinkenprofile (Vorzugsprofile) n. DIN 68 140

Beanspruchungsgruppe	l	t	b	v
I und II	7,5	2,5	0,2	0,08
	10	3,7	0,6	0,16
	20	6,2	1	0,16
	50	12	2	0,17
	60	15	2,7	0,18
II	4	1,6	0,4	0,25
	15	7	1,7	0,24
	30	10	2	0,2

Bei Beanspruchungsgruppe II sind Randzinken mit breitem Zinken-
grund 6 bis 5 mm zulässig (siehe Bild 6); die Breite b darf jedoch
10 % der Gesamtbreite g der Zinkenverbindung nicht überschreiten.

Die einzelnen Größen müssen in folgendem Verhältnis zueinander stehen:
bei Zinkenlänge   < 10 min. l = 3,6 t (1 - 2 v)
bei Zinkenlänge   > 10 min. l = 4   t (1 - 2 v)

Bei der Ausführung der Keilzinkenverbindung soll der Feuchtigkeits-
unterschied der zu verbindenden Hölzer möglichst gleich sein, darf
aber 5 % nicht überschreiten. Der Feuchtigkeitsgehalt der Hölzer soll
vor dem Keilzinken dem mittleren Holzfeuchtigkeits-Gleichgewichtsgehalt
am Verwendungsort möglichst nahe kommen, um Belastungen der Keilzinkenverbindungen durch Quell- oder Schwindspannungen zu vermeiden.

Beim Fräsen der Keilzinken oder zum Sägen werden Spezialmaschinen eingesetzt mit Spezialzinkenfräsern, um einwandfreie Passungen zu erhalten. Bei Zinkenlängen ab 10 mm und Beanspruchungsklasse 1 muß nach
dem Pressen noch ein relatives Zinkenspiel von e $\leq$ 0,03 vorhanden
sein (s. Tabelle). Bei Massivholzverbindungen für die gleiche Beanspruchungsgruppe 1 soll der Abstand des Zinkengrundes bis zum nächsten
Ast mindestens 100 mm betragen. Sind dennoch Äste nicht vermeidbar,
darf ihr Durchmesser aber nicht größer sein als 1/3 des Abstandes Zin-
kengrund-Ast. Punktäste bleiben hierbei unberücksichtigt. Die Vorschriften über die Güte-Klassen der Bretter sind unabhängig davon zu beachten.

Die Fräsrichtung kann in einem beliebigen Winkel zur Oberfläche der
Bretter liegen.

unter 100 mm ist. Beim Längspressen reicht ein kurzzeitiges Pressen aus.
Laubholz wird mit Preßdrücken, die etwa 1/3 über jenem von Nadelholz
liegen, gepreßt. Der Preßdruck richtet sich nach der Zinkenlänge und
muß bei Nadelholzzinken unter 10 mm Länge etwa 12 N/mm² betragen. Bei
Zinken bis 60 mm nimmt der erforderliche Preßdruck auf etwa 2 N/mm² ab.

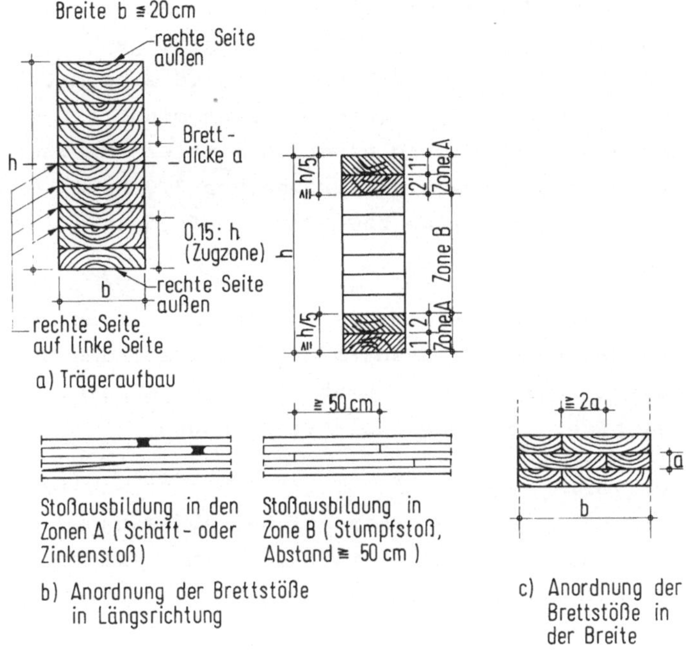

Abb. 4.7: Aufbau und Anordnung von Brettstößen für Biegeträger aus
          Brettschichtholz

Für die Konstruktion der Preßeinrichtungen maßgebend ist ein gleich-
mäßiges Aufbringen des vorgeschriebenen Preßdruckes über das Bauteil
und über die geforderte Preßzeit. Eingesetzt werden liegende, mechanische Spindelpressen mit einem engen Preßlochabstand von etwa 40 cm.
Diese Pressen können mit bis zu vier Etagen übereinander beschickt werden. Auch liegende oder stehende mechanische oder hydraulische Pressen
ermöglichen die Anpassung an spezielle Bauteilformen und ermöglichen
eine technisch und wirtschaftlich optimale Arbeitsweise (Neuner,
1984).

Beim Entwurf gekrümmter Bauteile aus Brettschichtholz sollte der kleinste Biegeradius möglichst nicht unter 6 m angenommen werden.

Kleinere Radien sind bis zu 1,5 m ausführbar, erfordern aber einen erheblichen Mehraufwand. Eingeleimte Gewindestangen können notwendig werden.

Für tragende Holzverklebungen werden ausreichende Dauerhaftigkeit und Mindestanforderungen an die Klebefestigkeit notwendig. Klebeverbindungen sind grundsätzlich gegenüber Schubkräften widerstandsfähiger als gegen Querzugkräfte. Die Mindestanforderungen an die Scherfestigkeiten von Vollholz-Verklebungen betragen je nach Lagerungsfolge 2,0 bis 10,0 N/mm² (s. DIN 68 602). Für Brettschichtholz wird eine mittlere Trocken-Scherfestigkeit von 6,0 N/mm² (Einzelproben mind. 4,0 N/mm²) gefordert. Für tragende Holzverklebungen werden mittlere Mindestquerzugfestigkeiten in trockenem Zustand der Proben von 2,0 N/mm² bei Nadelholz und von 5,0 N/mm² bei Eiche bzw. Buche gefordert (DIN 68 141).

Das nachträgliche Erkennen von Verleimungsfehlern ist bei den Holzverleimungen besonders schwierig, und deshalb ist bei tragenden Holzbauteilen eine aufwendigere voraussehende Kontrolle des Verleimungsprozesses notwendig als bei nicht tragenden Holzverleimungen.

Um die Gefahr von Fehlverleimungen bei Holzträgern auszuschließen oder zumindest einzugrenzen, wurden schon bei der Abfassung der ersten DIN 1 052 "Leimgenehmigungen" für die Hersteller von Holzleimträgern festgelegt. Firmen, die Konstruktionsverleimungen durchführen wollen, müssen danach einen entsprechenden Eignungsnachweis erbracht haben.

Heute unterscheidet man vier Gruppen von Leimgenehmigungen:
Gruppe A, Firmen mit "großem Leimnachweis", gehören solche Firmen an, die Holzbauteile (Hetzer-Träger, BSH, Vollwand, Stegträger) unbegrenzter Größe verleimen dürfen.
Gruppe B - "kleiner Leimnachweis" - hierunter fallen Firmen, die Bauteile bis zu 12 m Länge herstellen dürfen (Wellsteg- und Gitterträger, Gerüstbeläge).
Gruppe C umfaßt Firmen, die ausschließlich Sonderbauteile oder Keilzinkenverbindungen herstellen und die
Gruppe D umschließt Firmen, die verleimte Wand-, Decken- und Dachelemente herstellen dürfen.

Die Leimzulassung wird beim ersten Mal für die Dauer eines Jahres erteilt. Brettschichtholz-Hersteller müssen anfangs ein Jahr im Rahmen der Bescheinigung "B" arbeiten. Danach erfolgt eine weitere Prüfung, nach deren positivem Ausgang die Leimzulassung auf 5 Jahre erteilt wird.

Während dieser Zeit werden Zwischenprüfungen durchgeführt. Auch werden
fertiggestellte Bauten besichtigt. Die fachliche Eignung der Mitarbeiter
muß durch den Besuch eines Leimkurses der Studiengemeinschaft Holzleimbau, Düsseldorf, nachgewiesen werden.

Die Zahl der inländischen Firmen mit Leimgenehmigungen für tragende
Holzbauteile hat nach 1950 bis 1970 ständig zugenommen, um seitdem mit
etwa 120 konstant zu bleiben (Kolb, 1986).

Auch ausländische Leimbaufirmen, die nach Deutschland liefern wollen,
müssen die deutschen Leimgenehmigungen erwerben.

4.1.1.4 Einsatzgebiete von Brettschichtholz

Geleimtes Brettschichtholz ist seit über 100 Jahren erprobt. Aus dem
Jahr 1865 ist eine Kirche mit geleimter Holzkonstruktion bekannt. Der
Holzbau hat sich von 1970 bis 1980 in Mitteleuropa stürmisch ent-
wickelt. Herausragende Vorteile sind die hohe Festigkeit bei geringem
Eigengewicht und die einfache Möglichkeit, gekrümmte Teile ohne
großen Formenbau herzustellen. Diese Vorteile haben die Bauherren und
Architekten erkannt.

Einige besonders auffallende Holzbauwerke, die hohe Anforderungen an
Konstruktion und Ästhetik erfüllen, sind in der folgenden Tabelle
zusammengestellt.

Einige herausragende Holzbauwerke mit Brettschichtholz

Jahr der Fertigstellung	
1972	Olympia-Radstadion, München
	Messehallen, Nürnberg
	Tacoma-Dom, USA
	Messehallen, Avignon
1979	Marktkirche in Rouen
1981	Lagerhalle der Müllverbrennungsanlage, Wien
1987	Hölzerne Spannbandbrücke bei Essing über den Rhein/Main/Donau-Kanal
	Holzrippenschale des Solebades in Bad Dürrheim

Brettschichtholz ist heute für nahezu alle Anwendungsgebiete im Bauwesen einsetzbar.

Wohnhäuser, öffentliche Bauten, Sporthallen, Schwimmhallen, Kirchen, auch Industrie- und Lagerhallen können aus Brettschichtholz gebaut werden. Fußgängerstege und Brücken werden zunehmend auch wegen der guten Einbindung in die umgebende Natur aus Brettschichtholz ausgeführt.

Mit Brettschichtholz werden, bedingt durch Vorteile rationeller Fertigung, Rechteckquerschnitte hergestellt. Es gibt aber auch T-, I- oder Kastenträger (Abb. 4.8), die teilweise plattenförmige Holzwerkstoffe als Stege verwenden.

BRETTSCHICHTHOLZ-TRÄGERQUERSCHNITTE

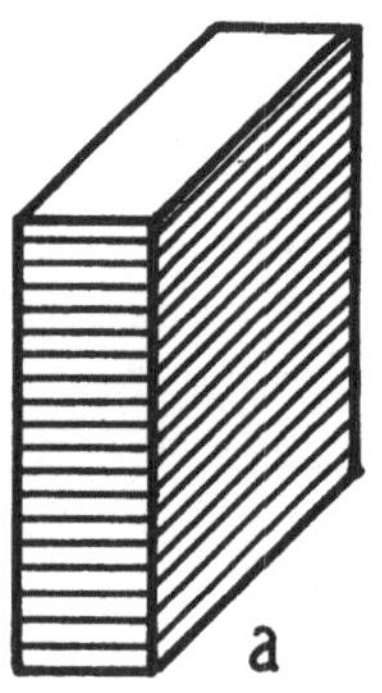
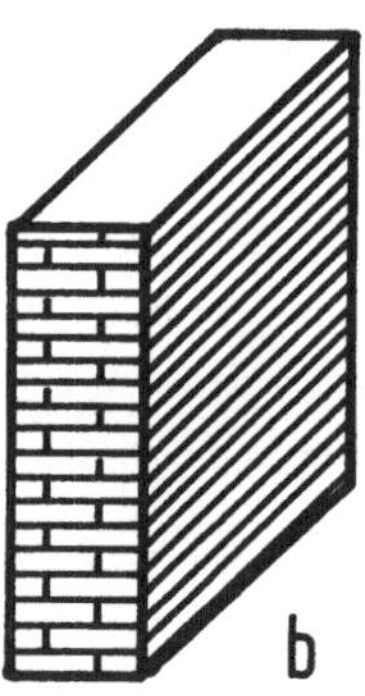
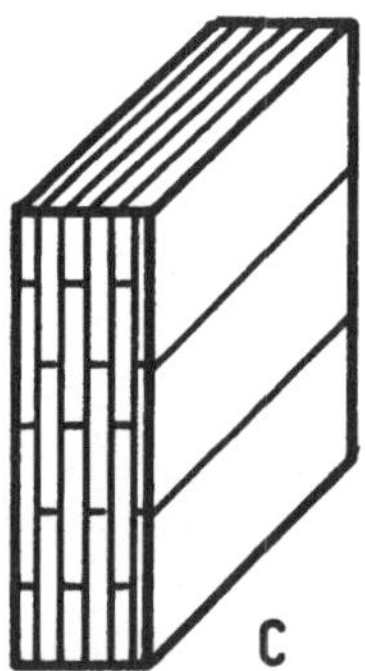
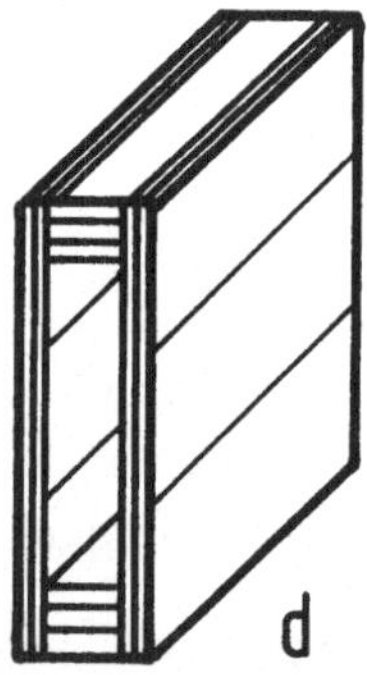

Abb. 4.8a: Brettschichtholzträgerquerschnitte
(a, b, c - Brettschichtholz, d - Platten- oder Brettstege)

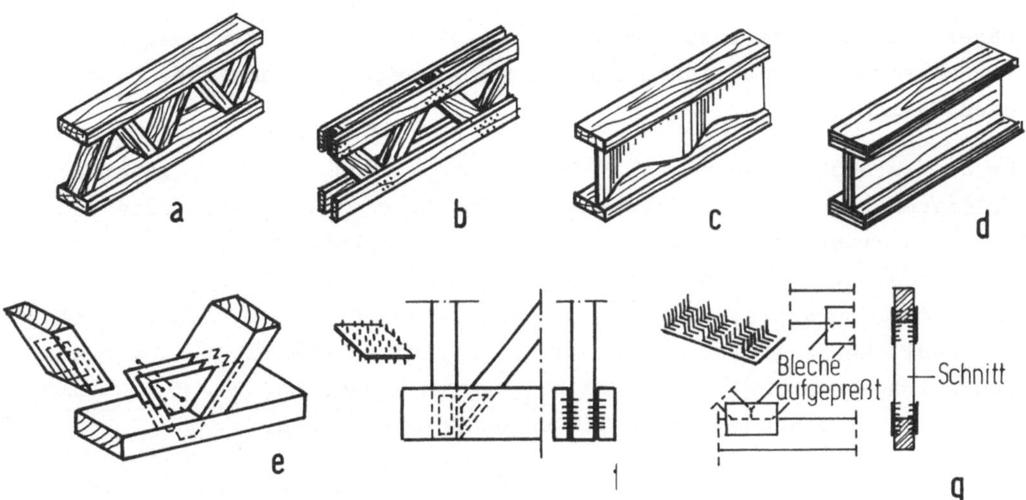

Abb. 4.8b: Leichtträgeraufbauten

a) DSB-Dreieckstrebenbau (Diagonale in Nuten geleimt)
b) Trigonit (Diagonale geleimt, Gurte genagelt)
c) Wellsteg-Träger
d) I-Träger mit Holzwerkstoffstegen
e) Greim-Bau (Hölzer geschlitzt, Bleche genagelt)
f) Menig-Nagelplatten zwischen Hölzern eingepreßt
g) Gang-Nail (gestanzte Bleche aufgepreßt)

Fachwerkträger-Sonderbauarten mit bauaufsichtlicher Zulassung
(n. AG Holz; Werner, 1984)

Mittels Keilzinkenverbindungen sind Leimbinder von über 30 m Länge
und Querschnitten von 20 cm x 120 cm hergestellt worden.

Sonderbauweisen sind solche, die einer speziellen bauaufsichtlichen Zu-
lassung bedürfen. Aus Holz und Holzwerkstoffen sind leichtere Träger-
systeme als Brettschichtprofile ausgeführt (s. Abb. 4.8b):
Trigonitträger, ein verleimtes Strebensystem, auf das beidseitig hoch-
kantstehende Gurte genagelt werden,
Dreiecksstrebenträger (DSB), verleimte Fachwerkträger mit liegenden
Gurten und eingezapften Streben,
Wellstegträger, Träger mit gewelltem Sperrholzsteg, der in Nuten in den
Gurten eingeleimt wird,
I-Träger mit Stegen aus Furnierschichtholz oder Faserplatten.

Wirtschaftlich lassen sich Vollholzträger in unteren Stützweitenberei-
chen bis zu 10 m anwenden. Dort sind Brettschichtholzträger häufig
nicht wettbewerbsfähig. Bei größeren Stützweiten werfen aber Vollholz-

träger verschiedene Probleme auf, wie der Anfall von viel Seitenware
beim Einschnitt, Rißbildung und Verdrehen beim Trocknen oder auch sehr
hohes Gewicht.

Für den Bereich von 6 bis 13 m Stützweite wurden Doppel-T-Träger aus
verleimten technisch getrockneten Bohlen hergestellt. Die Gurte und
Stege aus Fichtenbohlen werden mittels Keilzinkung verbunden, nach der
Angabe des Leims in einem Spannwagen eingerichtet und langsam durch
eine Hochfrequenzpresse gefahren. Der Holzschutz erfolgt durch einen
nachträglichen Anstrich mit einem öligen Holzschutzmittel. Entsprechende Träger werden von 160 mm bis 400 mm angeboten. T-, C-, L- und
Z-Profile sowie Sonderformen können gefertigt werden.

An Knotenstellen sind an den Stegen Füllhölzer anzubringen. Bei Einsatz
dieser Träger als Stiele muß Sorgfalt bei den Eckverbindungen verwendet
werden.

Die Qualität der Träger genügt DIN 4074.

Flachdachkonstruktionen, Sparrendächer oder Wandstiele sind ausgeführt
worden.

4.1.2 Nagelplattenverbindungen

Nagelverbindungen gehören zu den ältesten Hilfsmitteln in Holzkonstruktionen. Sie sind aus dem Brückenbau und aus dem frühen Schiffsbau bekannt. Auch im Möbel- und Innenausbau wurden sie zur Sicherung von zimmermannsmäßigen Verbindungen verwendet.

Nagelplatten wurden in USA und Skandinavien kurz nach 1950 entwickelt.
Bis 1980 wurden bereits ca. 10 % des gesamten Nadelholzes im Bauwesen
mit Nagelplatten verbunden (s. z.B. McCracken, 1979).

Die Nagelplatten bestehen aus verzinktem Stahlblech, für Feuchträume
auch aus Edelstahl, mit nagelförmigen Ausstanzungen, die einseitig ab-
gewinkelt sind. Sie werden als Knotenplatten und als Stoßlaschen für
Holzfachwerke eingesetzt und übernehmen die Funktion der zimmermann-
mäßigen Überplattungen und Verzapfungen. Mittels Nagelplatten können
Stäbe gleicher Dicke stumpf zusammengefügt werden. An den Verbindungen
werden beidseitig Nagelplatten hydraulisch eingepreßt. Die Holzstruktur
wird durch das Einpressen nicht geschwächt und der gesamte Holzquer-
schnitt kann für die Berechnung der Tragfähigkeit herangezogen werden.

Auch bleiben die Verbindungen beim Austrocknen des Holzes kraftschlüssig. Es sind keine Nacharbeiten (wie z.B. bei Dübel oder Bolzen) erforderlich.

Nagelplattenbinder sind für freitragende Spannweiten bis zu 30 m bauaufsichtlich zugelassen. Zahlreiche Standardbinder werden für geneigte Dächer (Satteldach, Pultdach-, Scherenbinder) und Flachdächer angeboten. Sonderkonstruktionen sind schnell und preisgünstig herzustellen (Gütegemeinschaft Nagelplattenverwender, 1988).

Ein enormer Vorteil der Nagelplattenverbindung liegt in der Verwendungsmöglichkeit von - im Vergleich zur zimmermannsmäßigen Fachwerkkonstruktion - geringen Holzabmessungen. Die Überplattungen und Verzapfungen schwächen zu tragende Holzquerschnitte um bis zu 50 %. Für Nagelplattenkonstruktionen können gleich die schwächeren Kanthölzer eingesetzt werden.

Daraus ergibt sich bei Starkholz eine höhere Nutzholzausbeute und die Verwendungsmöglichkeit von Stammholz mit geringem Durchmesser. In den USA werden im wesentlichen 2 by 4, also ca. 50 x 100 mm Kantholz für Nagelplattenkonstruktionen verwendet - gemeinsam mit der Profilzerspanertechnologie ein wirtschaftliches Sägewerksprodukt.

Die Probleme bei der Berechnung von Fachwerken mit Nagelplatten-Knoten und deren Lösung in Skandinavien, Großbritannien und Frankreich hat Egerup (1979) dargestellt. Für eine Überprüfung der Berechnungen auf der Basis von Fachwerken, Rahmen oder Finite Element-Methode scheinen ihm Belastungsversuche an Originalkonstruktionen erforderlich. Für einige Standardkonstruktionen sind in verschiedenen Ländern bauaufsichtliche Zulassungen erteilt.

Da die Bauweisen aber immer individueller und damit vielfältiger werden, werden Berechnungsmöglichkeiten auch für Sonderbauformen angestellt.

Einige Einflüsse auf die Festigkeit von Nagelplattenverbindungen haben Quaile und Keenan (1979) untersucht. Diese Arbeiten wurden z.B. für den CSA Standard S 347 "Method of test for evaluation of truss plates used in lumber joints" berücksichtigt.

Für die Festigkeit der Nagelplattenverbindung sind die Holzeigenschaften (Holzart, Rohdichte, Holzfeuchtigkeit), die Eigenschaften von Nagelplatten wie Verhältnis von Nagelfläche zu Gesamtfläche, und von

durch Holz und Nagelplatte beeinflußten Festigkeit der Verbindung maßgebend.

Zu letzterem gehören beispielsweise die Richtung zwischen Faserverlauf
des Holzes und Nagelausstanzung sowie der Einpreßdruck der Nagelplatte.
Als Beispiel für die verfahrenstechnische Beeinflussung der Nagelplattenverbindung ist in Abbildung 4.9 die Wirkung von 3 Preßdrücken gezeigt.

Die Festigkeit der Nagelplattenverbindungen ist auch abhängig von der
Zeit zwischen dem Einpressen und der Belastung selbst. Möglicherweise
lockert sich die Verbindung infolge von plastischen Verformungen des
Holzes nach dem Einpressen der Nagelplatten und bei Holzfeuchtigkeits-
änderungen.

Diese zahlreichen Einflußgrößen sind bei der Berechnung von Nagelplattenverbindungen als Reduktionsfaktoren zu berücksichtigen.

In der Bundesrepublik ist das Gang-Nail-Verfahren mit Sonderzulassung
genehmigt (s. auch DIN 1052, Neufassung).

Die Fertigung von Wand-, Fußboden- und Dachkonstruktionen mit Nagelplattenverbindungen ist schon weit automatisiert (s. z.B. Beineke,
1979). Schon das Ablängen und winklig schneiden der Kanthölzer wird in
großen Werken automatisiert.

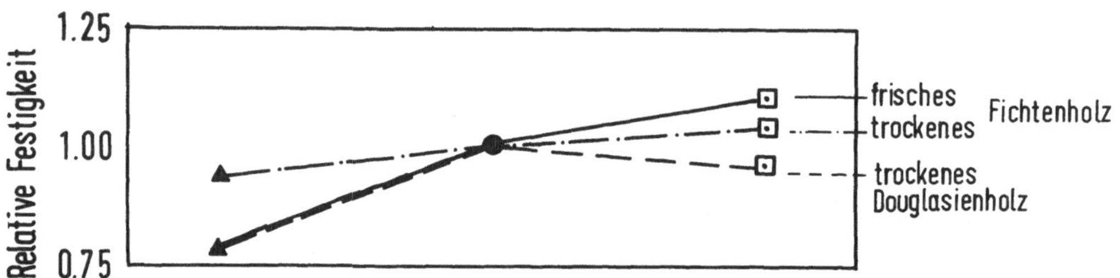

Abb. 4.9: Einfluß des Preßdruckes auf die Festigkeit von
          Nagelplattenverbindungen

Für den Träger werden die Hölzer zusammengelegt und die Nagelplatten
eingepreßt. Es haben sich große Plattenpressen und Rollenpressen eingeführt. Für Einzelfertigungen sind auch einzelne Hydraulikpreß-
zylinder im Einsatz.

Der Homogenität der Holzeigenschaften kommt als Grundlage für die Berechnung der komplizierten Konstruktionen große Bedeutung zu.

Die automatische Festigkeitssortierung ist dafür in den USA weit entwickelt worden. Es zeigte sich, daß die Rohdichte, die maximalen
Druckfestigkeiten und die Druck-Elastizitätsmoduln positiv mit der
mittleren Jahrringbreite von Kanthölzern aus Douglasien- oder Lärchenholz korrelierten. Die Elastizitätsmoduln von zylindrischen Stamm-
abschnitten lagen in der gleichen Größenordnung wie die von fehlerfreien Proben. Erst größere Äste führen zu größeren Abweichungen
(Burke u. Koch, 1986).

Heute werden für Nagelplattenkonstruktionen in den USA noch überwiegend
Douglasien- und Kiefernholz verwendet. Der Einsatz von Bauspanplatten
nimmt aber zu. Die Späne dieser Platten sind dann meist orientiert gestreut (oriented strand boards, OSB). Für Dachfachwerke, die schon
industriell hergestellt werden, werden bevorzugt Nagelplatten verwendet. Bei dem Einsatz von Stäben aus OSB sind längere Nägel als bei der
Verwendung von Kiefernholzstäben vorzuziehen (McAlister, 1986).

4.1.3 Leimholzplatten

Aus Fichte, Kiefer aber auch Eiche und Buche werden Massivholzplatten
hergestellt. Je nach Verleimungsqualität werden die Platten für den
Möbel- und Innenausbau oder für stärkere Feuchtigkeitsbelastungen eingesetzt.

Die Herstellungstechnologie geht von gesägten Stäben aus getrocknetem
Schnittholz aus.

Je nach Plattendicke kann die Breite der Stäbe bis zu 60 mm betragen.
Die Lamellen können farblich sorgsam sortiert werden. Für die Weiterverarbeitung werden die gehobelten Stäbe meist mit vorzugsweise ste-
henden Jahresringen in Keilzinkenanlagen hintereinander verleimt.
Daran schließt sich das Hobeln vor der Verleimung in der Breite zu
Platten an. Dies geschieht in Sternpressen mit bis zu 6 m langen und
1,3 m breiten Platten.

Als Leime können formaldehydfreie Weißleime mit Bindequalitäten entsprechend den Stufen B1 bis B4 eingesetzt werden. Die Abbindezeiten unter Druck erreichen bis zu 60 min. Nach einer weiteren Konditionierungsphase von ca. 24 h werden die Platten sortiert, aufgetrennt, deren Oberfläche geschliffen und verkaufsgerecht in Folie eingeschrumpft.

Buchenleimholzplatten gibt es in fünf Qualitätsabstufungen:
Die Klasse
1a ist allseitig fehlerfrei, auch ohne Rotkern,
1b erlaubt auf der Rückseite Rotkern.
2a beschreibt Platten mit Rotkern auf der Oberseite und kleinen
   Fehlern auf der Unterseite,
2b hat vorder- und rückseitig kleine, gesunde Fehler und nur auf der
   Rückseite größere Fehler.
3 können beidseitig größere Fehler enthalten.

Einige Qualitätsanforderungen an Kiefern-Leimholzplatten sind in Tabelle 4.8 aufgelistet.

Aus den USA ist die Verwendung von Eichenleimholzplatten als LKW-Ladefläche bekannt. Als Leim kommen dort heißhärtende Vinylemulsionen zum Einsatz. Für den Zusammenbau zu großen Flächen sind die Platten mit Nut und Feder oder Wechselfalz versehen.

Auf ähnliche Weise können auch Fensterkanteln als Schichtholzlamellen verleimt werden. Allerdings werden dann keine Platten gepreßt, sondern nur eine geringere Anzahl von gut vorsortierten Lamellen zu Abmessungen von Rahmenhölzern verpreßt und anschließend entsprechend den Rahmen profiliert.

Tabelle 4.8: Qualitätsanforderungen - Kiefernleimholzplatten

1. Bearbeitung
   Alle Flächen sauber geschliffen, Vorschleifen mit 60 - 80' ger. Korn,
   Nachschleifen mit 130 - 150' ger. Korn, keine Stückstellen, nur durch-
   gehende Lamellen, keine Hobelfehler oder Ausrisse. Ferner darf keine
   Schilbrigkeit vorkommen.

2. Verleimung
   Lamellen bis max. 42 mm Breite, Verleimung wechselseitig von Kern-
   und Splintseite, Verwendung von wasserfestem Leim, geeignet für
   Feuchträume (gem. DIN 68 602 B 2), Holzfeuchte 8 - 12 %, die Platten
   dürfen sich nicht verwerfen.

3. Maßhaltigkeit
   Es sind folgende Toleranzen einzuhalten:

   Stärke: + / - 2,5 %
   Breite: + / - 1,0 %
   Länge bzw. Durchmesser: + / - 0,25 %

4. Qualität
   a) Gesunde Äste, keine ausgerissenen Stellen, keine Risse bzw. Schil-
      brigkeit, keine Hobel- oder andere Bearbeitungsfehler, nicht ge-
      dübelt oder ausgekittet (mit Ausnahme von Rissen in Ästen), bei
      jeder Platte sind 1 - 2 schwarze, festverwachsene Äste mit einem
      Durchmesser von max. 10 mm zugelassen.

   b) Schwarze, feste Äste erlaubt, Löcher und Risse in Ästen ausge-
      kittet, geringe Anzahl (max. 2 - 3) lose Äste gestattet, wenn
      sie ausgekittet sind, Markröhre teilweise erlaubt.

5. Verwendungszweck und Qualität
   Qualität A ist beidseitig erforderlich für Regale und ähnliche Möbel
   (waagerechte und aufrechte Teile) = alle Platten in 18 und 28 mm
   Stärke bis zu einer Breite von 600 mm.

6. Verpackung
   Verladung auf Euro- oder Einwegpaletten, Stapelbreite 800 mm, max.
   Höhe 800 mm. Jede Palette muß zusätzlich mit starker Baufolie gegen
   Beschädigung geschützt und mit Bandeisen befestigt werden. Die Plat-
   ten müssen zusätzlich mit Kantenschutz versehen sein, damit sich das
   Bandeisen nicht eindrücken kann.

4.2 Furnierwerkstoffe

Furniere sind durch Messern, Schälen oder Sägen hergestellte dünne Holz-
blätter. Gesägte oder gemesserte Furniere ergeben Blätter in Abmessungen ähnlich jenen des Baumes, die sich aber durch ihre Zeichnung je
nach der Schnittrichtung erheblich unterscheiden können. Geschälte Furniere ergeben nahezu endlose Bänder von beliebiger Dicke und einer
Breite, die von der Länge des geschälten Stammabschnittes bestimmt wird.
Daraus werden großformatige Platten hergestellt. Heute sind sogenannte
Sperrholzplatten als Betonschalungsplatten, als Platten für den Möbel-
und Innenausbau und als Spezialplatten für den Maschinenbau im Einsatz.

4.2.1 Verwendung von Furnierplatten

Auffallend ist in Deutschland der sehr geringe Anteil an Furnierplatten
und Sperrholz mit etwa 5 % am Plattenmarkt. In den USA liegt der Anteil
bei 25 %. Ein Anstieg des Furnierplattenverbrauchs liegt auch im Interesse der Forstwirtschaft. Der Absatz von mittlerem bis starkem Rundholz
in den mittleren Qualitätsstufen könnte damit zunehmen. Momentan ist
aber wohl eher mit einem Rückgang der Inlandsproduktion und zunehmendem Import aus nördlichen Ländern zu rechnen, um eine steigende Nachfrage auszugleichen.

Der größte Teil von Bausperrholz wird in der Welt aus Douglasie und
Kiefer hergestellt. Doch haben auch die Laubholzarten wie Birke in
Finnland oder Buche in Deutschland und Jugoslawien als Rohstoff für
Sperrholz Bedeutung.

Der Verbrauch in Europa zeigt wie bei keinem anderen Holzwerkstoff rie-
sige Unterschiede innerhalb Europas. Beispielsweise werden in Österreich nur 2,8 m³ je 1000 Einwohner verbraucht und im Gegensatz dazu in
Holland 27,6 m³. Untenstehende Tabelle 4.9 gibt für 1980 einen weltweiten Überblick. In Westeuropa wurden insges. knapp 4 Mio m³ 1979 verbraucht, wobei mehr als 2/3 importiert wurden.

4.2 Furnierwerkstoffe

Tabelle 4.9: Verbrauch von Sperrholzplatten in einigen Ländern in 1980
(n. Edlund u. Justsuk, 1981)

Land	m^3 / 1000 Einwohner
Canada	105
USA	77
Holland	28
Finnland	23
Schweden	23
England	21
Norwegen	19
Belgien	17
Frankreich	13
BRD	12
Schweiz	7
Italien	6
Österreich	3

Man erwartet sich für Bausperrholz neue Verwendungszwecke mit der Einführung moderner Bautechniken.

In Deutschland ist allerdings nach wie vor der Anteil der Tischlerplatten an der Sperrholzproduktion mit 270 000 m^3 überdurchschnittlich hoch; bei 380 000 m^3 Eigenproduktion.

Furniersperrholz hat aber in den Jahren 1975 bis 1980 um 18 % zugenommen, wovon vor allem Verpackung, Lastpaletten und Schalungsplatten versorgt wurden.

Bei der Beurteilung des Verbrauchs von Importsperrholz ist aber zu beachten, daß im Rahmen des GATT zollfreie Importkontingente für einzelne Länder vergeben wurden.

Beispiele für die Verwendung von Furnierplatten in den USA finden sich in Tabelle 4.10.

Tabelle 4.10: Verwendung von Furnierplatten in den USA

Produkt	Typische Anwendungs-gebiete	Gewünschte Furnierqualität
Konstruktions-sperrholz	Bauwesen, Platten für Wand, Boden, Decke, Betonschalungsplatten Beschichtete Platten	Hohe Festigkeit und Steifigkeit, geringes Gewicht gut beleimbar
Dekoratives Deck-lagenfurnier	Vorgefertigte Paneele Türen, Behältnisse	attraktive Zeichnung und Farben mittlere Härte gut beleimbar
Innenlagen für dekorative Platten		geringes Gewicht feiner, gerader Faserverlauf leicht beleimbar
Containerfurnier und -sperrholz	Metallbeplankte Container Beschichtetes Furnier Kisten u.a. Spezial-verpackungen	Hohe Festigkeit, Schlagfestigkeit, keine Splitternei-gung, helle Farbe, keine gesundheits-beeinträchtigenden Inhaltsstoffe mittleres Gewicht

4.2.2 Die Herstellung von Furnieren

Furniere sind Lagen aus dünnem Holz, die je nach Holzart und Herstel-lungsart versch. edenartige Zeichnung aufweisen. Man unterscheidet hin-sichtlich ihrer Verwendung dekorative Furniere und technische Furniere, sog. Deck-, Blind oder Unter-, ferner Absperr- oder Gegenfurniere.

Die Herstellung von dünnen Holzlagen geht bis in die Anfänge der Holz-verarbeitung zurück. Eindeutige Hinweise findet man schon vor etwa 5000 Jahren. Das trockene Wüstenklima Ägyptens wirkte so stark konser-vierend, daß uns eine große Zahl von Holzobjekten aus der Hochzeit ägyptischer Kultur überliefert sind. Da auch hier Edelhölzer knapp waren und importiert werden mußten, entwickelten sich bereits holz-sparende Techniken. Diese Edelhölzer wurden in etwa 3 mm dicke Säge-furniere zerlegt, mit denen die Oberfläche minderwertiger einheimischer Holzarten abgedeckt und dekorativ gestaltet wurde. Da das feuchtwarme Klima des Zweistromlandes die Holzzersetzung stark begünstigt, sind aus den vorägyptischen Kulturen Mesopotamiens keine Holzarten erhalten geblieben. Wer die Erfinder des Sägefurniers waren, wird deshalb vorerst ungeklärt bleiben (Sandermann, 1976).

Die Entwicklung industrieller Furnierherstellungstechniken reicht aber nicht weiter als etwa 170 Jahre zurück. Im Jahre 1806 erhielt M. Isambard Brunel das erste britische Patent über eine handgetriebene Furnierschneidemaschine. 1818 erfand H. Faveryear dann eine Furnierschälmaschine. Die Furniermessermaschinen waren erst etwa um 1870 ausgereift.

Wie bei wenigen anderen Holzbe- und -verarbeitungsverfahren bestimmen die Eigenschaften des Holzes die Furnierherstellung. Beim Sägen und Hobeln sind vor allem die Schnittkräfte zu berücksichtigen. Bei der Furnierherstellung sind die Anatomie des Holzes ganz entscheidend z.B. für die dünnste mögliche Furnierdicke. Natürlich versucht die technologische Entwicklung die Furnierdicke immer weiter zu reduzieren, um die Ausbeute zu steigern. Grenzen liegen aber in der Geschmeidigkeit des Furnierblattes. Bei dichten, gleichmäßig gewachsenen und fehlerfreien Stämmen zerstreutporiger Holzarten, wie z.B. Nußbaum, sind sehr dünne Furniere möglich. Holzarten mit starker Differenzierung von Früh- und Spätholz oder ringporig gewachsene Laubhölzer bedingen größere Furnierdicken. Kiefernholz läßt sich nicht wesentlich dünner als 0,8 mm messern. Die Untergrenze der Furnierdicke wird andererseits aber auch durch die Bedürfnisse der Weiterverarbeitung der Furniere bestimmt. Weitlumige Holzarten oder ringporig gewachsene bergen die Gefahr des Leimdurchschlages durch die Poren in sich. Auch die Stärkentoleranzen der Furnierträger und die Genauigkeit des Furnierschliffs vor der Lackierung sind bestimmend für die Furnierdicke, um dem Durchschleifen vorzubeugen.

Das Holz hat, um zu Furnier verarbeitet werden zu können, bestimmte Voraussetzungen zu erfüllen. Es muß weich und elastisch, möglichst wenig rißanfällig sein. Dies wird durch Dämpfen erreicht. Bei der Dämpfung der Furnierblöcke besteht die Gefahr von Rißanfälligkeit und Ringschäle. Die Wuchsform und die Struktur der Holzfasern kann zu rauhen oder rilligen Furnieroberflächen beitragen. Beim Furniertrocknen können durch unterschiedlichen Wuchs oder Dichteschwankungen im Holz Feuchtenester entstehen, die zum Wegschlagen des Leimes oder zu Dampfblasen beim Verpressen führen können.

Die Rohdichte der Furnierhölzer sollte zwischen 0,4 und 0,6 g/cm³ liegen.

Die Temperaturen der Stammabschnitte können für das Messern meist um
10 bis 20° C höher sein als für das Schälen, da für das Messern vor-
bereitete Stammabschnitte weniger zum Reißen neigen als Stämme für das
Schälen (IUFRO, 1973).

Das Entrinden der Stämme wird erst nach dem Dämpfen im Arbeitsablauf
vorgesehen, da die Entrindung von warmen Stämmen bedeutend schneller
und mit weniger Beschädigungen an den äußeren Holzschichten vorgenommen wird.

Bei Holzarten, deren Splintholz erheblich höhere Feuchtigkeit aufnimmt
als das Kernholz (z.B. Douglasie), sind für die Furniertrocknung getrennte Trocknungskanäle mit verschiedenen Trocknungsprogrammen vorgesehen (Lutz, 1972).

Chemische Inhaltsstoffe des Holzes können die Verleimung negativ beeinflussen oder erfordern eine besondere Abstimmung der Leimflotte. Durch
die Verbindung mit Polyesterlaminaten hat sich erwiesen, daß härtungs-
störende Inhaltsstoffe in Furnieren auftreten können. Der Gehalt von
Farbstoffen schränkt die Verwendbarkeit von bestimmten Holzarten für
Betonschalungsplatten für sichtbaren Beton ein.

Die chemische Zusammensetzung ist eine der Kriterien, das bei der Verwendung von weniger bekannten "Sekundärholzarten" für die Sperrholzerzeugung immer wieder zu Überraschungen beigetragen hat.

Die Beurteilung der Holzarten ist weitgehend international vereinheit-
licht und für mehrere hundert Holzarten seit Jahren bekannt (IUFRO,
1973). Dabei werden Kriterien beachtet wie die Verfügbarkeit, die
Feuchtigkeit von Kern- und Splintholz, das Verhalten beim Messern und
Schälen, die optimale Temperatur beim Verarbeiten, Besonderheiten der
Furniertrocknung (flach und rißfrei bis zu wellig, kollabierend usw.),
das Dimensionsänderungsverhalten und die Farbe und Zeichnung der
Furniere.

Ähnliche Zusammenstellungen sind auch aus Südamerika (z.B. Cellulosa
Argentina, 1975), über afrikanische Holzarten (Bolza u. Keating, 1972)
oder indische Furnierholzarten (z.B. Mathews et al., 1974) veröffentlicht.

Das Holz der Eucalypten wird mit steigendem Trend zu Furnieren verarbeitet, um dann Sperrholz herzustellen, das in seinen Festigkeitseigenschaften über denen von Nadelholzsperrholz liegen soll (Macmillan,

W.P., 1978). Einige technische Probleme für die Furnierherstellung mußten überwunden werden, um das vor allem aus Plantagenbetrieben günstig
verfügbare Holz zu Furnieren verarbeiten zu können. Diese Probleme werden in der verhältnismäßig hohen Rohdichte, in dem hohen Feuchtigkeitsgehalt des Holzes im Fällungszeitpunkt, den Spannungen in den Stämmen,
die dann am Ende zum Reißen neigen und in der Neigung beim Trocknen zu
kollabieren, gesehen.

Furniere aus Hölzern mit Rohdichten über 650 kg/cm³ können viele Schäl-
risse haben und sind schwer ohne weiteres Reißen zu manipulieren. Nach
der Überwindung dieser Probleme ist die Ausbeute von Eucalyptus-Furnie-
ren jedoch höher als die beim Kiefernfurnier.

Entsprechend der wesentlichsten Stufe bei der Furnierherstellung lassen sich Messer-, Säge- oder Schälfurniere unterscheiden. Einen Sonder-
fall stellen die Radialfurniere dar.

In Abbildung 4.10 sind diese Herstellungsverfahren schematisch dargestellt. Aus diesem Bild gehen auch die Prinzipien der Furnierherstellung hervor. Bei der Sägefurnierherstellung fällt zwangsläufig in der
Schnittfuge Sägemehl an. Dies bedeutet einen erheblichen Verlust der
hochwertigen Holzteile. Es nimmt daher nicht wunder, daß die Bedeutung
dieses Verfahrens nur noch auf Sonderfälle beschränkt ist.

Sägefurniere werden heute in Dicken von 1 bis 4 mm hergestellt. Zirbel-
kiefer und Riegelahorn werden heute noch mit dieser aufwendigen und
wenig materialsparenden Methode gefertigt.

Für die Wahl zwischen dem Schälen und Messern sind technische Eigenschaften der Hölzer ebenso von Einfluß wie wirtschaftliche und gestalterische Überlegungen.

Die Dicken der Furniere sind in DIN 4079 und DIN 68 330 festgelegt,
wonach Blätter bis 8 mm Dicke als Furniere, dickere schon zum Schnittholz gerechnet werden. Gemesserte Furnierblätter sind bis zu 0,05 mm
dünn, sie werden dann Mikrofurniere genannt.

Furniere für dekorative Zwecke werden im wesentlichen gemessert, wenige
gesägt. Furniere für technische Zwecke werden überwiegend geschält.

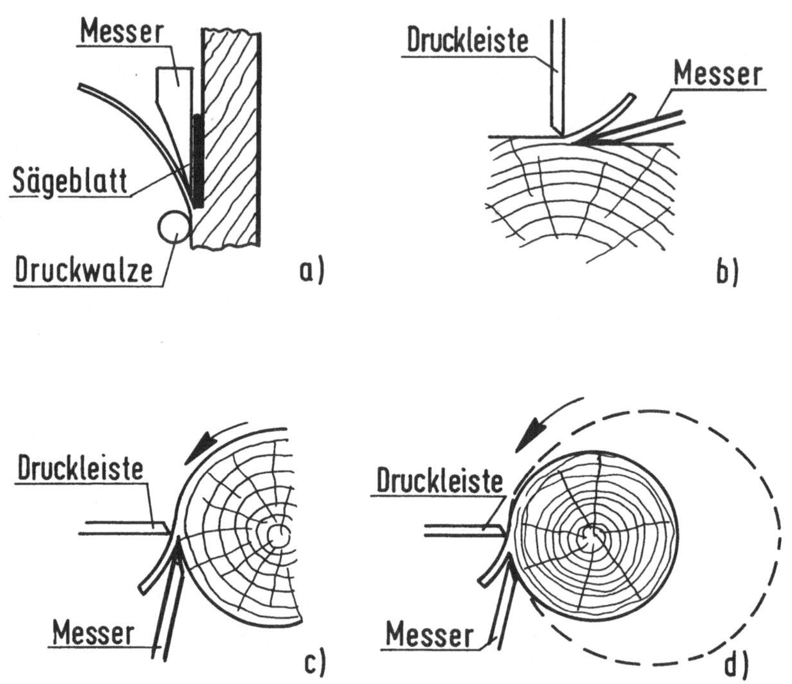

Abb. 4.10: Schematische Darstellung der Verfahren zur Furnierherstel-
          lung. a) Sägefurnier, b) Messerfurnier, c) Rundschälfurnier,
          d) Exzenterschälfurnier

4.2.2.1 Vorbehandlung des Rundholzes

Bei der Furnierherstellung reihen sich verschiedenartige Arbeitsgänge
aneinander.

Mit dem Abtrennen der sogenannten Schmutzscheiben an den Hirnenden,
dem Aufteilen des Stammes in die Blocklängen und dem Entrinden ist der
Furnierblock für das anschließende Dämpfen vorbereitet. Das Dämpfen
oder Kochen der Blöcke muß bei fast allen Holzarten erfolgen, um die
Holzfasern weicher und geschmeidiger zu machen, so daß beim Messern
oder Schälen eine gleichmäßig glatte, rißfreie Oberfläche entsteht.

Für das Messern wird vor dem Dämpfen der Stamm auch in halbe, Drittel-
oder Viertelblöcke mittels Blockbandsägen aufgeteilt. Mit dieser Zu-
richtung wird auch festgelegt, wie der Stamm in die Messermaschine eingelegt, d.h. wie der Schnitt geführt wird.

Bevor der Stamm geschält oder gemessert werden kann, wird er in einen
quasiplastischen Zustand versetzt, um die Geschmeidigkeit der Furnierblöcke zu erreichen. Dazu werden die Blöcke mit Heißdampf oder in Heißwasser erwärmt. Für dünne Furniere sollen Temperaturen von 60° C erreicht werden. Dickere Furniere erfordern eine höhere Flexibilität des
Holzes, weshalb die Temperatur des Holzes in der Messer- oder Schäl-
ebene bei Furnieren über 2,4 mm bei 80° C betragen sollte (TBuch d.
Holztechnologie, S. 102, 1976). Die Richtwerte für die Holztemperatur-
werte sind in Bild 4.11 dargestellt.

Da die Holzarten in unterschiedlichem Ausmaß zum Verfärben bei der
Erwärmung neigen, sind drei Verfahren zur Plastifizierung des Stamm-
holzes entwickelt worden. Dabei kann das Heizmittel direkt mit dem
Stammholz in Berührung kommen oder das Heizmittel in einem Rohrsystem
durch ein Wasserbad und der Dampf in einen Behälter geleitet werden,
worin die Stämme liegen und drittens die Stämme direkt in einer Dämpf-
grube liegen, in der das Wasser erwärmt wird. Dabei erfolgt die Erwärmung des Holzes unter Luftabschluß. Vor allem für helle Furnierhölzer, die sich beim Dämpfen nicht verfärben sollen, ist die dritte,
die Erwärmung unter Wasser, zweckmäßig. Bei der Buche ist eine Ver-
färbung meist erwünscht, weshalb die letzte der Methoden nicht zum Einsatz kommt.

Das Holz einiger Holzarten, wie Birke oder Linde, ist elastisch genug,
um ohne vorheriges Dämpfen gemessert zu werden.

Abschließend werden die Stämme entrindet. Eine saubere und sandfreie
Oberfläche der Stämme ermöglicht die volle Ausnutzung der Schäl- oder
Messerschneiden.

Beim Holz für Messerfurniere empfiehlt sich das individuelle Einteilen
der Stämme und das Ablängen vor der Wärmebehandlung, da die weitere
Behandlung ebenfalls auf den einzelnen Stamm ausgerichtet ist.

Das Einteilen des Stammes ist, wie bei jeder Art der Stammholzverwer-
tung, eine zentrale, wenn nicht die wert- und gewinnbestimmende Tätigkeit im Furnierwerk.

An den Blöcken für das Messer sind Auflagefläche, Anschnitt- und Anlage-
fläche zu bestimmen und durch dreiseitiges Bearbeiten anzulegen. Entsprechend dem gewünschten Schnittbild oder aus technologischen Gründen
(z.B. Durchmesser) werden die Stämme halbiert, gedrittelt oder gevier-

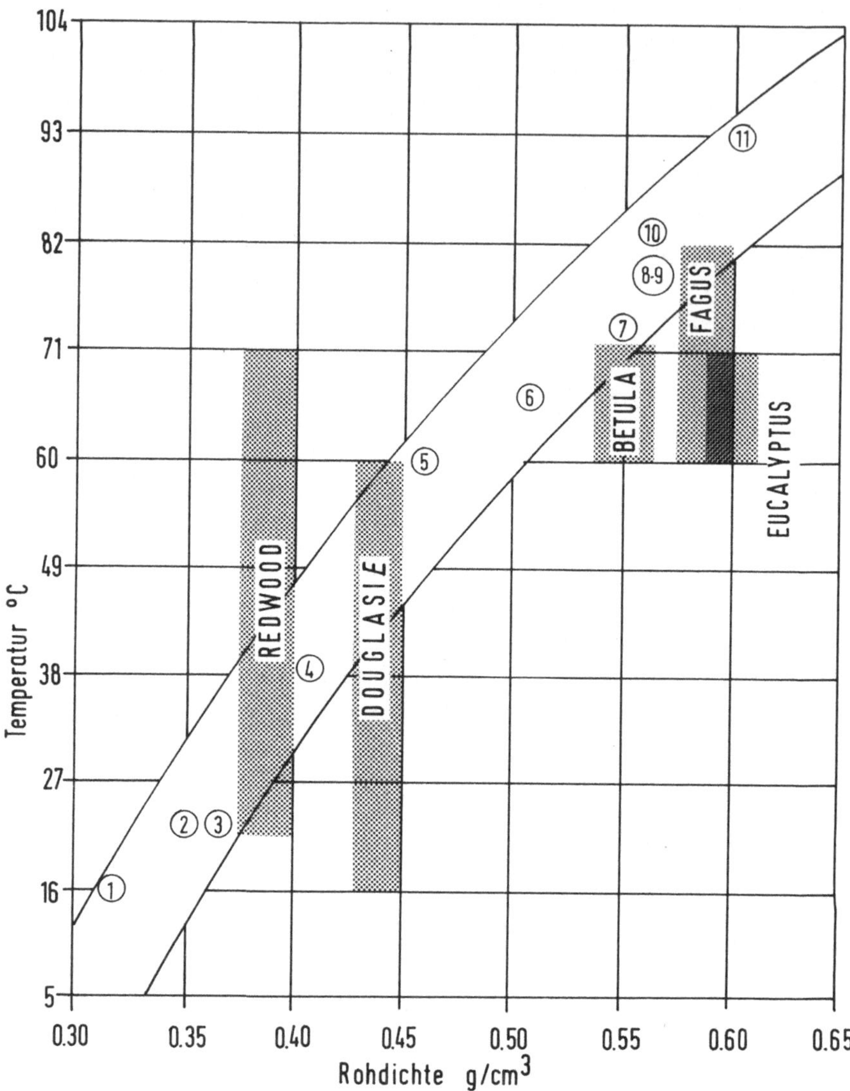

Abb. 4.11: Erwärmung von Schälblöcken für die Herstellung von
1/8 inch-Schälfurnieren (n. Lutz, 1972 und 1974).

    1 Linde (Tilia americana)
  2,3 Pappeln
    4 Tulpenbaum (Liriodendron)
    5 Liquidambar St.
    6 Nuss (Juglans nigra)
    7 Birke (Betula alleghaniensis)
    8 Ahorn (Acer saccharum)
    9 Roteiche
  10 Buche (Fagus grandifolia)
  11 Weißeiche

telt. Demzufolge bestimmt auch die Lage und Anzahl der Zurichtschnitte
die Qualität der Furniere und die Ausnutzung der Furnierblöcke.

Für Schälblöcke erfolgt das Anschälen bis zur zylindrischen Form nach
dem Ausrichten auf der Rundschälmaschine.

4.2.2.2 Auftrennen des Rundholzes

4.2.2.2.1 Die Herstellung von Messerfurnier

Mit der Entwicklung der Messerfurniertechnik vor etwa 100 Jahren hat
sich die Furnierverwendung sprunghaft ausgeweitet. Dünnere Furniere,
bessere Oberflächenglätte, kein Anschnittverlust sind einige technische
und wirtschaftliche Vorteile der Messerfurniere gegenüber den Schälfurnieren. Gründe, weshalb vor allem hochwertige Holzarten gemessert
werden.

Zur Herstellung streifiger, blumiger oder fladriger Furnierzeichnungen
haben sich vier verschiedene Schnittformen durchgesetzt. Bei einem ungetrennten Furnierblock können die Messerschnitte nur durch volle
Sehnenschnitte erzeugt werden.

Bei einem halbierten Furnierblock können die Messerschnitte ebenfalls
wie bei einem ungetrennten Messerblock durch volle Sehnenschnitte erfolgen.

Wird der Messerblock nicht genau radial aufgespannt, entstehen halbe
Sehnenschnitte, zuerst im Splint, dann vom Kern zum Splint (Echt-
Quartier-Messern).

Geviertelte Stämme, die durch Abflachen an der Kernseite aufgespannt
werden, können Flach-Quartier gemessert werden. Geviertelte Stämme, die
radial aufgespannt werden, ergeben Faux-Quartier-gemesserte Furnierbil-
der (s. Abbildung 4.12).

Um eine feste Auflage des Blockes in der Messermaschine zu ermöglichen,
werden die Blöcke nach dem Dämpfen auf zwei Seiten glatt und parallel
gehobelt.

Bei den Horizontal-Flachmessermaschinen werden vor allem von großdimen-
sionierten Blöcken und für die Herstellung von Starkfurnieren bis zu

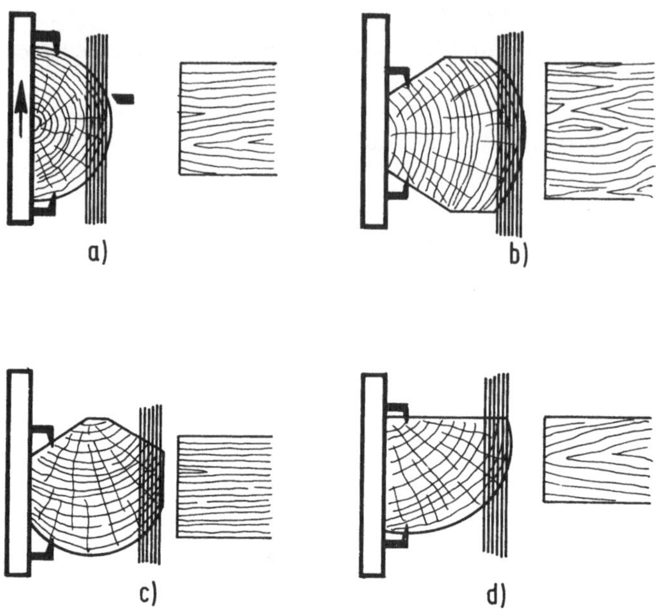

Abb. 4.12: Herstellungsvarianten von Messerfurnieren.
          a) Flachmessern eines Halbblocks
          b) Echt-Quartier-Messern
          c) Flach-Quartier-Messern
          d) Faux-Quartier-Messern

50 Blatt in der Minute gemessert. Pyramiden-Mahagony wird bevorzugt
auf Horizontalmaschinen geschnitten.

Vertikal-Messermaschinen ermöglichen bis zu 80 Furnierblätter pro Minute. Dazu wird der Block auf den senkrecht beweglichen Flitchtisch
gespannt und in Abwärtsbewegung gegen ein feststehendes Messer geführt.

Neueste Maschinen können mit bis zu 95 Blatt je Minute im Dauerbetrieb
gefahren werden. Arbeitsbreite, d.h. Stammlängen von etwa 4 m können
gemessert werden.

Der Schnitt erfolgt von unten nach oben. Die Furnierblätter können dabei, ohne gewendet zu werden, von den Austragsbändern auf den höhen-
verstellbaren Furnierstapel manuell gezogen werden.

Um die Stillstandszeiten zu reduzieren, kommt einem schnellen und
exakten Stammwechsel besondere Bedeutung zu. Auch der Messerwechsel muß
beschleunigt durchgeführt werden können. Vereinfachte Messereinhängung,

elektronisch verstellbare Messerwinkeleinstellung und pneumatische Einstellung des Druckbalkens sind Hilfsmittel dazu.

Der Messerblock wird mit hydraulischen Zylindern positioniert, Spannhaken und Restbohlenhalter sind automatisch verfahrbar.

Druckleiste und Messerbalken sind mit Thermoöl beheizt, um Kondenswasser, das zu Verfärbungen der Furniere führen kann, beim Messern nicht auftreten zu lassen.

4.2.2.2.2 Die Herstellung von Schälfurnier

Die Sperrholzerzeugung in der BRD ist bei steigendem Verbrauch rückläufig. Der Bedarf wird künftig noch mehr durch Importe abgedeckt werden. Die Schwierigkeiten bei der Rohstoffversorgung, die Eigenschaften und nicht zuletzt der Preis der Produkte gegenüber ausländischen Produkten, von einzelnen Spezialprodukten, die in integrierten Sperrholzwerken hergestellt werden, abgesehen, bedingen, daß diese nicht mehr wettbewerbsfähig sind.

Daran ändern auch Bemühungen von forstlicher Seite wenig, bisher nicht für Sperrholz eingesetzte Holzsortimente einer Eignungsprüfung für die Herstellung von Sperrholz für technische Zwecke zu unterziehen. Dietz et al. (1976) sehen durchaus optimistische Möglichkeiten für eine Furnierplattenproduktion aus geringwertigem Kiefern-Stammholz. Die Platten haben Eigenschaften, die denen von Importplatten aus Weichholz entsprechen.

Einer der Nachteile mitteleuropäischer Furnierplattenherstellung ist darin zu sehen, daß hier Anlagen für tropische und einheimische Holzarten gemeinsam in Betrieb waren. Der Trend der Anlagenkonzeptionen führt aber weltweit zu einer Spezialisierung auf die Anforderungen nur weniger Holzarten. Allein für die Herstellung von Weichholz-Schälfurnierplatten sind in den USA 175 Anlagen im Einsatz, womit 1982 etwa 1,5 billion square feet etwa 10 mm dickes Sperrholz herstellt wurden. (McKeever u. Meyer, 1984)

Hinsichtlich der Vorstellungen für die Einkaufspreise bzw. Verkaufspreise der Forstwirtschaft wichtig ist auch die Veränderung der Furnierausbeute mit zunehmendem Durchmesser der eingesetzten Stämme.

In verschiedenen Untersuchungen zu dieser Frage an verschiedenen Holzarten hat sich gleichermaßen ergeben, daß eine prozentuale Ausbeute-
zunahme mit steigendem Zopf-Durchmesser zuerst von etwa 50 % bei ca.
25 cm Durchmesser auf bis etwa 65 % bei Durchmessern von 35 .. 50 cm
ansteigt. Bei noch stärkerem Rundholz nehmen die Ausfälle infolge von
Unregelmäßigkeiten im inneren Bereich von alten Stämmen nicht weiter
zu. Für Douglasienfurniere und Fichtenfurniere haben Dobie und Hancock
(1972) untenstehende Tabelle 4.11 veröffentlicht.

Tabelle 4.11: Furnier- und Restrollenanteil in Abhängigkeit vom Zopf-
              durchmesser bei Douglasien- und Fichtenstämmen
              (n. Dobie und Hancock, 1972)

Zopfdurchmesser cm	Furnierausbeute %		Restrollenanteil %	
	Douglasie	Fichte	Douglasie	Fichte
20	–	47	–	34
25	–	54	–	23
29	50	62	23	19
33	60	62	17	14
41	65	66	13	9
50	65	69	13	7
61	66	59	5	20

Ziel verschiedener Entwicklungen der Schältechnik ist, die Vielseitigkeit der Schnittebenen des Messerns zu erreichen, um sich so dem Messern zu emanzipieren (s. Abbildung 4.13).

Das Rundschälen ist das einfachste und älteste Verfahren. Es wird dort
angewendet, wo große Furnierflächen erzielt werden sollen und wo die
dekorative Wirkung der Holzzeichnung untergeordnete Bedeutung hat oder
vernachlässigt werden kann. Es ist das Verfahren für technische Furniere oder für weniger gut gezeichnete Holzarten. Es dient auch zur
Furnierherstellung für anschließende Sperrholzfertigung. Buche, Birke
und tropische Hölzer für Blindfurniere und ähn., z.B. Macore, werden
geschält. Zunehmend werden auch Nadelhölzer geschält. Die Furniere werden für technische Sperrhölzer weiterverarbeitet. Je nach Holzart und
Verwendungszweck können Mikrofuniere (Dicken bis 0,1 mm), Dünnschnitt-
furniere (bis 1 mm Dicke) und Starkfurniere (über 1 mm) gefertigt werden.

Das Rundschälen Blatt für Blatt ist bei Birke, Vogelaugenahorn oder
dekorativ gezeichnete Maserhölzern eingeführt.

Exzentrisch oder halbrund wird geschält, indem der Block nicht mittig,
sondern außermittig eingespannt wird. Es entstehen einzelne Furnierblätter, die breiter als beim Planmessern sind und in deren Zeichnung diesen
ähneln. Auch halbe Blöcke oder Quartiers können exzentrisch geschält
werden.

Das Stay-Log-Schälen ist ein extrem exzentrisches Schälen, bei dem der
Stamm in einen anliegenden Block eingespannt wird, dem sog. Stay-Log.
Dadurch wird der Schälradius vergrößert und aus Segmenten mit geringem
Durchmesser werden breite Furniere geschält. Es fallen Furniere an, die
an den Seiten gestreift und innen blumige Textur haben.

Die Herstellung von Rifteichenfurnieren mit sehr niedrigem Anteil von
Spiegeln erfolgt im Stay-Log. Es entstehen auch keine schmalen Fries-
pakete, wie sie beim Heraustrennen des Herzstückes aus flach gemesser-
ten Furnierblöcken anfallen.

Als Entwicklungslinien können genannt werden:
Reduktion des Ausschußanteils,
Vielseitigkeit der Wahlmöglichkeiten der Zeichnung unabhängig vom
Stammdurchmesser,
Herstellung von breiten Furnieren auch aus dünneren Stämmen.

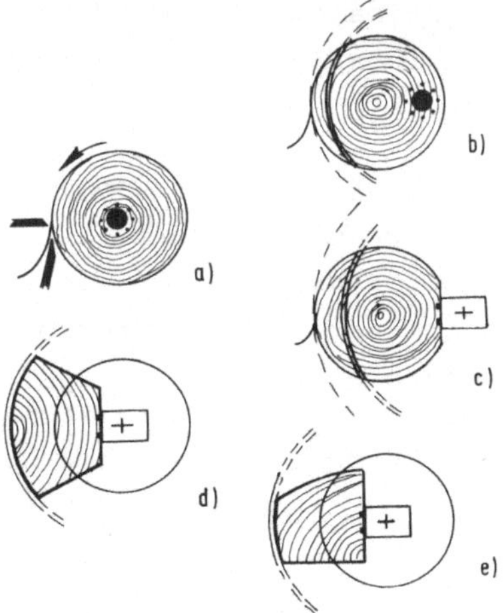

Abb. 4.13: Herstellungsvarianten von Schälfurnieren
           a) Rund-Endlosschälen
           b) Halbrundschälen
           c) Staylogschälen mit Rundblock
           d) Staylogschälen mit Halbblock
           e) Staylogschälen mit Viertelblock

Peilgeräte und elektronische Rechner sorgen auf modernen Anlagen für eine schnelle Zentrierung der Schälblöcke. Bei Schälgeschwindigkeiten von 150 m/min werden die für die Zentrierung verfügbaren Zeiten immer kürzer, wenn es nicht zu Stillständen kommen soll.

Eine weitere Entwicklung zur Reduzierung der Abfälle durch Verminderung des Restrollendurchmessers, kürzere Wechselzeiten bei gleichzeitiger Hochgenauigkeitszentrierung ist die spindellose Schälmaschine (s. Abb. 4.14). Das Prinzip der Maschine beruht darauf, daß der Schälblock zwischen drei rotierenden Walzen getragen und gegen das feststehende Messer geführt wird. Die obere Walze ist feststehend und hält den Schälblock in konstanter Lage zum Schälmesser. Damit ist das Schälen bis zu etwa 5 cm Restrollendurchmesser möglich, wodurch die Furnierausbeute nicht unerheblich erhöht wird (Maloney, 1987). Allerdings ist die Furnierqualität in den kernnahen Baumzonen wachstumsspezifisch unterdurchschnittlich. Beim Schälen von Rundholzdurchmessern von im Mittel 15 cm sind 6000 bis 7000 Blöcke in einer Schicht bereits praktiziert worden. Die Positionierung des Schälblocks ist mit Servohydraulik ausgerüstet und in der Lage, die Dickentoleranzen in der Größe der klassischen Stammeinspannung zu halten.

Mikroprozessorgesteuerte Veränderung der Druck- und der Folgewalze ermöglichen die Einstellung des optimalen Schälwinkels bei abnehmendem Blockdurchmesser, indem der Schälblock gegen eine starre Oberdruckrolle gepreßt wird (s. Bild 4.14).

Die Umfangsgeschwindigkeit des Stammes muß beim Schälen konstant gehalten werden, um die Schnittbedingungen gleich zu halten. Die Drehzahl der Spindel muß also mit dem Schälfortschritt ansteigen. Die Drehzahlsteuerung mittels Gleichstrommotoren wurde an früheren Maschinen eingesetzt. Neue Schälmaschinen verwenden elektronische Systeme.

Das Furnierband (Stammdurchmesser 80 cm, Restrolle ca. 18 cm und Furnierdicke von 1 mm) mit bis zu 500 m Länge weist Schadstellen, Löcher und andere Defekte auf. Die schlechten Stellen müssen je nach Weiterverwendung der Furniere ausgekappt werden.

Dabei haben sich computergesteuerte Zweimesserscheren, die mit einer elektronischen Fehlererkennungsanlage verbunden sind, bereits bewährt.

Zur Herstellung von runden Furnierblättern hat man das Radialschälen entwickelt. Der Stamm wird nach dem Prinzip des Bleistiftspitzers

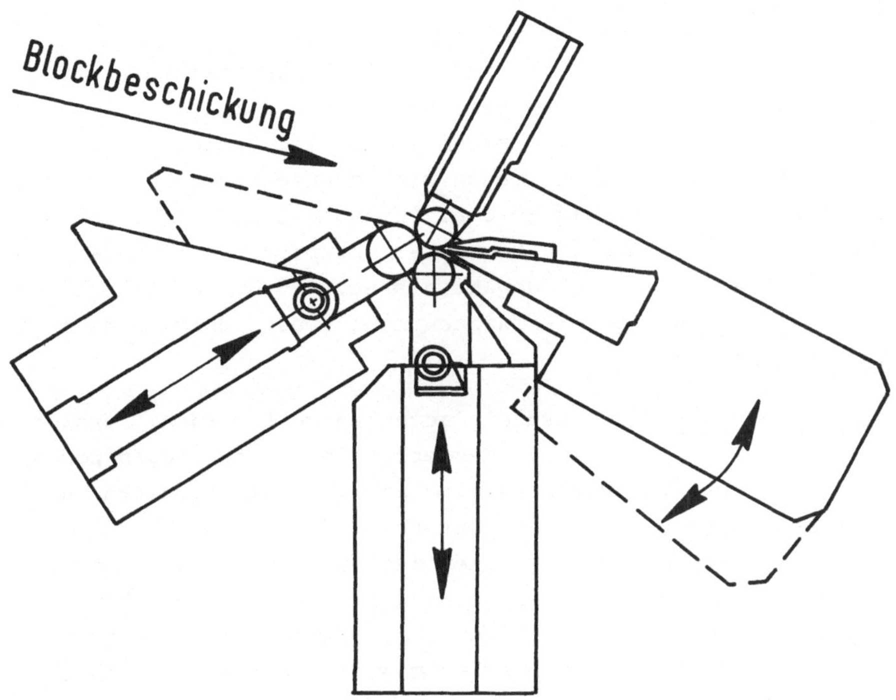

Abb. 4.14: Schematische Darstellung der Rollenanordnung bei der
          spindellosen Schälmaschine

stirnseitig unter schrägen Winkel geschält. Ein senkrecht mit der
Spitze nach unten stehender Hohlkegel nimmt die vorwiegend dünnen
Stämme auf. Damit wird auch kürzeres geradschaftiges Astholz schälbar.

Während die Stämme um ihre Achse gedreht werden, schneidet die messer-
scharfe Kante eines Schlitzes im Hohlkegel ein nahezu endloses konti-
nuierliches Furnierblatt. Die Furniere haben eine strahlenförmige
Zeichnung.

Die Schälgeschwindigkeit richtet sich nach Holzart und Güte des Stammes innerhalb der durch den Maschinenbau vorgegebenen Möglichkeiten.
Um bei abnehmendem Stammdurchmesser mit gleichem Schnittwinkel des
Schälmessers arbeiten zu können, muß die Messerstellung mit fort-
schreitendem Schälvorgang automatisch verändert werden. Die Schnittbedingungen bleiben auch nur dann gleich, wenn die Schälgeschwindigkeit,
d.h. die Drehzahl (Umfanggeschwindigkeit) der Durchmesserveränderung
angepaßt wird.

4.2.2.3 Furniertrocknung

Früher wurden die Furniere in Etagengestelle (Hordenwagen) zur Trocknung in luftigen Trockenzonen gelagert. Diese Furniertrocknung war sehr
schonend, aber langwierig und arbeitsintensiv. Heute wird in Durchlauf-
trocknern mit Düsenbelüftung, auch mit Schwebetrocknern, getrocknet.
Das auf die Furnierart, die -Dicke, Anfangs- und Endfeuchte abgestimmte Trocknungsprogramm wird heute mikroprozessorgesteuert. Bei den
modernsten Anlagen ist auch gewährleistet, daß durch Abschottungen
deutlich unterschiedliche Klimazonen neben- oder übereinander geschaffen werden können.

Beim Trocknen sollen die Furniere auch gebügelt werden. Furniere werden durch das Trocknen wellig. Messerfurniere unterliegen hohen Anforderungen beim späteren Furnierverarbeiten. In Glättpressen müssen
Furnierpakete eben und trocken gepreßt werden. Furniere müssen deshalb
dafür nach der Trocknung zu Paketen zusammengelegt und einer taktweise
arbeitenden Presse zugeführt werden. Darin werden die Pakete unter
niedrigem Anpreßdruck bei erhöhten Temperaturen glatt gepreßt. Je
trockener die Furniere, desto höher muß die Temperatur sein (bei 12 %
ca. 70° C). Inzwischen ist es gelungen, diesen diskontinuierlichen
Glättprozeß in kontinuierlich arbeitende sog. Bügeltrockner zu inte-
grieren (Grebe, 1988).

Dazu wurde das Furnier zunächst wie bei herkömmlichen Düsentrocknern
vorgetrocknet, um dann zwischen zwei Spezialbändern kontinuierlich über
Glättzylinder, bei Einhaltung eines optimalen Druckes, transportiert
und auf die gewünschte Endfeuchtigkeit gebracht zu werden. Wichtig ist
hierbei, den Furnieren auf einer Umlenkrollen-freien Strecke eine
rißfreie Schwindung zu vermöglichen. Die Furniere müssen für das
Glätten in Rollen mit mindestens 800 mm Durchmesser geführt werden,
um eine plastische Verformung, die zum Glätten erforderlich ist, zu
erreichen.

Die Trocknungstemperatur wird durch Konvektions- und Strahlungstrock-
nung erreicht.

Die Bügeltrockner werden als Horizontal- oder Turmtrockner ausgeführt.
Die Durchlaufgeschwindigkeiten sind auf die Holzart und Furnierdicke
einzustellen (25 bis 30 lfm). Den charakteristischen Feuchtigkeits-
unterschieden zwischen den Furnieren aus dem äußeren und inneren

Stammteil (z.B. bei Pappel) muß die elektronische Steuerung angepaßt
werden.

4.2.2.4 Sortierung der Furniere

Nach der Schälmaschine kommen die Furniere als mehr oder weniger regelmäßige Bahn mit vielen schadhaften Stellen an den Rändern, mit Löchern
und anderen Defekten auf die Transportbahn. Die Sortierung muß automa-
tisierbar werden oder wird teilweise schon automatisch durchgeführt
mit Fehlerprüfsystemen (Scanner), die eine Kappvorrichtung (Clipper)
steuert.

Die Beurteilung der Schälfurnierqualität von Pappelfurnieren hat
Sachse (1979) mit Hilfe der Kriterien Oberflächenrauhigkeit, Äste in
differenzierten Durchmessergruppen, Wasserreiser, schlafende Knospen,
Insektenbefall, Verfärbungen sowie Längszugfestigkeit durchgeführt.
Farbkernanteil an der Querschnittsfläche und Richtgewebegehalt sind
weitere Anhaltspunkte. Derartige Fehler treten bei allen Holzarten
auf und werden von den Scannern als Grauwertveränderungen erkannt.
Dem Steuerungsprogramm obliegt es nun, festzulegen, bei welchen Grau-
werten und bei welchen Größen der Clipper aktiv werden muß.

Die Clipper können für die modernsten Anlagen, die mit Schälgeschwindigkeiten von bis 150 m/min arbeiten, zu langsam sein. Deshalb wurde
von Clippern mit Hubbewegung zu Clippern mit Rotationsbewegung über-
gegangen. Noch schneller arbeiten Zweimesserscheren. Dabei werden
2 Schneidköpfe unabhängig voneinander vom vorgeschalteten Scanner
gesteuert. Damit wird es möglich, trotz hoher Vorschubgeschwindigkeiten nur kurze fehlerhafte Stücke auszuclippen.

Für den Aufbau von Sperrhölzern nach den Vorschriften der American
Plywood Association (APA) sind 6 verschiedene Furnierqualitätsstufen
definiert worden (APA, 1980).

Die Furnierqualitäten sind in Tabelle 4.12 beschrieben.

Ähnliche Qualitätsvorschriften sind für die Furniere für dekorative
Furnierplatten aus den verschiedenen Herstellerländern festgelegt.
Bei Lohmann (1987) findet sich eine ausführliche Zusammenstellung.

Tabelle 4.12: Furnierqualitäten von amerikanischem Sperrholz
            (nach APA, PS 1)

N Glatte Oberfläche, für Lasur vorgesehen. Furnier soll nur aus Kern-
  oder Splintholz bestehen, ohne offene Fehler. Auf einer Platte von
  der Größe 4x8 Fuß dürfen nicht mehr als 6 Reparaturen - nur Holz -
  vorhanden sein, die parallel zur Faser und in Maserung und Farbe
  gut abgestimmt ausgeführt sein müssen.

A Glatte Oberfläche, anstreichfähig. Nicht mehr als 18 sorgfältig aus-
  geführte Reparaturen erlaubt - boot-, schlitten- oder nutenförmig -
  parallel zur Faser. Für weniger anspruchsvolle Zwecke kann Klasse A
  auch lasiert werden.

B Geschlossene Oberfläche, etwas rauhe Faser zulässig. Synthetisches
  Füllmaterial erlaubt, ebenso Ausfüllplättchen, runde Propfen. Feste
  Äste bis zu 1 Zoll breit quer zur Faser und kleinere Risse dürfen
  vorhanden sein.

C gepfropft (plugged). Gepfropftes C-Furnier. Risse bis zu 1/8 Zoll
  breit sowie Ast- und Bohrlöcher bis zu 1/4 x 1/2 Zoll sind erlaubt.
  Leicht gebrochene Faser zulässig. Synthetische Reparaturen erlaubt.

C Feste Äste bis zu 1 1/2 Zoll, Astlöcher bis zu 1 Zoll quer zur Faser
  bzw. gelegentlich bis zu 1 1/2 Zoll erlaubt, vorausgesetzt, die Gesamtbreite der Astlöcher und Äste überschreitet nicht bestimmte Aus-
  maße. Reparaturen aus synthetischem Füllmaterial oder Holz. Verfärbungen und Schleifschäden, die die Festigkeit nicht beeinträchtigen,
  zulässig. Risse begrenzt möglich.

D Äste und Astlöcher bis zu 2 1/2 Zoll bzw. bis zu 3 Zoll quer zur
  Faser innerhalb der zulässigen Gesamtbreite. Kleinere Risse erlaubt.
  D-Furnier ist auf Innensperrholz beschränkt.

4.2.2.5 Bildung von Furnierbildern

Furnierte Oberflächen sollen Gefühl und Phantasie des Beobachters ansprechen.

Die individuelle Zeichnung der Furniere mit Splint, unsymmetrischer Maserung, stärkerem Spiegel, vielfältig gestreuten Ästen ist der industriellen Möbelfertigung abträglich und wird deshalb nur für Einzelstücke bewußt gestalterisch eingesetzt.

In der Massenfertigung wird das Furnier möglichst symmetrischer Zeichnung eingesetzt. Frontenfurniere werden deshalb gestürzt. Beim Stürzen trennt man die Furnierpakete entlang ihrer Längsachse in der Mittellinie der Blume auf. Aus jedem Furnierpaket entstehen somit zwei Pakete. Faux-Quartier Furniere sind bereits in der Fuge getrennt gemessert oder geschält worden. Jedes zweite Furnierblatt wird dann gestürzt, d.h. im Wechsel liegt einmal die rechte und einmal die linke Seite des Furnieres nach oben und erhält die nachfolgende Oberflächenbehandlung.

Allerdings können dann beim Beizen Farbschattierungen auftreten. Dieser Nachteil kann vermieden werden, wenn schmale Furnierpakete mit einer Blume nach dem Fügen aneinander geschoben werden.

Das Vorsortieren nach Grund-Farbtönen ist wichtig. Für den Möbelbau wird nach Fronten-, Korpusware außen und innen sowie nach Blindfurnierqualitäten sortiert.

Vor dem Furnieren auf Trägerplatten werden die Furniere zusammengefügt und mittels Papierklebestreifen, Zick-Zack-Fadenheftung oder Fugenverklebung zusammengehalten.

4.2.2.6 Endlos-Furnier von der Rolle

Die einseitige Beschichtung von Furnierkanten mit Vlies oder die Endlosverbindung mittels Keilzinken haben neue Verarbeitungsmöglichkeiten für Furnierkantenrollen geschaffen.

Die Kantenbearbeitung ist ein sehr wichtiger Arbeitsgang in der Möbelindustrie und im Innenausbau und hat einen bestimmenden Einfluß auf das Design.

Mit der Einführung der Spanplatte in den Möbelbau begann die stetige
Weiterentwicklung der Verarbeitungstechnologie von handwerklicher zu
industrieller Möbelherstellung. Dies führte schon sehr früh dazu, daß
auch die Kanten an beschichteten Spanplatten maschinell aufgetragen
worden sind.

Furnierte Kanten wurden anfangs noch als Streifenware handwerklich aufgebracht. Die Endlosfurnierrolle ist heute Voraussetzung für die ratio-
nelle Fertigung. Auch breite Ummantelungsfurniere müssen endlos von
der Rolle verarbeitbar sein. Eine Entwicklung war die von Keilzinkenverbindung zu Endlosfurnieren, später wurden die Keilzinken, die in
einer Reihe lagen und sich abzeichnen konnten, auf versetzte Keilzinken
umgewandelt, bei denen mehrere versetzte Grund- und Spitzenlinien gegeben sind.

4.2.3 Kombination der Furniere - Lagenverbundwerkstoffe

Bedenkt man die zahlreichen Kombinationsmöglichkeiten von Furnieren, die
durch die Auswahl von
Holzart
Furnierdicke
Anzahl der Furnierlagen
Bindemittelarten und
Behandlungsarten von Furnieren oder Platten (Imprägnierung, Verdichtung
oder Laminierung) gegeben sind, dann lassen sich eine Vielzahl von
technologischen und physikalischen Eigenschaften vorstellen. Diese
ermöglichen wieder ein weites Verwendungsspektrum, wie z.B. Industriesperrholz, Trägerplatten für Beschichtung, Paneelplatten, Betonschalungsplatten, Containerplatten, Bootsbauplatten.

Aus Furnieren lassen sich eine Vielzahl von Spezialprodukten herstellen,
die dem Sperrholz Marktnischen eröffnet für die es besonders prädesti-
niert ist.

In der amtlichen Statistik werden Furnierplatten, Tischlerplatten, son-
stige Sperrholzplatten sowie Sperrholzformteile und Sperrtüren unterschieden. Über die Vielzahl von Platten aus Furnieren gibt Übersicht
4.13 Aufschluß.

Abb. 4.13: Übersicht über die verschiedenen Sperrholzplatten

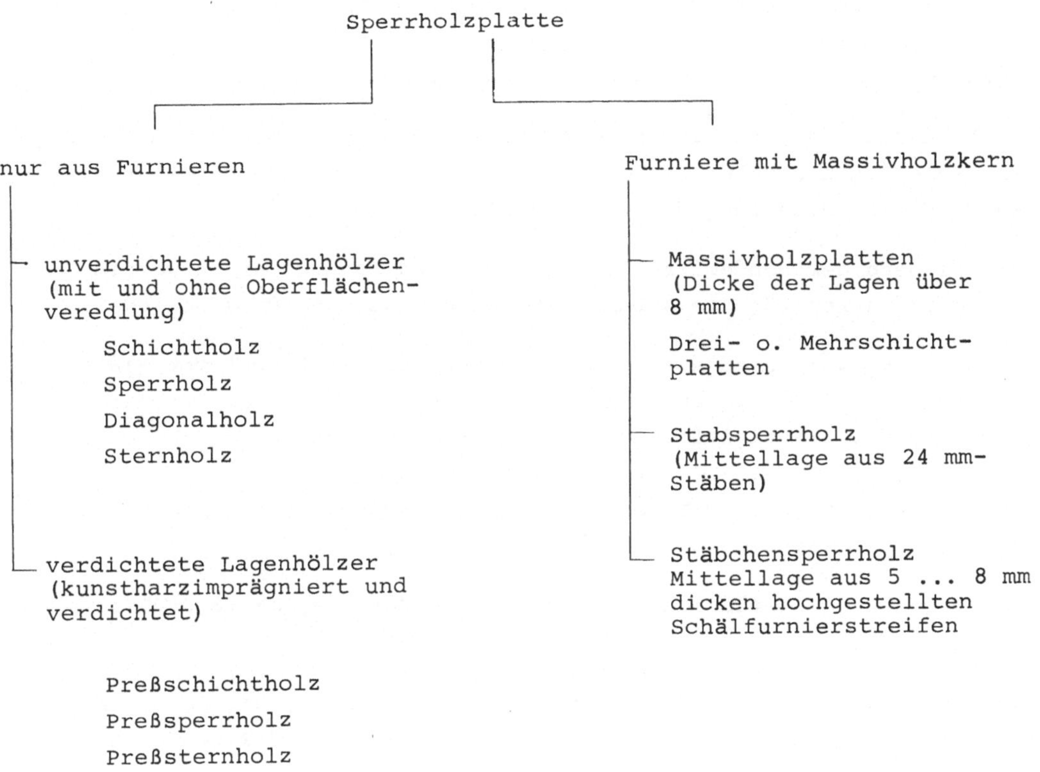

Bei den Furnierplatten handelt es sich um Furniere, die jeweils um 90° gegeneinander versetzt werden. Die Längerichtung der Holzfaser kreuzt sich bei jeder Furnierlage. Diese Platten werden auch als Multiplexplatten bezeichnet.

Unter Tischlerplatten versteht man Platten, die aus einer Stäbchen- oder Stabmittellage bestehen und auf beiden Flächen mit Furnieren belegt sind (DIN 4076). Es wird darauf geachtet, daß die Holzstäbe senkrecht zur Faserrichtung der Decklagenfurniere orientiert sind. Die Mittellage wird aus Nadelholzstäbchen erzeugt.

Die Festigkeit ist im Verhältnis zum Gewicht sehr hoch; die Platte ist billiger herzustellen als die Furnierplatten.

4.2.3.1 Furnier-Sperrholz

Furnier-Sperrholz entsteht durch kreuzweises, meist symmetrisches
Anordnen und Verleimen der Furniere. Es besteht aus mindestens drei
Lagen von parallel zur Plattenebene angeordneten Furnieren.

Durch Änderung der Furnierart, der Zahl und Dicke sowie der Anordnung
der Einzellagen ergeben sich vielfältige Möglichkeiten des Plattenauf-
baus und der Gestaltung der Eigenschaften.

Entsprechend dem Bindemittel und der verwendeten Holzarten werden
Sperrholzplatten für die Außen- und Innenverwendung unterschieden.

In Abbildung 4.15 sind zwei Möglichkeiten zur "Züchtung" von Platteneigenschaften durch Veränderung der Furnierkombinationen dargestellt.
Dazu sind die Elastizitätsmoduln bei Normalspannungen in den beiden
Hauptrichtungen parallel zur Plattenebene angegeben (s. auch Noack
u. Schwab, 1986). Die DIN-Normen für Bau-Sperrhölzer beschränken sich
auf die Typen Klasse 1 bis 5 (DIN 68 705, T5).

Entsprechend der Verleimungstype unterscheidet die DIN 68 800 die
3 Plattentypen BFU 20, BFU 100 und BFU 100 G.

Entscheidend ist die Bindefestigkeit der Verleimung, die nach DIN
53 255 geprüft wird. Die Prüfungen werden bei allen 3 Typen nach einer
Kaltwasserlagerung der Proben und für die Klassen BFU 100 und BFU
100 G zusätzlich nach einer Wechselbelastung unter anderem mit Lagerung in kochendem Wasser durchgeführt.

In den USA werden Furnierplatten nach den Vorschriften der American
Plywood Association (APA) hergestellt. Das APA-Forschungszentrum ist
das größte Forschungs- und Qualitätsprüfungsinstitut der Welt. Hier
wurde die erste Produktnorm für Bau- und Industriesperrholz entwickelt. Durch einen Stempel mit dem APA werden die Sperrhölzer gekennzeichnet, die dem US-Produktstandard PS1 entsprechen.

Sperrholz wird in 2 Typen hergestellt (APA, 1980). Die Type "Exterior"
ist für Außenanwendung vorgesehen. Der Typ "Interior" wird in einer
Vielzahl von Qualitäten, die sich nach Verleimung und Furnierqualität
richten, hergestellt. Die Furnierqualität des "Interior"-Types kann
geringer sein als die beim Typ "Exterior". Die Verleimung ist entweder feuchtfest oder wasserfest (Qualität C-D). Exterior-Sperrholz
muß aus Furnieren der Klasse C oder besser aufgebaut sein. Die Verlei-

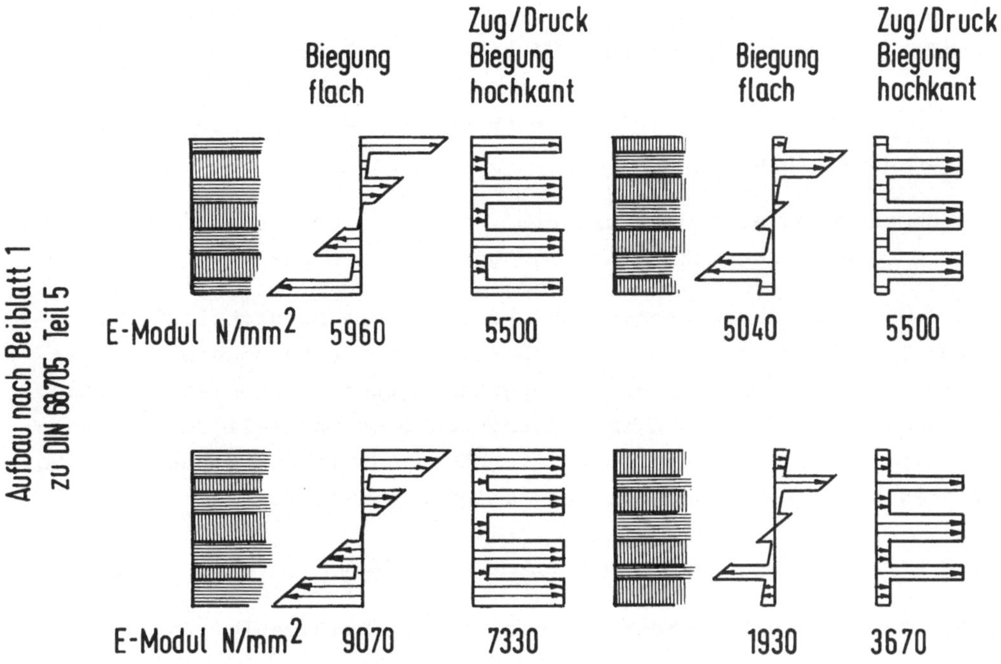

Abb. 4.15: Elastizitätsmoduln bei Normalspannungen parallel und senkrecht zur Deckfurnier-Faserrichtung zweier 7lagiger Platten.
Der Aufbau unterscheidet sich durch Vertauschung der Deck-
und Absperrfurniere.

mung hat grundsätzlich widerstandsfähiger gegen Wetterbelastung und
außergewöhnliche Feuchtigkeitsbelastungen zu sein als das Holz selbst.

Sperrholz aus Nadelholz-(Weichholz-)Furnieren wird in den Klassen
"Appearance Grade" mit besonderen Ansprüchen an die Decklagenfurniere
(z.B. Sperrholzpaneele oder geschliffene Sperrholzplatten) und
"Engineered Grade" hergestellt. Bei letzterem ist das Aussehen von
geringerer Bedeutung, was bei Platten für Betonschalung, Fußböden und
Verkleidung verständlich ist.

Für die Herstellung werden Furniere von über 70 verschiedenen Holzarten
verwendet. In Produktstandard 1-74 sind die Holzarten aufgelistet. Die
Furnierarten sind entsprechend ihren Festigkeiten in 5 Klassen eingeteilt. Die Kennzeichnung erfolgt nach der schwächsten Klasse des Vor-
der- und Rückfurniers.

Ausgenommen davon sind die Furniere von "Appearance Grade" von bis zu
ca. 10 mm Stärke für dekorative und geschliffene Platten.

Daneben gibt es "Performance-Rated Panels", die hinsichtlich Dicke,
Festigkeit, Steifigkeit oder Dauerhaftigkeit für besondere Einsatzgebiete gezüchtet wurden. Solche Spezialplatten sind beispielsweise
für Fußbodenkonstruktionen im Wohnungsbau oder speziell für Verscha-
lungen von Wänden, Dächern oder Unterböden entwickelt worden. Die Vorschriften berücksichtigen die speziellen Eigenschaften der Furnierarten.

4.2.3.2 Stab- oder Stäbchensperrholz (Tischlerplatten)

Tischlerplatten bestehen aus Stab- oder Stäbchenmittellagen und beidseitig ein- oder mehreren Furnierlagen. Als Spantischlerplatten werden Platten mit dünnen Spanplattendecklagen bezeichnet.

Die Decklagenfurniere sind je nach Verwendungsgebiet der Platte Schälfurniere aus Tropenhölzern (Okoumé, Limba, Abachi/Ayous), ferner
Buche-, Birke- oder Nadelholzfurniere.

Die Variationsbreite der Kombinationen wird erweitert durch unterschiedlich dicke Furniere (Schälfurniere über 4 mm) und verschiedenartige Verleimung (V20, AW100).

Die Mittellagen werden entweder aus an den Längsseiten verleimten
Holzleisten gebildet (Stabmittellage) oder aus Leisten, die aus Furnierplatten mit 4 bis 7 mm dicken Furnierlagen geschnitten (Stäbchenmittellagen) und verleimt wurden, hergestellt.

Die Festigkeits-Eigenschaften der Tischlerplatten werden bei Biegebelastung sehr deutlich von den Eigenschaften der Decklagenfurniere
bestimmt (Kirchner, 1966). Entsprechend den abnehmenden Festigkeiten
von Buche, Limba, Gabun zu Abachi sind die Biegefestigkeiten und
Biege-E-Moduln bei Belastung parallel zur Faserrichtung der Deckfurniere (3 mm dick) abgestuft. Bei Belastung senkrecht zur Faserrich-

tung der Deckfurniere drückt sich die Festigkeit des Decklagenfurniers erwartungsgemäß infolge der Anisotropie weniger deutlich aus. Bei zunehmender Deckfurnierdicke dürfte sich jeder Einfluß verstärken, bei zunehmender Mittellagendicke abschwächen.

Die Tischlerplatte wird für höher belastete Regalböden oder Seitenwände z.B. im Büromöbel- und Trennwandbau eingesetzt. Es könnte für diese Anwendungsfälle die Konkurrenz mit Leimholzplatten denkbar werden. Die Anforderungen an die Holzqualität werden damit eher zunehmen, da für die Mittellagenstäbchen weniger hohe Anforderungen gestellt werden, als für Leimholz.

4.2.3.3 Spezial-Furnierplatten

4.2.3.3.1 Schichtholz aus Nadelholz

Die neuere Entwicklung in Europa greift die amerikanischen Arbeiten (Bohlen, 1975; Koch, 1973) zur Herstellung von Schichtholz aus etwa 3 mm dicken Schälfurnieren von Kiefer, Douglasie oder Fichte auf. Für die technologischen Eigenschaften sowie für den Herstellungsprozeß wesentlich ist die parallele Orientierung der Fasern in allen Furnierlagen. Es wird also ein Werkstoff mit bewußt orientierten Eigenschaften hergestellt (Milbrandt et al., 1986).

Nach dem Schneiden der Schälblöcke auf eine einheitliche Breite/Länge von 1,8 m - die Länge ergibt die Breite der Platten - werden die Furniere geklippt. Nach dem Trocknen und Beleimen der Furniere werden diese zu Platten aufgeschichtet und heiß gepreßt. Besäumen, auftrennen in die gewünschten Formate und Lagern sind die abschließenden Arbeitsgänge.

Die Furniere werden wetterfest mit Phenolharz verleimt, durch Eigen- und Fremdüberwachung gütegeprüft und dadurch Kontinuität gewährleistet. Detaillierte Angaben über den Herstellungsprozeß werden nicht veröffentlicht (Youngquist, 1985).

Die Querschnitte haben hohe Maßgenauigkeit und eine hohe Formstabilität. Die Festigkeitswerte sind aufgrund der parallel zur Längsrichtung verlaufenden Fasern, der ausgekappten Fehlstellen in den Furnieren und der festen Verleimung deutlich höher als die vergleichbarer Nadelholzquerschnitte. Die Festigkeiten übertreffen verständlicherweise die von allen anderen Holzwerkstoffplatten (vgl. Tabelle 4.14).

Die höheren Festigkeitswerte ermöglichen Einsparungen bei den Querschnitten, was die Transport- und Montageaufwendungen günstig beeinflußt.

Die Beschäftigung mit parallel verleimten Furnieren geht auf den Flugzeugbau zurück (Winter, 1955).

Der Einsatz von Furnierschichtholz begann neuerdings im Innenausbau mit
Bauteilen, die statisch belastet werden und wo gleichzeitig höhere
Dimensionsstabilität als die von Schnittholz gefragt war. Die Fertig-
hausindustrie und die mobile home-Fertigung machte sich die bessere
Dimensionsstabilität dieses Werkstoffes zu nutzen. Er eignet sich
besonders für Dach-, Wand- und Bodenkonstruktionen sowie zu anderen
Konstruktionsteilen, wie Fenster- und Türstürze.

Schon bald wurde Furnierschichtholz auch im Außenbereich verwendet.
Betonschalungsplatten, Lkw-Aufbauten und Pfähle und Masten sind heute
Außenanwendungen. Auch Strom-Überlandleitungsmasten aus LVL (Laminated
Veneer Lumber) wurden erfolgreich getestet.

Bei künstlicher Wechselklimabelastung hat sich die Furnierschichtholz-
platte aus Douglasienfurnieren ebenso verhalten wie Douglasien-Massiv-
holzteile in gleichen Abmessungen; die Eigenschaftsschwankungen des
Schichtholzes waren allerdings erwartungsgemäß geringer als die von
Massivholz. Wenn auch die Mittelwerte der Festigkeiten nicht immer an
die von Massivholz heranreichen, so hat LVL engere Schwankungsbereiche,
wodurch höhere Festigkeitswerte rechnerisch berücksichtigt werden dürfen. Zur Gewährleistung der Dauerhaftigkeit kann Schichtholz auch gut
mit Holzschutzmitteln imprägniert werden (Bodig et al., 1986; Fyie,
1987).

Nach Berechnungen von Laufenberg et al. (1984) sind auch LVL-Bauteile,
die mit glasfaserverstärkten Phenolharzlamellen versehen sind, wirtschaftlich aussichtsreich, vor allem dann, wenn hochbelastete Teile
verstärkt werden.

Schichtholzplatten werden auch aus Laubholz für die Möbelindustrie hergestellt. An Eichen-, Gelbpappel- u. anderen Furnier-Holzarten mit
stark unterschiedlichen Rohdichten haben Hoover et al. (1987) die Einflüsse der Holzart, der Furnierdicke, der Fehlstellen in den Furnieren
und des Faserwinkels auf die Festigkeitseigenschaften von Schichtholz
untersucht.

Tabelle 4.14: Zulässige Spannungen von phenolverleimtem Nadel-
             schichtholz im Lastfall H in MN/m²

Art der Beanspruchung	Rechenwerte für Furnierschichtholz MN/m²
Biegung bei Belastung in Plattenebene	17
Biebung bei Gelastung recht-winklig zur Plattenebene	20
Zug parallel	16
Zug senkrecht	0,2
Druck parallel	16
Druck senkrecht	0,5
Abscheren	2
Rechenwert des Elastizitäts-moduls parallel	12 000
Rechenwert des Schubmoduls parallel	500

Dazu werden industrieübliche Furniere (Dicken von 3 mm bis 6 mm) mit
(etwa 150 g/m² Leimflotte) Harnstoff-Formaldehydharzen in 7 bis 10 Minuten bei Drücken von 10 kp/cm² und Temperaturen von 120° C verleimt.

Bei der schweren Roteichenfurnierplatte zeigte sich kein statistisch
gesicherter Einfluß auf die Festigkeitseigenschaften in Abhängigkeit
von der Furnierdicke. Bei Furnierplatten aus Holzarten geringerer
Rohdichten (Liquidambar spec., Liriodendron spec.) waren die Festigkeiten der Platten aus 3 mm dicken Furnieren deutlich höher als die
der Furnierplatten aus über 4 mm dicken Furnieren.

Fehler in den Furnieren (Astlöcher, Risse usw.) haben bei plattenförmiger Verwendung der Furnierplatten weniger abträglichen Einfluß auf
deren mechanische Eigenschaften, als bei Verwendung von Zuschnitten
aus großen Platten, wie es in der Möbelindustrie üblich ist.

4.2.3.3.2 Verbundplatten

Als flächiger Werkstoff eignet sich Sperrholz besonders zum Laminieren
mit anderen Werkstoffen. Die Laminate sollen der Oberfläche besondere
Eigenschaften geben (Abrieb, Farbe, Design) oder als Verbund eine

höhere Steifigkeit bewirken. Diese Sandwichkonstruktionen wurden vor
allem mit Kunststofflaminaten (z.B. im Bootsbau) oder mit Metallblechen
oder Asbest- aber auch mit harten Holzfaserplatten ausgeführt. Allerdings ist das Sperrholz, soweit es nur die Funktion des Kernmaterials,
also Abstandhaltens für die Decklaminate erfüllen soll, zu teuer für
diese Verbundplatten. Zwischenzeitlich werden dafür billigere Sandwich-
füllungen verwendet.

Auch ist die Laminierung von Sperrholz mit anderen selbsttragenden
festen Werkstoffen wegen der Eigenheiten der Sperrholzoberfläche mit
Problemen behaftet. Diese Eigenheiten liegen in den Unregelmäßigkeiten
in der Glätte und Festigkeit.

Dennoch hat sich die Verbundplattenfertigung vor allem mit Metallen im
Innenausbau einen Marktanteil erhalten. Spezialtürblätter sind ein An-
wendungsgebiet.

Als technisches Sperrholz werden Platten bezeichnet, die statische
Funktionen auszuüben haben. Einsatzbereiche sind Konstruktionselemente
im Maschinenbau, Fahrzeugbau oder im Bauwesen. Die wirtschaftlich inter-
essanteren Anwendungen für technisches Sperrholz sind nach Plath (1968)
Betonschalungen, Silo- und Behälterwände (Container) oder Boden-, Wand-
und Dachtafeln im Bauwesen. Je nach der Konstruktionsanforderung sind
orthogonal isotrope Platten oder anisotrope Platten gewünscht. Das wird
im wesentlichen von der Stützkonstruktion bestimmt. Werden die Platten
allseitig gelagert, ist ein isotroper Aufbau vorteilhaft. Bei Lagerung
an zwei gegenüberliegenden Seiten ist ein anisotroper Aufbau wünschenswert.

Da alleine über die Anzahl der Furnierlagen nicht alle Eigenschaften
erfüllt werden können, muß bei der Entwicklung spezieller Platten auch
die Dicke der Furniere variiert werden. Die Dicke der Furniere ist
aber wegen der zunehmenden Schälrißtiefe nach oben hin begrenzt. Buchen-
furniere sollen nicht dicker als 3,5 mm geschält werden.

Bei höheren Ansprüchen an die Festigkeiten und Steifigkeiten der Platten ist die Kombination mit festeren und steiferen Werkstoffen üblich.
Stahl- oder Leichtmetall(Alu-)bleche oder glasfaserverstärkte Kunststoffe kämen hierzu in Frage. Nachteilig wirken sich aber die höheren
Kosten für den Verklebungsaufwand aus.

Das Tragverhalten von Holzwerkstoff-GFK-Sandwichs wurde z.B. von
Boehme und Schulz (1974) ausführlich theoretisch erörtert und mit Mes-

sungen untermauert. Danach zeigte sich bei Glasfaser-Polyesterbeplankungen von Holzspanplatten, Furnierplatten und Vollholz eine zum Teil erhebliche Erhöhung der Festigkeiten und Steifigkeiten sowie eine deutliche Verminderung des Kriechmaßes der Verbundwerkstoffe gegenüber den unbeplankten Holzwerkstoffen. Die GFK-Beplankung verzögert auch die Feuchtigkeitsdiffusion, wenn sie nicht sogar vollständig unterbunden wird. Auch das Eindringen von pflanzlichen oder tierischen Schädlingen in den Holzwerkstoff durch die Oberfläche wird erschwert.

Derartige Verbundelemente können in Feuchträumen eingesetzt werden oder sind als Schüttgutbehälter, im Schiffsbau oder als Schalungsplatten ausgeführt worden. Das Aufbringen des GFK im Naßverfahren hat zudem den Vorteil, daß die Tragkonstruktion vor Ort aus Holzwerkstoffen ausgeführt und nachträglich die Beschichtung aufgebracht werden kann.

Holzwerkstoffe als Kernmaterial haben den Vorzug, als harte Kerne angesehen werden zu können, d.h. sie tragen mit zu den Festigkeiten des Verbundes bei, währenddessen Schaumkunststoffe als sog. weiche Kerne rechnerisch behandelt werden.

Riedel (1979) weist auf weitere Vorteile von GFK-Sperrholzverbunden hin, die sich besonders im Container-Bau vorteilhaft auswirken. Bei Sperrholzcontainern ist kein Farbanstrich nötig, die Wartungs- und Reparaturkosten sind wesentlich niedriger als die gleich alter Stahlcontainer. Die GFK-Oberfläche ist pflegeleicht, sauber und geruchsneutral - Geruch haftet nicht wie in den feinen Poren von Farbe (vgl. Tabelle 4.15).

Die geringe Wärmeleitfähigkeit des Holzes bewirkt nur eine allmähliche Anpassung der Innenwände an die Änderungen der Außenluft, wodurch die Bildung von Kondensat an den Innenwänden sehr eingeschränkt wird.

Besondere Erwähnung verdient auch das günstigere Verhalten der Sperrholzplatten bei Ladungsbränden im Container. Die niedrige Wärmeleitung verringert die Wärmeabstrahlung der Containerwände auf benachbartes Ladungsgut. Sperrholzcontainer verformen sich nicht, wie Stahlcontainer. Die Containertüren bleiben deshalb länger dicht, so daß Feuer im Container durch Sauerstoffmangel häufig erlischt.

Beispiele für den Aufbau solcher Spezialcontainerplatten sind in Tabelle 4.15 zusammengestellt.

Tabelle 4.15: Beispiel für den Aufbau einer Seitenwandplatte für einen 20-Fuß-Container
(n. Riedel, 1979)

		britisches Fabrikat	finnisches Fabrikat	französisches Fabrikat
Platten-abmessung	Länge	5675	5670 mm $\pm$ 3 mm	
	Höhe	2230	2145 mm $\pm$ 2 mm	
	Dicke,	19,5 mm	20 mm	19 mm
	beschichtet	0,5 mm $\pm$	0,5 mm $\pm$	0,5 mm $\pm$
Träger-platten-aufbau	Furnierlagen	9fach Douglas Fir	13fach Birke/Fichte	
	Trägerdicke	17,5 mm	18,0 mm	17,6 mm
		0,5 mm $\pm$	0,5 mm $\pm$	0,5 mm $\pm$
Beschichtung, vom Träger aus beginnend beschrieben	Außenseite weiß	Polyester + Gelcoat m. 500 g/m² Rowing-gewebe 60 g/m² Vlies	Polyester + Gelcoat m. 300 g/m² Rowing-gewebe	Polyester + Gelcoat mit 450 g/m² Rowinggewebe
	Innenseite weiß	Polyester m. 500 g/m² Rowinggewebe 60 g/m² Vlies	Polyester m. 350 g/m² Rowinggewebe	Polyester mit 450 g/m² Rowinggewebe 60 g/m² Vlies

Eine andere Spezialplatte mit Sperrholzkern ist die beschichtete Beton-
schalungsplatte.

Für die Betonschalung muß das Sperrholz eine wasserdichte Oberfläche
und eine mechanisch widerstandsfähige und geschlossene Oberfläche aufweisen. Die geschlossene Oberfläche ermöglicht ein leichtes Trennen von
der Betonoberfläche auch bei großen Schalungsformaten und verhindert
zementhärtungsstörende Prozesse durch Inhaltsstoffe des Sperrholzes.

Für die Verwendung als Betonschalung hat sich die ein- oder mehrlagige
Beschichtung von Furnierplatten durch mit härtbaren Kunstharzen imprägnierte Faserbahnen (Papier oder Glasfaservliese) durchgesetzt
(s. z.B. Mitgau, 1973; Schmidt-Morsbach, 1972).

Beim Beschichtungsvorgang reagiert das meist wäßrige Kondensationsharz
auf Phenolharzbasis mit der Holzoberfläche und bildet als erstarrender
Schmelzfluß eine gleichmäßige, porenfreie fast unlösliche Oberfläche
aus. Wasseraufnahme der Oberfläche, Quellung des Beschichtungsmate-
rials, Schrumpfverhalten und Rißbeständigkeit werden bereits bei der
Harzsynthese und während der Imprägnierung festgelegt. Pigmentierte
Papiere, z.B. mittels Eisenoxidpigmenten mit hohen Brechungsindices,
ergeben opake, die Holzstruktur abdeckende Beschichtungen, deren
Dauerhaftigkeit höher als die von Anstrichmitteln ist. Ist das Impräg-
nierharz einwandfrei ausgehärtet, bleiben violette oder braune Farb-
stoffe, die sich bei Kontakt mit alkalisch reagierender Zementlauge
bilden, völlig unlöslich und können den Sichtbeton nicht verfärben.

Neben Sperrholzplatten werden mit gleichen Papieren auch Stab- und
Stäbchenmittellagenplatten beschichtet.

Massivholz kann wegen seiner großen feuchtigkeitsbedingten Abmessungsänderungen nicht mit imprägnierten Papieren beschichtet werden.

Ein weiteres Beispiel für die Möglichkeit, Furnierplatten mit Kunststoffen zu kombinieren, sind Verbundplatten aus Dünnsperrholz und
PVC-Strukturschaum (Rauma-Repola, 1985). Dazu werden 0,14 mm dicke
Nadelholz-Furniere zu 0,4 mm dickem Sperrholz kreuzweise verleimt.
Mit Epoxidharz wurde dann PVC-Strukturschaum mit diesem Sperrholz beplankt. Der Verbundwerkstoff ist mit ca. 250 kg/m³ sehr leicht und
weist einen Elastizitätsmodul von über 3000 N/mm² und Biegefestigkeit
von etwa 25 N/mm² auf. Dieser Verbund wurde für den Bootsbau entwickelt.

4.2.3.4 Stabförmige Konstruktionselemente aus Furnierstücken
        (PSL - parallel strand lumber)

Seit 1982 wird ein neuartiges Furnierprodukt "Parallam" in Kanada hergestellt, dem eine ca. 20jährige Entwicklung vorausging.

Der Herstellungsprozeß beginnt mit zu langen Streifen geschnittenen
Schälfurnierblättern. Diese Furnierstreifen werden mit Phenolharz
besprüht. Die beleimten Streifen werden dann in einer kontinuierlich
arbeitenden Küsters-Presse zusammengedrückt und durch Mikrowellen
erhitzt und das Bindemittel ausgehärtet. Der endlose Strang kann in
beliebigen Längen abgetrennt werden. Die Vorratslängen sind in Kanada
etwa 20 m.

Parallam wird für Stützen, Stürze, Balken auch für Nagelplattenbinder
verwendet.

In den Firmenunterlagen (Mac Millan Bloedel, 1988) werden folgende
bauaufsichtlich zulässigen Rechenwerte angegeben:

Biegefestigkeit	400 kN/m²
Zufgestigkeit parallel	340
Druckfestigkeit parallel	400
Scherfestigkeit parallel	
zur Breite	40
Scherfestigkeit senkrecht	30
Elastizitätsmodul	280 000 kN/m²

Als Erfinder wird Derek Barnes genannt.

4.2.3.5 Sperrholzformteile

Das Angebot von Formteilen aus Sperrholz und Schichtholz ist vielseitig
und hat sich einen festen Marktanteil vor allem im Möbelbau, früher
auch bei Tonmöbeln, behalten.

Die Anwendungsgebiete reichen von Sitzmöbeln, Matratzenauflagen, zu
Fensterrahmen, Stuhl- und Gestellbau, Aussteifungsrahmen für TV-
Geräte usw. (s. Abbildung 4.16).

Das Material und die individuelle Fertigungsmöglichkeiten bieten eine
hohe Anpassungsfähigkeit der Eigenschaften.

Hierbei wird besonders viel mit Vorbehandlungsverfahren, durch Schicht-
dickenmodifikation und Kombination mit anderen Werkstoffen erreicht.
Nicht alle Werkstücke sind voll abgesperrt; dann ist die Gefahr des
Verziehens des Fertigteils besonders in die Fertigungsüberlegungen ein-
zubeziehen. Komplizierte, dreidimensional verformte Teile müssen an
bestimmten Stellen mit Einschnitten versehen werden, damit ein unkon-
trollierbares Überlappen oder Brechen der gestauchten Bereiche vermieden werden kann. Andere Bereiche der Werkstücke können durch zusätzliche Furnierlagen verstärkt werden, um beispielsweise die Stabilität
zu verbessern.

Ästhetisch und technisch hochwertige Formteile sind auf der Grundlage
von Sperrholzformteilen herzustellen.

Propellerflügel, Sitzschalen, Straßenbeschilderungen, Stuhlgestelle sind
nur einige Anwendungsgebiete, wo sich Sperrholz gegen Kunststoffe technisch und preislich gut behaupten kann. Allerdings bieten sich nur geringe Möglichkeiten,bei Massenproduktionen mit Kunststoffverarbeitung
Schritt zu halten, so daß der eigentliche Markt die mittleren bis kleineren Auflagen sind (Bauer, 1973; Ehrenteich, 1982).

Plath (1968) schloß auch die Herstellung von gewelltem Sperrholz nicht
aus, um beispielsweise die Trägheitsmomente der Platten zu erhöhen.
Nach seinen Angaben bringt schon eine sinusförmige Wellung mit einer
Amplitude von der doppelten Sperrholzdicke eine Erhöhung des Träg-
heitsmomentes um das 7fache gegenüber einer flachen Platte gleicher
Dicke.

Furnier, Sperrholzplatten und -bänder können nachträglich auch spanlos
verformt werden. Die Herstellung von Sperrholz besteht im wesentlichen
aus dem Verleimen von einer Anzahl von Furnieren, die mit kreuzweise
gedrehten Furnieren zusammengelegt wurden. Nach dem Abbinden des Leimes sind die Furniere nicht mehr gegeneinander beweglich, ohne daß
die Leimfugen beschädigt werden. Beim Verformen solcher Platten kann
die unterschiedliche Länge der konkaven und konvexen Seiten eines
Formteils nicht mehr durch Lageveränderungen der Furniere erreicht werden. Durch einen Biegevorgang werden Zug- und Druckspannungen in dem
Furnierpaket hervorgerufen. Die Höhe der Spannungen wird durch den
Biegeradius und die Dicke der Furnier sowie die Holzarteneigenschaf-
ten bestimmt. Auch der Winkel zwischen der Faserrichtung und der Biege-
achse entscheidet. Von wesentlicher Bedeutung sind die Bedingungen (Tem-

peratur, Druck und Feuchtigkeit) beim Verformen. Die Bedeutung von
Holzfehlern in den Furnieren, wie Äste, Risse oder wechselnde Faser-
richtungen, ist ebenfalls zu beachten.

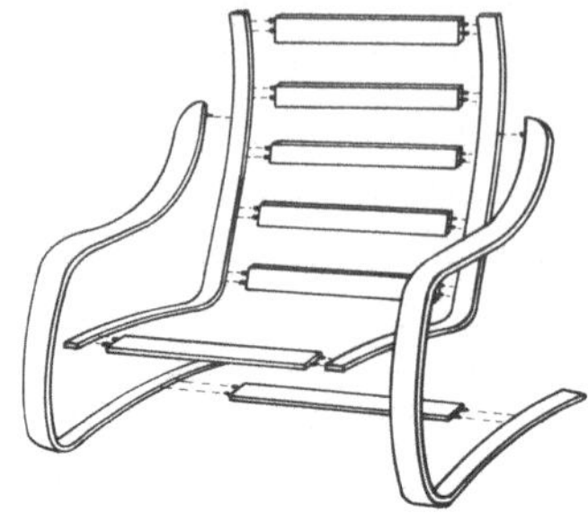

Abb. 4.16: Sperrholzformteile für ein Sitzmöbel

4.3 Holzwolle-Leichtbauplatten

Bereits im 19. Jhdt. wurden Sägespäne und Magnesia gemischt und zu sog.
Steinholz verarbeitet (Sorell, 1867). Dieses wurde als Estrich oder
Fußbodenplatten verarbeitet. Um die Wasserbeständigkeit der Magnesia-
Bindung zu erhöhen, wurden später Magnesiumsulfatlösungen als Anreger
verwendet, allerdings mit nachteiliger Wirkung auf die Festigkeit der
Erhärtungsprodukte. Zusätzliche Wärmebehandlung erhöhte die Wirksam-
keit des Anregers. Die Anwendung des Magnesiabinders hat wegen ungün-
stiger Preise und unsicherer Dauerhaftigkeit zugunsten von Zement und
Gipsbindung an Bedeutung verloren.

Für die Herstellung von Holzwolle kommt in Mitteleuropa vorwiegend
Fichtenholz, aber auch Tannen- und Kiefernholz und gelegentlich auch
Laubholz zur Verwendung.

Bei tropischen Laubhölzern kann die Eignung für die Herstellung zementgebundener Holzwolleplatten über die Bestimmung der Art und Menge der
Extraktstoffe sowie des pH-Wertes ermittelt werden. Hölzer mit gerin-
.gem Extraktstoffgehalt und niedriger Acidität sind gegenüber dem Zement
weitgehend indifferent. Durch die Extraktion mit kaltem Wasser oder
mit Alkali kann die Eignung für die Zementbindung verbessert werden
(s. z.B. Gnanaharan et al., 1985).

Das Rundholz wird auf etwa 50 cm lange Rollen abgelängt und danach auf
unter 20 % Holzfeuchtigkeit getrocknet. In der Holzwollemaschine werden in der Regel 4 Holzstücke gegen einen hin- und herlaufenden Schlit-

ten mit Hobelmesser gedrückt, das etwa 4 mm dicke Blätter abhobelt, die
sodann mit Ritzmessern den breiten Span bereits vor der Entstehung in
schmale Fäden aufteilen.

Als Spanabmessungen ergeben sich je nach der Einstellung der Hobelmesser (Spandicke) und der Ritzmesser (Spanbreite) Abmessungen von
0,03 mm bis 0,5 mm Dicke und Breiten von 0,5 bis 4 mm. Die Abmessungen
der Holzwollefäden sind in DIN 4077 genormt.

Die Länge der Holzwollespäne sollte mindestens 80 mm betragen. Je nach
Größe der Holzwolle und Kombination können HWL-Platten mit glatten
Oberflächen, porösen Oberflächen und solche mit hoher innerer Ober-
fläche zu erhöhter Schalladsorption gefertigt werden.

Holzwolle-Leichtbauplatten (HWL-Platten) sind Platten aus Holzwolle
und mineralischen Bindemitteln (DIN 1101, Ausgabe März 1980). Diese
Platten werden mit langfaseriger Holzwolle aus gesundem Holz hergestellt. Bei der Verbindung mit Portlandzement muß aufgrund der ze-
menthärtungsstörenden Stoffe frischen Nadelholzes gut abgelagertes
Holz (Fichte) ausgesucht werden. Laubholz eignet sich nicht ohne weiteres für die Verbindung mit Portlandzement.

Als Bindemittel werden Zemente nach DIN 1164, Teil 1, das sind Portlandzement, Eisenportlandzement oder Traßzement, oder kaustisch ge-
brannter Magnesit zu verwenden. Weiterhin dürfen die Platten keine
Bestandteile enthalten, die auf die mit Holzwolle-Leichtbauplatten
üblicherweise in Verbindung kommenden Baustoffe, Anstriche usw.
schädlich wirken können. Der Anteil wasserlöslicher Chloride darf
0,35 Massen % Cl⁻ nicht überschreiten.

Für die Verarbeitung von Holzwolle-Leichtbauplatten gibt es genau auf
ihre Eigenschaften abgestimmte Vorschriften (s. DIN 1102). Diese bestimmen das Vorgehen bei der Befestigung auf hölzerner Unterkonstruk-
tion oder dem Anblenden auf massivem Untergrund. Auch für die Oberflächenbehandlung von HWL-Platten gibt die DIN 1102 hinsichtlich Vorbehandlung für das Verputzen Hinweise und schreibt die Mörtelgruppen
für Außen- und Innenputz vor.

Besondere Hinweise erläutern die Verwendung als Außenschale, da dort
Dampfdiffusionsverhalten zu beachten ist. Auch für leichte Trennwände
ohne Tragwerk sind HWL-Platten unter bestimmten Voraussetzungen ver-
wendbar.

Die Mindestwerte einiger Eigenschaften von HWL-Platten unterschiedlicher
Dicke sind in Tabelle 4.16 zusammengestellt.

Die Magnesitplatten gehen auf eine 1908 zum Patent angemeldete Erfindung von R. Scherer zurück, der Holzfasern mit Sorelzement (Magnesia-
mörtel) so verkittete, daß ein poröses und sehr leichtes Plattenmate-
rial für Isolierzwecke entstand.

Diese Leichtbauplatte wird im Fließbandverfahren kontinuierlich hergestellt. Die Bandformmaschinen sind bis ca. 65 m lang. Bei Temperaturen
bis zu 500° C werden darin aus dem Mischgut Platten gefertigt (Samitz,
1949).

Tabelle 4.16: Eigenschaften von Holzwolle-Leichtbauplatten
              (n. DIN 1101)

Dicke (mm)	Rohdichte kg/m³	Biegefestigkeit N/mm²	Wärmeleitzahl λ
10	800	Platten unter 15 mm dürfen nicht auf Bie- gung beansprucht wer- den	dürfen wärmeschutz- technisch nicht be- rücksichtigt werden
10 ... 15	650		
15	570	1.7	0.150 W (m·K)
25	460	1,0	
35	415	0,7	
50	390	0,5	0.093 (m·K)
75	375	0,4	
100 mm	360	0,4	

Brandverhalten B1 nach DIN 4102, Teil 1

Druckspannung bei 10 % Stauchung
       bei 25 + 35 mm   0,2 N/mm²
            35   0,15 N/mm²
bei Platten unter 15 mm keine Anforderungen

Seit Beginn der Produktion haben sich anorganisch gebundene Holzwerkstoffe international schnell erfolgreich durchgesetzt.

Sie haben die Baupraxis revolutioniert. Anstelle der Bauten mit sta-
tisch überdimensioniertem Mauerwerk, die aber ausreichende Wärmedämmung
erfüllten, traten Bauten mit funktional aufgeteilten Wandelementen.
Die statische Funktion übernahmen nun tragende Elemente, die nicht aus
Schall- oder Wärmedämmgründen überdimensioniert werden mußten. Die
Wärmedämmfunktion übernahm eine Schicht HWL-Platten. Die Wandstärken

wurden geringer, die Wandgewichte niedriger (Samitz, 1949; Kristen
et al., 1957; Bruckmayr, 1949).

Abbildung 4.17 veranschaulicht die Wärmeleitfähigkeit verschiedener
Holzwerkstoffe und konkurrierender Baustoffe. Daraus wird deutlich,
daß HWL-Platten zu den Holzwerkstoffen mit der geringsten Wärmeleitfähigkeit gehören. Erst mit der Entwicklung von schäumbaren Kunststoffen in den 1950er Jahren wurden dann Baustoffe verfügbar mit noch
besseren Wärmedämmeigenschaften und weiter reduziertem Gewicht. Die
Herstellung von schaumstoffgebundenen Holzwolleplatten ist bisher
noch nicht erfolgreich durchgeführt wurden (s. z.B. Paulitsch, 1976).

Auf diese Herausforderung hat sich die Leichtbauplattenindustrie eingestellt und Kombinationsplatten mit HWL- und Kunstharzschaumschichten
entwickelt. Auch Verbundplatten aus nicht brennbarer Steinwolle (aus
geschmolzenem Diabas und Dolomit hergestellt) und HWL-Platten werden
angeboten (vgl. Tabelle 4.17).

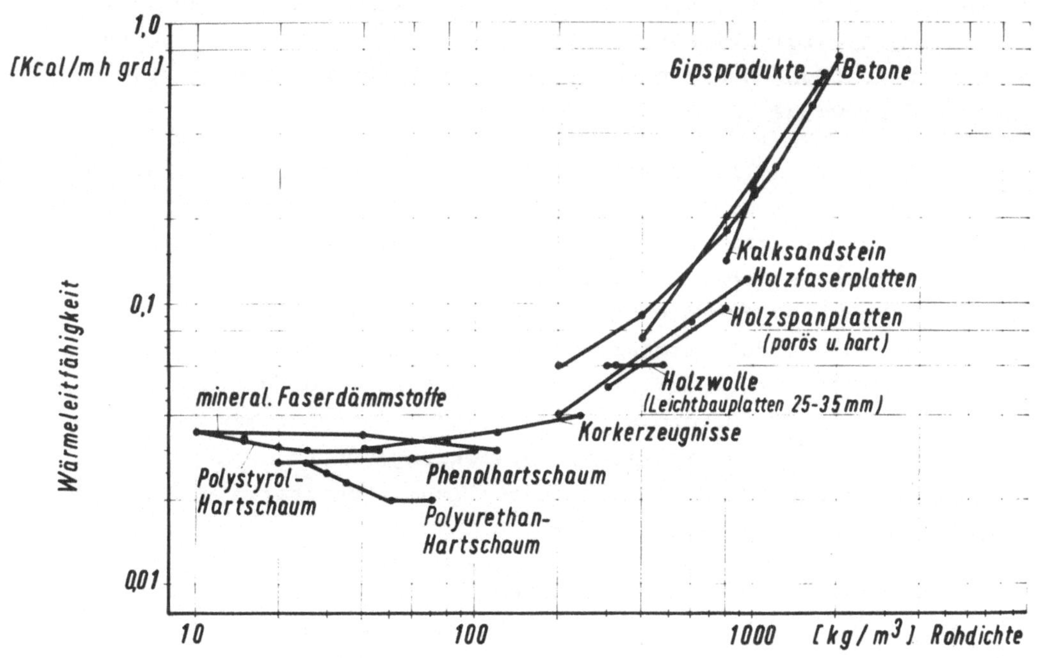

Abb. 4.17: Wärmeleitfähigkeit verschiedener Werkstoffe

In verlegefertige Fußbodenelemente wird noch eine Dampfbremse einge-
arbeitet.

Tabelle 4.17: Bauphysikalische Eigenschaften von HWL-Platten mit
              Steinwollekern

	Dicke:	50 mm	100 mm
Wärmedurchlaßwiderstand D m² K/W		1	2
Wärmedurchgangskoeffizient K W/m²K		0,86	0,46
Dampfdiffusionswiderstandsfaktor μ		5	
Luftdurchlässigkeit m³/m² h Pa		1 − 2.0	
Plattengewicht kg/m²		11,5	15,0

4.4 Holzspanplatten

Sind Holzspanplatten nicht wirklich das Anti-Holz?
Erheblich schwerer als Holz halten sie keine Schrauben, sind aus Holz-
abfällen hergestellt und sind mit stinkenden Kunststoffen verleimt -
so könnte die Reaktion vieler Verarbeiter und Endverbraucher in den
50er Jahren noch zusammengefaßt werden - und dennoch sind Spanplatten
aus Holz zu den erfolgreichsten Holzwerkstoffen geworden, mit denen
jeder Mensch in täglichen Kontakt kommt. Der Verbrauch von ca. 0,1 m³
pro Jahr und Einwohner in der BRD spricht dafür.

Die Herstellung von Holzwerkstoffen aus kleinen Holzpartikeln hat im
mindesten zwei Vorteile. Zum einen werden die Holzvorräte wesentlich
vollständiger ausgenutzt und zu hochwertigen Werkstoffen verarbeitet,
als es mit der klassischen Holzverwendung im Sägewerk möglich ist.
Dünnes Holz, krummes, für die Sägewerkstechnologie unwirtschaftliches
und deshalb bisher nicht aufgearbeitetes Rundholz sowie ungenutzte
Holzarten und Holz- bzw. Baumreste können aufgrund der geringeren
Anforderungen an Form, Durchmesser, Farbe und Gesundheitszustand verarbeitet werden. Die geschichtliche Entwicklung von Holzspanplatten
mit den verschiedenen Bindemitteln (natürliche, Kunstharze und anorganische) zeigt Tabelle 4.18.

Entwicklungsaufgaben bei den Spanplatten liegen in der Verwertbarkeit
bisher ungenutzter auch tropischer Laubholzarten, deren Schwachholz
bisher einem Aufschluß für Zellstoff und Papier nicht oder nur unzureichend zugänglich ist. Technologisch sind Probleme bei der Verleim-
barkeit, der Leimfestigkeiten und einer Verminderung der Dickenquellung zu lösen (Youngquist, 1985). Verfahrenstechnische Verbesserung,
Wege zu verbesserter Prozeßsteuerung sind Aufgaben in bereits beste-
henden Anlagen.

Die Herstellung von Holzspanplatten vollzieht sich in den in Tabelle
4.19 angegebenen Schritten. Die Reihenfolge der einzelnen Verfahrensschritte kann je nach dem speziellen Herstellungsverfahren unterschiedlich sein.

Tabelle 4.18: Geschichtliche Entwicklung von Holzwerkstoffplatten
             (n. Deppe, 1976 und Kossatz et al., 1983)

ca. 1890	Sägespan-Platten mit Blutlabuminleim
ca. 1900	Gipsgebundene Holzwolleplatten
ca. 1910	Magnesitgebundene Holzwolleplatten Gipskartonplatten
ca. 1930	Portlandzementgebundene Holzwollplatten
ca. 1935	Holzspanbetonplatten
ca. 1940	Kunstharzgebundene Holzspanplatten
ca. 1965	zementgebundene Holzspanplatten
ca. 1970	magnesiagebundene Holzspanplatten Gipsfaserplatten
ca. 1980	gipsgebundene Holzspanplatten

Tabelle 4.19: Arbeitsablauf bei der Spanplattenherstellung

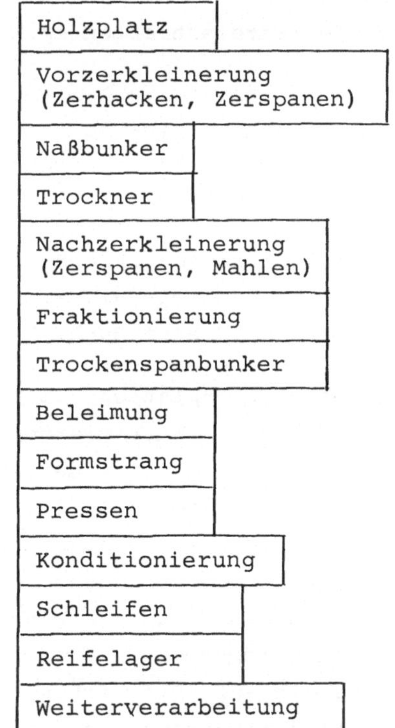

Die Konzeption der Anlagen richtet sich nach der Rohmaterialzusammensetzung und nach dem zu produzierenden Plattentyp.

Ein Weg der Spanaufbereitung kann sein (Soiné 1988 a): Entsprechend den Grundsortimenten wird das Rundholz in Langholz-Messerwellenzerspaner, die Abfall-Sortimente in Trommelhacken zerkleinert. Aus den Naßspänebunkern wird über Austragsschnecken das Material an Kratzerbänder abgegeben für den Weitertransport in die Dosiereinrichtungen von Messerringzerspanern und Hammermühlen zur Nachzerkleinerung.

Das nachzerkleinerte Material wird dann über Schwingsiebmaschinen in Deck- und Mittelschichtspangut getrennt. Hier wird nach Grobgut, das zur Nachzerkleinerung zurückgeführt wird, Mittelschicht-Spangut und feinerem Deckschicht-Spangut sowie Feinstgut unterschieden.

Das Feinstgut wird je nach Rezeptur dem Deckschichtmaterial beigemengst. Der Überschuß dient der Energiegewinnung.

Die Deck- und Mittelschichtspäne werden in zwei getrennten Ringmischern beleimt.

Das Spanvlies wird nach dem kombinierten Verfahren gestreut. Die Deckschichten werden im Windstreuverfahren, die Mittelschichten im Wurfstreuverfahren gebildet.

Das Spanvlies wird endlos geformt und läuft dann in eine kontinuierlich arbeitende Einetagenpresse oder wird taktweise in eine Mehretagenpresse beschickt.

Die meisten Spanplatten werden zwischenzeitlich im sog. Flachpreßverfahren hergestellt. Auf die Herstellung und Technologie dieser Platten beschränkt sich die ausführliche Beschreibung in diesem Buch.

Erwähnt werden sollen aber auch die sog. Strangpreßplatten, die nur noch auf wenigen Anlagen produziert werden. Diese Platten werden durch Stopfen der beleimten Späne in einen Preßschacht mit den Abmessungen der späteren Plattendicke und Plattenbreite hergestellt. Dadurch ergibt sich eine Orientierung der Späne quer zur Plattenebene. Strangpreßplatten bestehen aus einer einschichtigen Anordnung von Spänen, deren Größe jener der Mittellagenspäne von Flachpreßplatten des Typs FP0/FPY entsprechen. Sie weisen eine höhere Querzugfestigkeit, aber eine wesentlich geringere Biegefestigkeit auf. Die Dickenquellungs- und Längenänderungswerte bei Feuchtigkeitsänderungen sind ent-

sprechend der Spanorientierung geringer bzw. größer als die von Flach-
spanplatten.

Werden die Späne in Preßschächte mit stabförmigen Einlagen gepreßt,
ergeben sich Spanplatten mit röhrenartigen kontinuierlichen Hohlräumen parallel zur Herstellungsrichtung. Solche Platten werden dann auch
als Röhrenspanplatten bezeichnet. Diese finden als Türenfüllungen
weite, auch im Möbelbau gelegentlich, Verwendung. Zur Erhöhung der
Biegefestigkeit und zur Oberflächenveredelung werden Strangpreßplatten mit Furnieren, Faserplatten oder dünnen Spanplatten beplankt.

Die Biegefestigkeit kann sich dadurch je nach Beplankungswerkstoff
und Dicke der Beplankung drastisch erhöhen (siehe auch DIN 68 764).

4.4.1 Verwendung von Holzspanplatten

Der Möbelbau, der Innenausbau ist heute ohne Holzspanplatten nicht mehr
zu denken. Holzspanplatten haben auch vielen Menschen, weltweit gesehen, insbesondere erst den Kauf von Möbeln mit Holzcharakter ermöglicht.
Dies ist untrennbar verbunden mit der Entwicklung einer vielseitigen
Oberflächenveredelungstechnik, sei es Furnieren, Lackieren oder Beschichten bzw. Laminieren. In der BRD hat sich der Spanplattenverbrauch
in den 70er Jahren auf etwa 6 Mio m³ pro Jahr eingependelt, das sind
nahezu jährlich 0,1 m³ oder 60 bis 70 kg pro Kopf der Bevölkerung.

Holzwerkstoffe werden bezüglich ihrer Belastbarkeit mit Feuchtigkeit
in 3 Klassen eingeteilt. Die Holzwerkstoffklasse V20 reicht aus für
die Anwendungsgebiete im Innenausbau, wo keine Feuchtigkeitsbelastungen auftreten. Für Verwendungszwecke, in denen Materialfeuchtigkeiten
von über 18 % auftreten, hat die Verleimung die Kriterien der Klasse
V100 zu entsprechen. Wenn zusätzlich mit Pilzbefall zu rechnen ist,
müssen die Platten der Klasse V100G entsprechen, d.h. mit Pilschutz-
mitteln versehen sein. In Tabelle 4.20 sind die Anwendungsbereiche der
Holzwerkstoffklassen nach den einschlägigen DIN-Vorschriften wiedergegeben.

In der darauffolgenden Tabelle 4.21 sind die wichtigsten physikalischen
technischen Eigenschaften der kunstharzgebundenen Spanplatten und der
wichtigsten konkurrierenden Plattentypen aufgelistet.

Tabelle 4.20: Beispiele für die Anwendung der Holzwerkstoffklassen

	Anwendungsbereich	Holzwerkstoff-klasse
1.	Raumseitige Beplankung von Wänden und Decken	
1.1.	Naßräume (z.B. Schwimmbäder, Ställe; belüftete Hohlräume über Erdreich[1]), wie Kriechkeller)	100 G
1.2.	Küche, Bad, WC in Wohngebäuden; WC in öffentlichen Gebäuden	20
1.2.1.	allgemein, außer 1.2.2 und 1.2.3	
1.2.2.	in Bereichen mit starker direkter Feuchtigkeitsbeanspruchung der Oberfläche (z.B. in Duschen)	100 G
1.2.3.	in Neubauten mit Baufeuchtigkeit	100 G
1.3.	Wohn- und Schlafräume in Wohngebäuden, Räume mit vergleichbaren klimatischen Verhältnissen	20
2.	Außenbeplankung von Außenwänden mit zusätzlichem, dauerhaft wirksamen Wetterschutz	
2.1.	Hohlraum zwischen Außenbeplanung und Wetterschutz	
2.1.1.	ausreichend belüftet [2]	100
2.1.2.	nicht ausreichend belüftet[2]	100 G
2.2.	Wetterschutz direkt auf Außenbeplankung aufgebracht	100 G
3.	Obere Beplankung von Decknelementen (nach der ETB-Richtlinie für die Bemessung und Ausführung von Holzhäusern in Tafelbauart, Ergänzung zu DIN 1052, hergestellt)	
3.1.	Unter nicht ausgebauten Dachgenossen	
3.1.1.	allgemein	100
3.1.2.	ausreichend belüftete Elemente[2], Schutz vor Niederschlägen während der Montage sichergestellt	20
3.2.	Unter ausgebauten Dachgeschossen	
3.2.1.	nicht ausreichend belüftete Elemente[2] (Tauwasserbildung durch Dampfdiffusion darf in der Beplankung nicht auftreten)	
3.2.1.1.	allgemein	100 G
3.2.1.2.	bei Wohn- und Schlafräumen, wenn Schutz vor Niederschlägen während der Montage gewährleistet ist	20
3.2.2.	ausreichend belüftete Elemente[2]	
3.2.2.1.	allgemein	100
3.2.2.2.	Schutz vor Niederschlägen während der Montage gewährleistet	20
4.	Obere Beplankung von Dach- bzw. Dachdecken-Elementen, Dachschalung	100 G

1) Für nicht ausreichend belüftete Hohlräume über Erdreich sind
   Holzwerkstoffe nicht zulässig.
2) Hohlräume im Sinne dieser Norm gelten als ausreichend belüftet,
   wenn die Größe der Zu- und Abluftöffnungen mindestens je 2 % der
   zu belüftenden Fläche beträgt.

Tabelle 4.21: Physikalisch-technologische Eigenschaften von kunstharzgebundenen, zement- und gipsgebundenen Holzspanplatten, Gipsfaserplatten, Gipskartonplatten und Asbestzementtafeln

	kunstharzgeb. Holzspanplatte	zementgeb. Holzspanplatte	gibsgeb. Holzspanplatte	Gipsfaser-platte	Gipskarton-platte	Asbestzement-tafel
Dicke (mm)	8...38	8...28	12,5	12,5	9,5...25	4...20
Rohdichte (kg/m^3)	610...735	max. 1250	1000...12000	1150	850...1100	über 1700
Biegefestigkeit (N/mm^2)	8...20	9...13	5...11	5,5	1,2...6,6	mind. 20
Elastizitätsmodul $(N/mm^2\ 10^3)$	2,4...4,5	mind. 3	2,5...4,5	3	3...5.	mind. 18
Querzugfestigkeit (N/mm^2)	0,07...0,4	mind. 0,4	0,25...0,4	0,2		
Abhebefestigkeit (N/mm^2)	0,8...1		0,25...0,35	0,22	0,24	
Druckfestigkeit (N/mm^2)	1,3...3,4	15				mind. 100
Impact-Festigkeit, BS5669 (mm)	ca. 300		100...125	110	60	
Dickenquellung (%) nach 2 h nach 24 h Wasserlagerung	8 12...15	max. 2	2,5	3,0	3,0 Sonderqual. feuchte-beständig	
Lineare Ausdehnung 20°/30% - 20°/85%	ca. 0,25		ca. 0,09	0,07	0,04	
Schalldämmung dB	24...28	32			26	26
Brandverhalten	B1, B2	B1, A2	B1, A2		B1, A2	A1

Eine sehr detaillierte Schätzung der Verwendungsgebiete von Holzspanplatten zeigt folgende Bereiche:

Möbel   45 %

Innenausbau/Einbaumöbel   25-30 %

Bauindustrie   15-20 %

Verkehrswesen   1 %

Verpackung   2 %

Do it yourself   2 %

Schiffsbau (Innenausbau)   1 %

Anderes   3 %

Sicherlich sind die 1 bis 2 % Spanplatten, die jeweils in den Bereichen
4 bis 8 verwendet werden, für die gesamte Spanplattenproduktion mehr
oder weniger unerheblich.

Die Möbelindustrie nimmt 60 % der deutschen Spanplattenproduktion auf,
ca. 3 bis 3,5 Mio m³ im Jahr.

Es wird ein Markt von ca. 30 Mio m² Paneele aus Spanplatten geschätzt
- ca. 360 000 m³/Jahr.

In der Bauindustrie werden vor allem die Spezialplatten V100 und V100G
eingesetzt. Nut- und Federplatten nehmen einen bemerkenswerten Umfang
ein. Schwerentflammbare Platten haben einen kleinen aber schwierigen
Markt, häufig im Format 410 x 185 cm.

Eine technisch bedeutsame Spezialentwicklung ist die V100G-Dach-
platte. Sie ist eine Alternative zur Brettschalung oder zu Trapezble-
chen. Es ist allerdings beim Einbau genau die Güteüberwachung und die
vorgeschriebene Stempelung zu beachten, da gelegentlich Mißverständnisse
auftreten. Unbefriedigende Flachdachkonstruktionen haben die Spanplattenverwendung nicht gerade begünstigt.

Im Fertighausbau hat sich die frühere Entwicklung zu wandbreiten und
wandhohen Platten in einem Stück hin verändert zum Einsatz von Platten
im Rastermaß, Format 125 x 250 cm.

Die Fertighausindustrie setzt im Durchschnitt pro Haus etwa 7,5 m³
Spanplatten ein, die Schwankungsbreite dürfte bei 4 bis 12 liegen
(Glunz, 1984). Die Gipskarton- und die Gipsfaserplatte hat die Span-
platten in manchen Bereichen des Fertighausbaus substituiert.

Als Unterböden in EDV-Räumen haben sich Spezialplatten mit elektrischer
Leitfähigkeit, Ruß oder andere Zusatzmittel, einen kleinen Spezial-
markt gesichert.

Furnierspanplatten, Akustikplatten und zementgebundene Spanplatten sind
weitere Produkttypen für Spezialbereiche im Bauwesen. Gipsgebundene
Spanplatten befinden sich in Produktion.

4.4.2 Die Herstellung von Holzspänen

4.4.2.1 Holz als Rohmaterial

Das Holz drückt vor allem hinsichtlich seinem Quellen und Schwinden,
den Festigkeiten und der Brand- und Pilz- sowie Insektenresistenz der
Holzspanplatten seinen Stempel auf. Durch Auswahl der Holzart, z.B.
Fichte, Kiefer, Buche, Eiche, Pappel oder Robinie werden das Dimensionsänderungsverhalten in Länge, Breite und Dicke der Holzspanplatten vorgegeben. Das Witterungsverhalten und die Termiten-, Pilz-,
Insekten- und Bakterienbeständigkeit sind bei ausreichend beständigen
Leimverbindungen auch von den Eigenarten der Holzart der Späne bestimmt.

Es soll aber nicht verschwiegen werden, daß bei der Spanplattenfertigung bisher weniger die Ausnutzung der spezifischen Eigenschaften einer
Holzart eine Rolle spielte. Vielmehr wurden für die verschiedenen Holzarten spezifische Technologien, z.B. bei der Leimrezeptur, entwickelt,
um die Vielzahl von Holzarten verarbeiten zu können und um Produkte
gleicher Eigenschaften zu erreichen. In gewissem Maße wurde allerdings
von einigen Betrieben die Buchenspäne bevorzugt in den Mittellagen eingesetzt, um die höhere Druckfestigkeit des Holzes in einer höheren
Querdruckfestigkeit der Spanplatten mitwirken zu lassen oder auszunutzen. Die höhere Querdruckfestigkeit trägt zu geringerem Dicken-
schwund bei anschließender Preßbeschichtung der Spanplatte bei.

Denkbar wäre aber eine Spanplatte mit besserer Witterungsbeständigkeit,
die aus Holzspänen mit selbst größerer Witterungsbeständigkeit gefertigt
wurde.

Die Spanplattenindustrie ging ursprünglich vom Gedanken der Holzrest-
verwertung aus. Das nimmt nicht Wunder, wenn man bedenkt, daß die
ersten Überlegungen zur Herstellung von Holzspanplatten bis in das
Ende des letzten Jahrhunderts zurückgehen. Damals stand kaum Rundholz für eine zusätzliche industrielle Verwertung zur freien Verfügung, da Schnittholz, Brennholz und Papierindustrie die stärksten
Verwender waren. Es sollten Werkstoffe für ansonsten verlorene Holzabfälle entwickelt werden.

Die Entwicklung der ersten Jahre der industriellen Spanplattenherstellung nach dem 2. Weltkrieg hat aber dann doch gezeigt, daß Spanplatten einen erheblichen Anteil von "gezüchteten" Spänen mit im Jahresablauf homogenen Eigenschaften bedürfen, um ein Produkt mit gleichbleibenden, homogenen Eigenschaften mit engen Schwankungsbereichen zu werden. Für höhere Spanqualität war aber auch höherwertiges Holz erforderlich, so daß immer mehr Waldrundholz geringerer bis mittlerer Durchmesser zum Einsatz kam.

Andererseits hat sich die Spanplattenindustrie immer nach der räumlich lokal vorhandenen Holzmenge richten müssen, so daß es weniger auf die Auswahl einer Holzart ankam, als auf die Versorgung mit einer gleichmäßigen Mischung von Holzarten über das ganze Jahr hinweg.

Mit zunehmendem Kapazitätsausbau einerseits und wieder wachsender Beliebtheit des Holzes als Papierrohstoff oder als Brennstoff, vor allem im ländlichen Raum, mußte sich die Spanplattenindustrie dann wieder nach anderem als überwiegend Rundholz als Rohstoff umsehen, so daß wieder mehr Industrierestholz in Spanplatten verarbeitet wurde. Die verbesserte Zerspaner- und Mühlentechnologie erlaubt es gemeinsam mit aufwendigen Fraktionierungsanlagen, Zwischenbunkern als Speichern zur Erzielung gleichmäßiger Spanzusammensetzungen inzwischen wieder geringwertigeres Abfallholz mit zu verarbeiten.

Die mengenmäßig bedeutsamsten Reste der holzverarbeitenden Industrie, die in Spanplatten verarbeitet werden, sind Schwarten und Spreißel aus der Sägeindustrie sowie Hobel- und Sägespäne.

Inzwischen werden mit zunehmenden Anteilen Massivholz/Bauholzreste/ Kisten und Paletten (Altholz) verarbeitet, nachdem sie zerkleinert und von metallischen Verunreinigungen befreit wurden. Damit stehen der Spanplattenindustrie Holzqualitäten zur Verfügung, die früher immer nur angestrebt wurden. Massivholzreste sind ursprünglich Schnittholz, also Stammabmessungen und -qualitäten, die üblicherweise nicht zu Spänen verarbeitet wurden. Vor allem Nadelholz steht damit der Spanplattenindustrie in weitaus höherem Maß zur Verfügung als dies in der Konkurrenzsituation mit der Zellstoff- und Papierindustrie beim Waldrundholz realisierbar ist.

Die Zusammensetzung des Rohmaterials hat sich im Laufe der Spanplattenproduktion aufgrund der wirtschaftlichen Entwicklung, der Holzpreise und dem Rohstoffangebot deutlich verändert. Der Waldholzanteil (Rundholz) ging von über 70 % zurück auf um 50 %, berechnet auf das Volumen.

Gleichzeitig veränderte sich das Verhältnis zwischen Nadel- und Laubholz deutlich, obwohl man davon ausgehen kann, daß die einzelnen Werke
aufgrund der Holzartenverteilung in den umliegenden Beständen eine
konstantere Zusammensetzung des Rohmaterials haben, als dies bei einer
bundesweiten Statistik der Fall ist.

Vor zwanzig Jahren betrug der Nadelholzanteil noch etwa 2/3. Inzwischen
hat sich das Verhältnis Nadelholz zu Laubholz fast genau umgekehrt.
Gleichzeitig ist ein Trend hin zu vermehrtem Einsatz von Industrierest-
hölzern festzustellen. Verständlicherweise ist dabei das Interesse für
bereits zerkleinerte Abfälle, also Hobel-, Schäl- oder Hackspäne,
größer als für grobe Abfälle, wie für Schwarten und Spreißel, da ein
erheblicher Anteil der Zerkleinerungsarbeit und -kosten damit einge-
spart werden. Es besteht aber auch von anderen Industriezweigen, wie
Papier und Faserplatten, ein starker Nachfragedruck nach Schwarten und
Spreißeln, da aus diesem Material größere Faserlängen usw. nutzbar sind.
Diese Veränderungen des Holzeinsatzes sind in Bild 4.17b anschaulich
dargestellt.

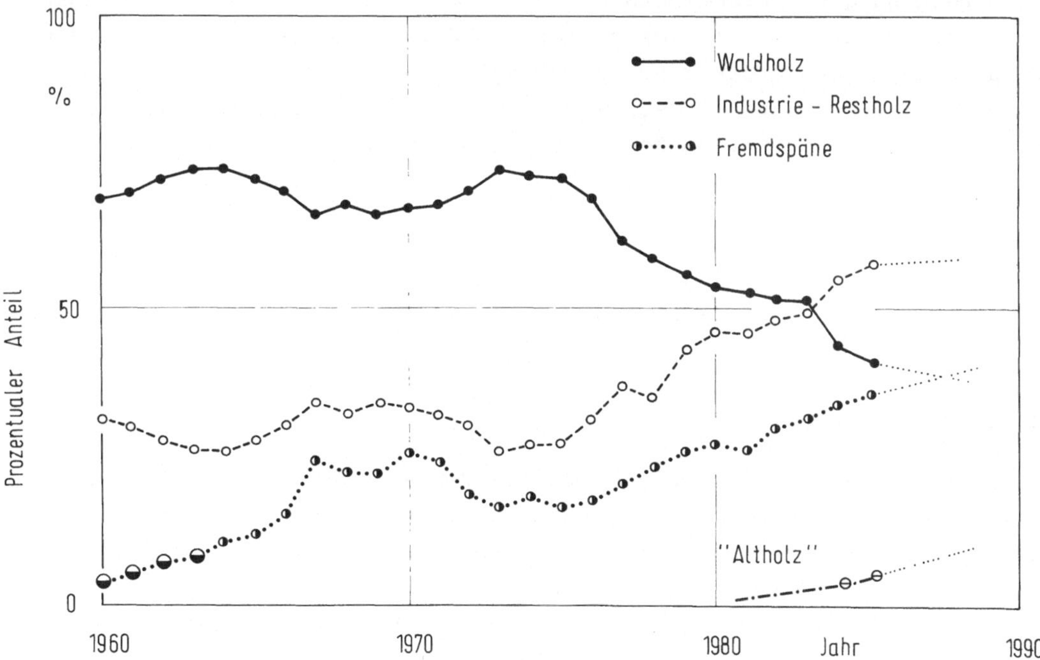

Abb. 4.17b: Entwicklung der prozentualen Anteile der Rohmaterialien
            für die Spanplattenherstellung in der BRD

4.4.2.2 Spanherstellung

Für die Spanherstellung gibt es im wesentlichen vier Ausgangsmateria-
lien. Das Vollholz, die Fremdspäne, die Hackschnitzel und neuerdings
sind Altholz Ausgangsmaterial für die Spanplattenherstellung. Aus diesen Rohmaterialien mit unterschiedlichen Abmessungen, Feuchtigkeiten,
Spaltbarkeiten, Zerkleinerungsverhalten wird stufenweise durch Zerkleinerung, Fraktionierung, Mischen und weiterer Zerkleinerung ein homogenes Spangemisch für Mittelschicht, Deckschichten und meist auch für
eine Übergangszone, die aber nicht immer getrennt gestreut wird, hergestellt.

Für die Zerkleinerung stehen
a) Zerspaner für Kurzholz und Langholz,
b) Trommel- oder Scheibenhacker oder
c) Hammermühlen für besonders grobstückige Holzreste zur Verfügung.

Bei allen Holzzerkleinerungsverfahren ist die Abscheidung von magneti-
schen Verunreinigungen vor dem Holzzerkleinern intensiv durchzuführen.
Eine Reinigung von nicht-metallischen und mineralischen Verunreinigungen erfolgt nur zum Teil vor der ersten Zerkleinerungsstufe. Derartige
Verunreinigungen werden durch nachträgliche Naß- oder Trockenwaschung,
z.B. der Hackschnitzel, beseitigt. Dazu dienen Waschanlagen in der
Form von Pumpen oder Siebbädern. Die schwimmenden Hackschnitzel werden direkt, die sinkenden Hackschnitzel mittels Pumpensystemen von
dem Fremdgut getrennt. Mit der Naßwäsche sind zahlreiche Probleme bei
der Wasserreinigung, der Trocknung der Hackschnitzel usw. verbunden.
Die Trockenwäsche wird deshalb bevorzugt und zum Beispiel mittels
kombinierter Sieb- und Wurfsichter durchgeführt.

4.4.2.2.1 Zerspaner

Im Zerspaner werden die Holzabschnitte den auf einer Messerwelle be-
festigten Messern parallel zur Wachstumsrichtung zugeführt. Die Länge
der Späne wird dabei im wesentlichen von dem Abstand der Vorritzer
und die Dicke der Späne von dem Messervorstand bestimmt. Von den
ersten Scheibenzerspanern bis zu den heutigen Messerwellenzerspanern
haben sich die zu zerspanende Holzlänge von etwa 30 cm bis auf etwa
150 cm Messerwellenlänge entwickelt (s. z.B. Steiner, 1977).

Gleichzeitig wurden die zerspanbaren Holzdurchmesser wesentlich erhöht.
Die Messerwellendurchmesser wurden dazu von etwa 220 mm auf über

1 000 mm vergrößert. Qualität der Späne und Mengenleistung der Zerspaner wurden durch Optimierung der Schnittgeschwindigkeit der Messer,
der Messeranzahl pro Umfang, der Spanraumausbildung usw. laufend verbessert. Zunehmende Messeranzahl, steigende Zerspanungsleistungen
machten die Entwicklung spezieller Messerwechselsysteme, Schnellspann-
vorrichtungen usw. erforderlich. Von den Maschinenherstellern werden
immer einfachere Systeme entwickelt.

Der Rationalisierung der Holzernte und der Holzmanipulatien im Wald
und auf dem Werkshof angepaßt hat sich die Entwicklung der Zerspaner
durch die Einführung von Langholzzerspanern vor etwa 20 Jahren. Damit
kann Waldholz in Kranlängen oder fallenden Längen und können Großbunde
aus Sägewerksrestholz wirtschaftlich zerspant werden. In Langholzzerspanern werden die Baumabschnitte taktweise einem Zerspaner-Raum
zugeführt. Gegen die Zerspanerwelle wird das Holz mittels einer fahr-
baren Preßvorrichtung gedrückt. Gegenseitiges Verschieben der einzelnen Stämme oder Schwarten wird durch Gegenlage, Gewichteturm, Schwerter
und Rinneneinweisklappe zusätzlich vermindert. Nach dem Zerspanen gibt
die Anpressung den Spanraum durch Zurückfahren wieder frei, und die
Beschickrinne transportiert wieder Holz in den Zerspanraum.

Messerwellengrundkörper sind meist aus mehreren Scheiben axial anein-
andergesetzt. Die Anzahl der Scheiben wird von der gewünschten Arbeitsbreite bestimmt. Je nach Durchmesser der Scheiben kann die Anzahl der
Messer auf dem Umfang bis zu 30 betragen. Optimale Schnittbedingungen
erfordern die Abstimmung mit der Drehzahl. Zur Verbesserung des Spanes
werden die Spanmesser heute fast ausschließlich unter einem Neigungs-
winkel schräg zur Messerwellendrehachse angeordnet (Salje u. Stühmeier, 1986). Die somit durch ziehenden Schnitt hergestellten Späne
zeichnen sich insbesondere durch glatte Oberflächen aus. Um die Winkel
am Zerspanmesser nicht zu unterschiedlich werden zu lassen, ist die
Messerlänge zu begrenzen. Konstanter Messerüberstand für gleichmäßige
Spandicke kann erzeugt werden durch gerade Spanmesser in rotations-
symmetrischen hyperboloidischen Grundkörperscheiben. Einen schematischen Einblick in die Geometrie beim Zerspanen ermöglicht Bild 4.18.

Die wichtigsten Typen von Spanmessern sind Streifen-, Kombi-, Kamm-
und Doppelkamm-Messer. Streifenmesser sind Messer mit durchgehender,
gerader Schneide, die über die gesamte Länge Zerspanarbeit leisten können. Bei Kombimessern sind Ritzmesser, als spanlängenbestimmende Vorritzer integriert. Kamm-Messer sind Streifenmesser mit Aussparungen

zur Begrenzung der Spanlängen. Kamm-Messer werden auf Lücke hintereinander versetzt angeordnet.

Doppelkamm-Messer leisten auf ihrer gesamten Länge Zerspanarbeit. Sie
besitzen dazu abwechselnd radial außenliegende und sich axial anschließende radial zurückversetzte Schneidkanten gleicher Länge. Die
innenliegenden Schneidkaten werden dabei durch in die Messerbrust eingebrachte rechteckige Nuten erzeugt (s. Abb. 4.18).

Horizontal- und Vertikalmesserscheibenzerspaner haben mit zunehmender
Arbeitsbreite der Maschinen und der Scheibendurchmesser zwei wesent-
liche Nachteile hervortreten lassen, wodurch die Verbreitung dieser
Maschinen eingeschränkt wurde. Es sind dies die unterschiedlichen
Schnittgeschwindigkeiten, mit der das Holz von der Mitte zum Umfang

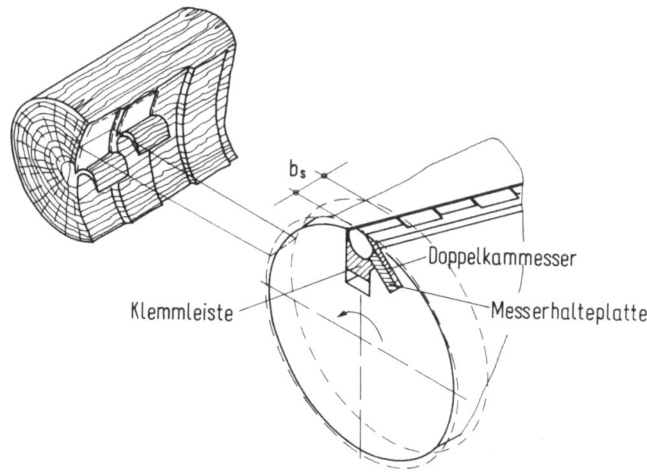

Abb. 4.18: Erzeugung von Spänen mit Kamm-Messern, b_s = Schneidbreite
           ergibt Spanlänge (n. Salje u. Stühmeier, 1986)

der Messerscheibe hin zerspant wurde (aufgrund der zunehmenden Umfangsgeschwindigkeit). In den Außenzonen der Messerscheiben ist der Messer-
besatz zu gering, was zu hoher Reibungswärme und daraus folgend zu
einem Verziehen der größer werdenden Messerscheiben führte (Deppe u.
Ernst, 1982). Diese Nachteile wurden durch den Vorteil des gleichmäßigeren Spangutes nicht aufgewogen. Erst für die Herstellung von großflächigen flakes und wafers wurde die Verwendung von Scheibenzerspanern wieder diskutiert.

4.4.2.2.2 Hackmaschinen

Zur Herstellung von Hackschnitzeln unterscheidet man Trommelhacker,
deren Hackmesser auf Trommeln angebracht sind, und Scheibenhacker.
Die Hackmesser sind dort als radiale Messer auf Scheiben befestigt.

Bei Trommelhackern ist die Hackschnitzellänge abhängig von der Vorschubgeschwindigkeit der Zuführung und reziprok proportional der Drehzahl
des Hackrotors und der Messeranzahl pro Umfang. Eine weitere Vergrößerung der Hackschnitzel läßt sich über die Größe der Taschen vor den
Messern erreichen. Für Hackschnitzellängen über ca. 70 mm werden sog.
"offene" Rotoren eingesetzt (s. Bild 4.19), die bei relativ niedriger
Drehzahl sehr große Hacklängen ermöglichen (Fischer, 1977).

Während für die Zellstoffherstellung Hackschnitzel von etwa 20 bis
25 mm angestrebt werden, sollen Spanplatten aus Hackschnitzeln mit
40 bis 60 mm Länge hergestellt werden (s. z.B. Paulitsch, 1976).

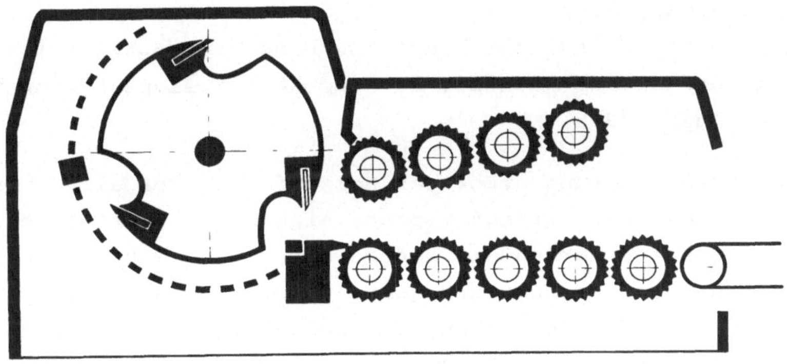

Abb. 4.19: Trommelhacker mit offenem Rotor (mit Spantaschen)
           (n. Fischer, 1977)

Hackschnitzel für Holzkohleherstellung werden vorzugsweise aus offenen
Rotoren mit ca. 100 mm Länge gewonnen.

Neuerdings hat die Energiegewinnung aus Holzhackschnitzeln wieder breitere Beachtung gefunden; dafür werden - wegen der gleichmäßigeren
Schütt/Dosierung - kürzere Hackschnitzel (unter 20 mm) bevorzugt. Je
nach der Führung der Hackschnitzel in der Zuführrinne, der Schärfe
der Messer und der Keil- bzw. Schnittwinkel am Hackmesser weichen die
Hackschnitzeldimensionen nicht unerheblich von den erwarteten theore-
tischen Abmessungen ab.

Scheibenhacker geben gleichmäßigere Hackschnitzelfraktionen mit weniger gestauchten Endbereichen. Die Hacklänge wird bei diesen Maschinen im wesentlichen vom Vorstand der Hackmesser gegenüber der Hackscheibe bestimmt, der allerdings nur geringfügig variiert werden kann. Scheibenhacker weisen sinngemäß ähnliche Nachteile bezüglich Schnittgeschwindigkeitsverteilung und Erwärmung auf wie die Scheibenzerspaner (s.o.).

Bei der Nachzerkleinerung von Hackschnitzeln zu Spänen ist insbesondere auf eine Steuerung der Dickenzerkleinerung zu achten, um die Entstehung von stäbchen- oder "knüppelförmigen", dicken Spänen einzugrenzen. Es wird ein möglichst hoher Anteil flächiger Späne gewünscht, um für die Verleimung möglichst viele und große Überlappungsflächen anzubieten. Diesbezüglich kommt der Feuchtigkeit bei der Zerspanung der Hackschnitzel große Bedeutung zu. Bei ausschließlichem Einsatz von Hackschnitzeln (aus Kiefer und aus Buche) für die Spanplattenherstellung konnten nicht zuletzt wegen der dicken Späne auch deutlich schlechtere Dickenquellungswerte nachgewiesen werden, als bei sonst gleichartig hergestellten Spanplatten aus Schneidspänen (s. Abbildung 4.20). Durch eine Steuerung der Mittelschichtspanmischung von Hackschnitzelspan und Schneidspan kann dieser Nachteil der Hackschnitzelspäne kompensiert werden (s. z.B. Chen, 1975).

Für die Nachzerkleinerung stückiger Holzabfälle (vor allem von Hackschnitzeln) werden Messerringzerspaner eingesetzt. Mittels eines beweglichen Schlagkreuzes werden die zentral über eine Schrägrinne eingeförderten Hackschnitzel gegen starre oder beweglich gegenläufige Messerringe geschleudert. Die Hackschnitzel sollen für diese Art der Nachzerkleinerung möglichst einheitliche Größe haben, um den Anteil von Staub oder längeren "Knüppeln", die den Zerspaner verstopfen können, gering zu halten. Ein gezielter Hackschnitzelaufschluß wird durch den Ersatz der Schlagkreuze durch Schaufelräder möglich, die von den Maschinenherstellern in verschiedenen Ausführungen angeboten werden.

4.4.2.2.3 Mühlen und Refiner

Da die Verarbeitung von Abfallholz, auch Altholz, für die Spanplattenherstellung wachsende Bedeutung erlangt, ist die Spanerzeugung aus diesen Sortimenten weiter entwickelt worden. Neben großen Hackmaschinen werden dafür auch Hammermühlen eingesetzt. Hammermühlen zerkleinern das Holz im wesentlichen durch rotierende Bandstahlschläger, die neuer-

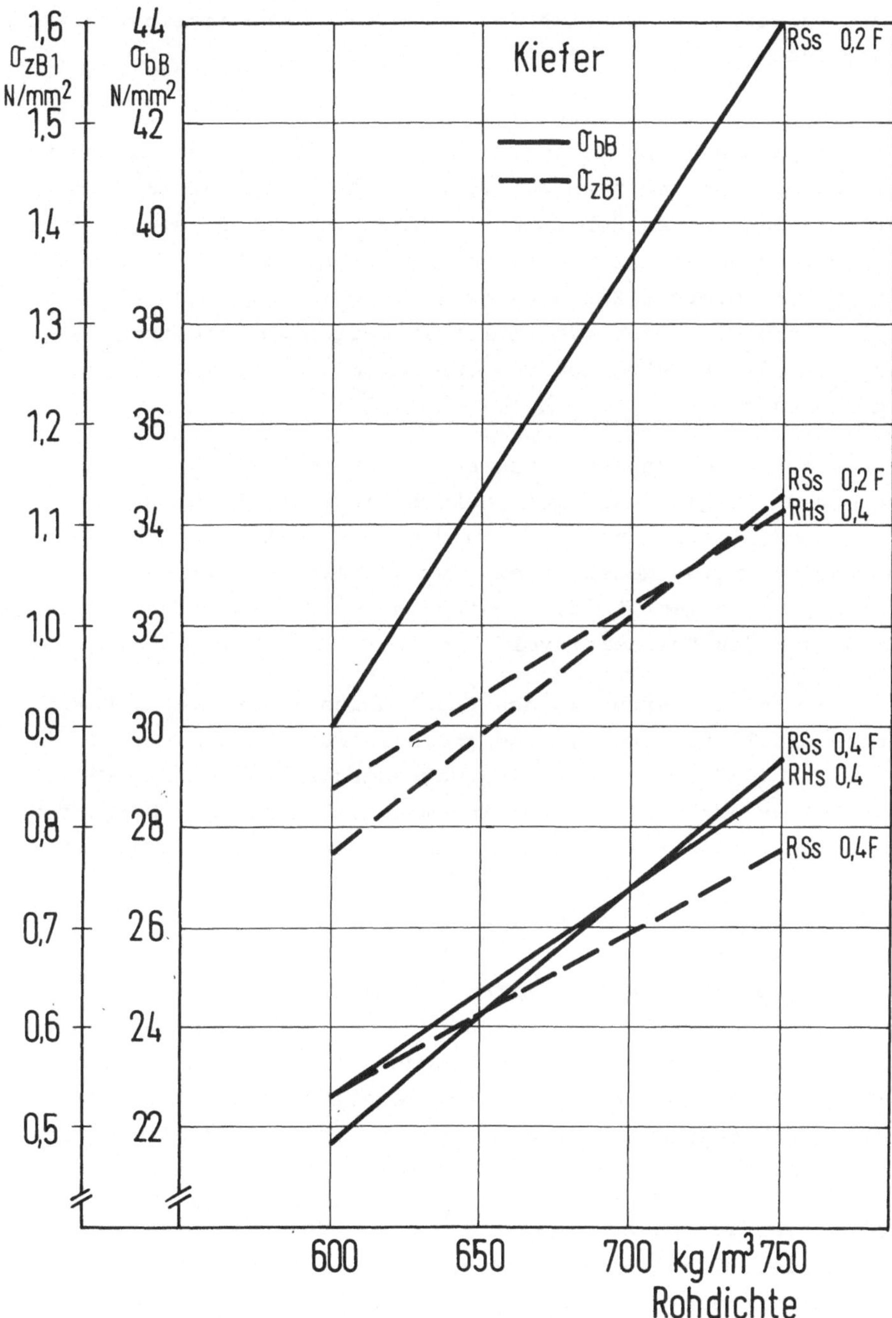

Abb. 4.20: Einfluß von Spandicke und des Spantyps auf die Biege- und
Querzugfestigkeit von einschichtigen Holzspanplatten aus
Kiefern-Rundholz (n. Chen, 1975)
Ss - Späne aus Flachscheibenzerspaner (F)
Hs - Späne aus Hackschnitzeln
0,2; 0,4 - mittlere Spandicke (mm)

dings mit zusätzlichen Scherköpfen ausgerüstet und miteinander verbunden sein können.

Nach diesen Stufen der Holzzerkleinerung sind die Hackschnitzel und die Flächenspäne aus den Messerwellenzerspanern zu Spanplatten verarbeitbaren Spangemischen zu zerkleinern. Auch zugekaufte Fremdspäne, wie Gatter-, Säge- oder Hobelspäne, müssen vor der Beleimung nachzerkleinert werden. Dies erfolgt im wesentlichen mit Mühlen verschiedenster Bauart und mittels Zerfaserern (Refiner). Letztere haben für die Herstellung von Feinstmaterial für Spanplatten an Bedeutung verloren, sind aber für die Herstellung von Fasermaterial für MDF-Platten wieder wichtig geworden.

Als Zerkleinerungsmechanismen kommen in den verschiedenen Maschinen das Schneiden, Prallen oder Reiben kombiniert zur Wirkung, wobei aber meist ein Mechanismus dominiert. In den oben erwähnten Zerspanern wird das Holz vorzugsweise geschnitten. Für die Nachzerkleinerung herrschen das Prallen, vor allem für die Gewinnung von Deckschichtspanmaterial, und das Reiben (in Refinern) vor.

Für die Prallzerkleinerung wurden Prallmühlen konstruiert. Darin wirken Flächenprall, Kantenprall und gegenseitiger Teilchenprall (vgl. z.B. Schmidt, 1977). Die Zerkleinerungsenergie bewirkt ein Gleiten entlang der Zellgrenzen und anderen Inhomogenitätsflächen. Beobachtungen haben gezeigt, daß mit wachsender Prallgeschwindigkeit bzw. Druckbeanspruchung der Holzteilchen die Bevorzugung der Zellgrenzflächen als Bruchflächen immer mehr abnimmt. Beim Aufprallen auf Kanten werden die Teilchen stark auf Biegung beansprucht, wodurch sie auch quer zur Faserrichtung brechen. Mit weiterer Erhöhung der Prallgeschwindigkeit ist also eine Abnahme des Schlankheitsgrades der Späne zu erwarten, was nicht immer wünschenswert ist. Der gegenseitige Teilchenprall bewirkt meist Flächen- und Kantenaufprall. Um Feinstdeckschichtmaterial mit hohem Schlankheitsgrad zu erzielen, sollte vorwiegend Flächenprall angestrebt werden.

Die Prallmühlen werden nach Hammermühlen, Querstrommühlen und Siebmühlen unterschieden. Bei diesen Maschinen werden von Fremdgut befreite Spangemische mittels eines Rotor-gekoppelten Gutverteilers auf Mahlbahnen aufgebracht. Die Rotorschläger beschleunigen die Partikel und schleudern sie gegen die "Mahlorgane". Auf diesen Mahlorganen erfolgen die Kanten- und Flächenprallvorgänge. Besteht das Mahlorgan nur aus einem Sieb, spricht man von einer Siebmühle. Je nach Feinheit der Deck-

schichtspäne werden die Siebmaschenweiten gewählt. Bei normal großen
Deckschichtspänen z.B. Langschlitzsiebe von etwa 3 x 15 mm.

Hammermühlen mit Messerschlägern arbeiten nach dem gleichen Prinzip.
Mühlen mit Querstrombetrieb sind mit langen Mahlbahnen ausgerüstet, die
aus Gußplatten mit entsprechenden Prallrippen bestehen. Die Winkel-
anordnung der Prallrippen steuert die Verweilzeit des Gutes, die bei
schwer zu zerkleinerndem Material höher sein sollte. Durch die Anordnung der Prallrippen wird zusätzlich ein Sichteffekt hervorgerufen.
Mittels pneumatischem Transport werden die Spänchen beim Austritt aus
der Mühle durch ein Sieb transportiert und nochmals erforderlichenfalls
zerkleinert. Die meist als Riffeltrapezsiebe mit vorstehenden Kanten
ausgeführten Siebe sorgen für eine Oberkornbegrenzung. Riffeltrapezsiebe mit Öffnungen von 1 bis 2 mm erzeugen Feinstdeckschichtspäne.

Für Gatterspäne kommt meist die Naßzerkleinerung im Flächenprall in
Frage. Der kubische Gattersägespan wird auf speziellen Prallflächen-
mahlbahnen, vorwiegend parallel zur Zellrichtung, zerkleinert und dadurch schlanker gemacht, ohne wesentlich kürzer zu werden. In Prallmühlen mit Prallflächen können auch Hackschnitzel zu Spänen nachzerkleinert werden, wobei dann keine Messerringzerspaner zusätzlich notwendig sein sollen (Schmidt, 1977).

Hinsichtlich der Wirtschaftlichkeit von Rundholz- und Hackschnitzel-
zerspanung bestehen unterschiedliche Auffassungen. Der Aufschluß stückiger Abfälle ist nur über die Hackschnitzelherstellung mit anschließender Nachzerkleinerung möglich. Da die Spanplattenhersteller aber eine
breite verschiedenartige Rohstoffbasis benötigen, nehmen immer mehr
Messerwellenzerspaner für Kurzholz, Langholzzerspaner und Hackschnit-
zelzerspaner sowie vorgeschaltet Hacker in getrennten Linien nebeneinander, aber auch mit vielfältigen Zusammenmischmöglichkeiten ihren Platz
in den Werken ein.

Homogenes Material aus kleinen Industrieresten wird gerne für die Herstellung von Feinspan-Deckschichten mehrschichtiger Spanplatten eingesetzt (Sägespäne, Schleifstaub). Der Aufbereitungsaufwand ist für Sägespäne weitaus niedriger als der von Schneidspänen, die zu Feinstspänen
zerkleinert werden müssen. Mehrstufige Mahl- und Sichtprozesse erhöhen
die Kosten erheblich. Die Verwendung von Feinstgut in den Deckschichten
erfordert ein hohes Maß an Homogenität des Mittellagenspanmaterials und
auch an die Streugenauigkeit bzw. eine dichte Übergangszone, um das Absinken der Späne von der Ober- auf die Unterseite während des Herstel-

lungsprozesses zu verhindern. Ein asymetrische Spangrößenverteilung ist
der Tod für eine plane Spanplatte mit gutem Stehvermögen.

Über den momentanen Stand der Spanzusammensetzung für industriell her-
zustellende Spanplatten gibt Abbildung 4.21 Auskunft (Buchholzer, 1988).
Aus dieser Abbildung sind deutlich die Unterschiede zwischen den Antei-
len der Spanfraktionen für Bauspanplatten (V20 V100, V100G) und Möbel-
spanplatten (FPO, FPY) zu erkennen. Üblicherweise werden 4 Spangut-
fraktionen unterschieden. Es sind dies die
Staub- (Spangut kleiner als 0,315 mm Siebmaschenweite)
Feinspan- (Spangut zwischen 0,315 und 1,25 mm Siebmaschenweite)
Normalspan- (Spangut zwischen 1,25 und 3,15 mm Siebmaschenweite) und
Grobspanfraktion (über 3,15 mm Siebmaschenweite).

Siebkennlinien geben allerdings nur einen ungefähren Einblick in die
Spangeometrie und lassen deshalb nur Tendenzen der Spanplatteneigenschaften voraussagen. Die genaue Spangeometrie (Länge, Breite und
Dicke der Späne, Schlankheitsgrad usw.) muß durch aufwendige Einzelspan-
messung an Stichproben ermittelt werden. Größere Späne tragen zu höherer
Festigkeit und besserer Dimensionsstabilität bei, können jedoch auch
die Porösität der Oberfläche und der Schmalfläche erhöhen.

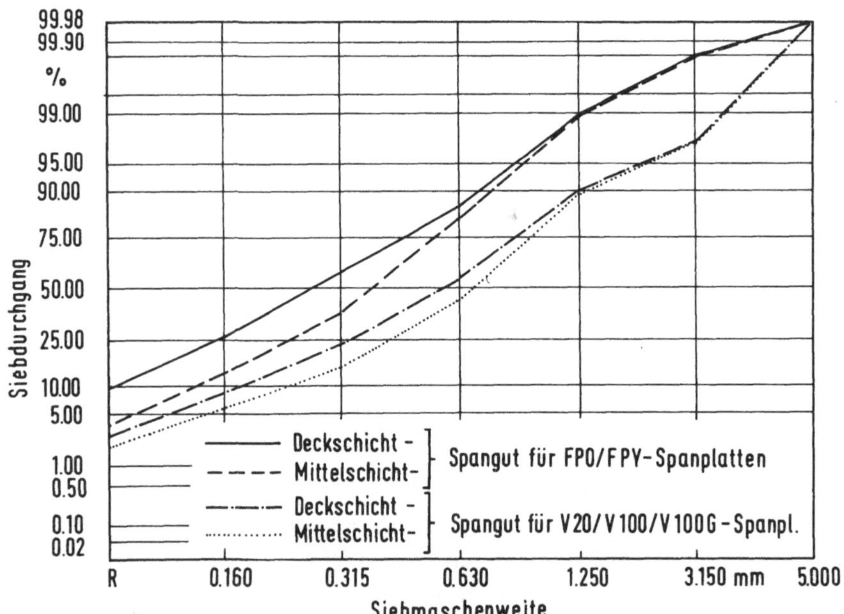

Abb. 4.21: Siebkennlinien von Industriespangut für verschiedene
          Plattentypen (n. Buchholzer, 1988)

4.4.2.3 Spantrocknung

Die Späne müssen für das Streuen und das Pressen eine optimale Feuchtigkeit aufweisen. Zum einen verhindern niedrige Spanfeuchtigkeiten ein
Verklumpen der Späne beim Streuen und bei den zahlreichen Sichtungsvor-
gängen, zum anderen übernimmt die beim Pressen verdampfende Feuchtigkeit den Wärmetransport von den durch die Heizplatten zuerst erwärmten
Außenzonen in das Innere der Spanplatte. Die Preßzeiten werden dadurch
erheblich reduziert (sog. Dampfstoßeffekt). Infolge der Holzfeuchtigkeit ist auch die Plastifizierung der Späne und damit der Verdichtung
und Oberflächenausbildung besser als bei trockenen Spänen. Biegefestigkeit und Rohdichteprofil der Spanplatten werden gestaltet. Andererseits
werden zu feuchte Späne eine höhere Formaldehydabgabe nach sich ziehen. Hohe Feuchtigkeit birgt auch die Gefahr von Dampfspaltern.

Diese wenigen verfahrenstechnischen Erläuterungen zeigen, daß der Einstellung der optimalen Holzfeuchtigkeit erhebliche Bedeutung in der
Fertigung zukommt. Auch zeigt sich, daß die Feuchtigkeit in Deckschichtspänen höher (Dampfstoßeffekt) als in Mittelschichtspänen sein
soll (Dampfspalter!), um zur Optimierung der Preßbedingungen und der
Platteneigenschaften beizutragen.

Die Spantrocknung ist von physikalischen Parametern des Spangutes und
von den Trocknungsbedingungen selbst abhängig. Von der Spansorte bestimmt sind die Holzart, Spandicke, Länge und Breite sowie Rohdichte
und Anfangsfeuchtigkeit der Späne. Die wesentlichen, die Verdunstungs-
trocknung der Späne beeinflussenden Trocknungsbedingungen, sind die
Trocknungstemperatur und die Luftgeschwindigkeit.

Bei gleicher Verweilzeit im Trockner und gleichen Trocknungsbedingungen werden dickere Späne eine höhere Endfeuchtigkeit behalten als
feinere Späne. Die Fraktionierung der Spangemische vor der Trocknung
und eine getrennte Trocknung von Mittelschicht- und Deckschichtspänen
wird deshalb schon lange praktiziert. Bei den Verweilzeiten in den
Trocknern, den angewandten Trocknungstemperaturen und der Sauerstoff-
führung sind die Reaktionsmöglichkeiten des Holzes und der in der
Trocknerluft enthaltenen flüchtigen Inhaltsstoffe und Zersetzungsprodukte zu beachten, um das Brandrisiko und die Umweltbeeinträchtigun-
gen durch Trocknerabgase einschätzen zu können (s. z.B. Marutzky,
1981). Die Abluft der Spänetrockner enthält flüchtige Holzinhaltsstoffe,
thermische und hydrolytische Zersetzungsprodukte des Holzes und aus
der Befeuerung stammende Stoffe.

Es werden Röhrenbündeltrockner, Düsenrohrtrockner und Trommeltrockner unterschieden.

Röhrenbündeltrockner bestehen aus einem aus Rohrschlangen hergestellten Rotationskörper. Durch die Röhrenbündel wird das Heizmedium geleitet. Das Trocknungsgut wird mittels Hub- und Förderschaufeln um die heißen Röhrenbündel transportiert und dabei getrocknet.

Düsenrohrtrockner haben eine kürzere Späneverweilzeit. In ein Trocknungsrohr werden tangential Heißgase aus einer Brennkammer eingeleitet. Das mittels Zellradschleuse eingebrachte Spangut wird durch die Heizgase in schraubenlinienförmiger Bahn durch das Trocknungsrohr transportiert. Da die höchsten Heizgasetemperaturen zu Anfang auf das noch feuchte Spanmaterial treffen, kann mit hohen Anfangstemperaturen von bis 500° C gearbeitet werden. Die Thermik der heißen Trocknungsgase sorgt für eine hohe Relativgeschwindigkeit zwischen den Spänen und dem Heizgas, wodurch wiederum die Trocknungszeiten verkürzt werden.

Nachdem jahrelang die Düsenrohrtrockner die Spantrocknung dominiert haben, ist eine Tendenz zu den langzeittrocknenden Trommeltrocknern zu erkennen. Die Verweilzeiten im Trommeltrockner können bis zu 30 Minuten betragen und erreichen damit das 10fache der Düsenrohrtrockner (s. Deppe u. Ernst, 1982). Der Trommeltrockner besteht im Kern aus einer Brennkammer und einer horizontal liegenden, um seine Längsachse rotierenden Trocknungstrommel. In der Trocknungstrommel durchströmt das Heißgas die durch Transport- und Hubschaufeln bewegten Späne. Die neuesten Trommeltrockner können bis zu 25 t Wasser pro Stunde verdampfen (Soiné, 1988).

4.4.3 Bindemittel für Holzspanplatten

4.4.3.1 Organische Bindemittel

Wie bereits erwähnt, ist die gesamte Herstellung und Entwicklung von Holzprodukten ohne die Entwicklungen der chemischen Industrie undenkbar. Dies betrifft in ganz besonderem Maße die gegenseitige Befruchtung von Holzwerkstoff- und Bindemittelentwicklung. Bei keinem Werkstoff wird dies so deutlich wie bei der Spanplatte.

Das wichtigste Bindemittel für die Spanplattenfertigung ist immer noch das Harnstoff-Formaldehydharz (UF). Heute wird dieser Klebstoff kontinuierlich aus Harnstoff und Formaldehyd in wässriger Lösung bei Ver-

wendung saurer Katalysatoren bei Wärmeeinwirkung kondensiert. Es werden
nur Vorkondensate hergestellt, die eine Lagerfähigkeit der Lösung ermöglichen und die endgültige Kondensation beim Pressen gewährleisten. Der
für die Kondensation von Aminoplasten erforderliche Formaldehyd wird
in den wässrigen Leim nicht vollständig einkondensiert, auch ist in den
Vorkondensatlösungen immer ein, wenn auch geringer, Überschuß an Formaldehyd. Dieser wird beim Pressen der Spanplatten und Auskondensieren
des Leimes sowie nach dem Pressen laufend frei. Diese nachträgliche
Formaldehydabgabe wird nicht zuletzt von dem Molverhältnis Harnstoff
zu Formaldehyd bestimmt. In den Anfängen der Spanplattenfertigung wurden Leime mit Molverhältnissen von 1:1,6 bis 2,0 verwendet. Anfang der
80er Jahre konnten die Molverhältnisse auf bis zu 1:1,15 reduziert und
damit das Formaldehydabgabepotential entscheidend vermindert werden.
Solche Kleber konnten erst verarbeitet werden nach nicht unwesentli-
cher Modifikation der Herstellungsbedingungen, z.B. Reduktion der Späne-
feuchtigkeit, verkürzte Lagerzeit der beleimten Späne, Veränderung der
Härtereinstellung. Ein Beispiel für einen Leimflottenansatz für die Herstellung von Buche/Fichte-Spanplatten gibt Tabelle 4.22.

Die Vernetzung solcher Harnstoffharzleime mit niedrigerem Molverhältnis
ist meist unzureichend und wirkt sich daher abträglich auf die wesentlichen technologischen Merkmale der Spanplatten aus. Diesem Nachteil
wird durch Beimengung von Melaminharzen entgegengewirkt.

Nach den neuesten Mitteilungen (HZbl v. 6.7.1988) werden in der BRD
nur noch Spanplatten mit E 1-Werten produziert. Eine verstärkte Kontrolle der Import-Spanplatten sollte auch im Sinne des Endverbrauchers
sein, um auch für diese Produkte die deutschen Bestimmungen anzuwenden
und die niedrigen Formaldehydabgabewerte zu gewährleisten.

Vor der praxisreifen Einführung von Phenolharzen als Bindemittel für
Spanplatten hat man in den 50er Jahren versucht, mit Harnstoff-Melamin-
formaldehydmischharzbindungen die Ansprüche an Spanplatten für den
Bootsbau, d.h. mit höherer Feuchtigkeitsbeständigkeit, zu erfüllen.
Diese sog. "Werftplatten" enthielten im Harnstoffharz bis zu 40 %
Melaminharz (Ernst, 1976). Dieser Verleimungstyp, zwischenzeitlich
V 70 nach DIN 68 761, Bl. 3, hat seine praktische Bewährung nicht be-
standen. Es wurde bei langandauernder Feuchtigkeitseinwirkung ein Zer-
fall der Leimverbindungen beobachtet.

Tabelle 4.22: Beispiele für Leimflottenansätze für harnstoffharz-
            und phenolharzverleimte Spanplatten

Harnstoffharzverleimte Platten (V20)		Härterlösung:
Harnstoffharz (66 %)	100 kg	Deckschicht
Härterlösung (15 %)	10 kg	5 % NH_4CL
Paraffinemulsion (50 %)	10 kg	10 % Ammoniak
Wasser	12 kg	85 % Wasser
		Mittelschicht:
Leimflotte (50 %)	132 kg	10 % NH_4CL
		5 % Ammoniak
		85 % Wasser
Phenolharzverleimte Platten (V100)		Härterlösung:
Phenolharz (45 %)	100 kg	nur für Mittelschicht
Härterlösung (59 %)	5 kg	50 % K_2CO_3
Paraffinemulsion (50 %)	15 kg	50 % Wasser
Wasser	- kg	
Leimflotte (37,5 %)	120 kg	

Diese Mischharzbindung hatte außerdem nachteiliges Verhalten hinsichtlich Pilzbefall durch holzzerstörende Pilze. Erst die Einführung der
phenolharzverleimten Spanplatte eröffnete die Absatzgebiete im Dach,
dem Fertighaus und im Unterboden. Für den Verarbeiter und Endverbraucher besonders bedeutsam ist die Tatsache, daß jede phenolverleimte
Spanplatte einen Stempel mit dem Hinweis auf DIN 68 763 tragen muß.
Vom Verkäufer als feuchtigkeitsbeständig bezeichnete Platten, die nicht
gestempelt sind, dürfen bauaufsichtlich immer reklamiert werden und
haben sich häufig in der Praxis, z.B. in Flachdächern, nicht bewährt.

Die Herstellung feuchtigkeitsbeständigerer Holzspanplatten wird durch
die Verwendung von Phenol-Formaldehydharz-Leimen (PF) ermöglicht. Der
Leim wird durch Kondensation von Phenol mit Formaldehyd in der Gegen-
wart von Natriumhydroxid hergestellt. Die Zugabe von Alkali ermöglicht
die Verwendung eines wasserlöslichen Vorkondensates bei der Verleimung. Bei Erhöhung des Alkalianteils läßt sich der Kondensationsgrad
erhöhen, ohne die Sprühfähigkeit der Leimlösung allzu abträglich zu verändern. Bei der Spanplattenfertigung wird der Endvernetzungsgrad dadurch
schneller erreicht und die Preßzeiten, die sonst erheblich über denen
der harnstoffharzverleimten Spanplatten längen, nicht unwesentlich angenähert. In Tabelle 4.22 ist ein Beispiel für einen Leimflottenansatz
für Phenolharzverleimung gegeben.

Allerdings wirkt das hygroskopische Alkali negativ auf einige Eigenschaften von Spanplatten insofern, als die Ausgleichsfeuchtigkeit der
so verleimten Spanplatten höher ist als die von Platten mit geringem

oder gar keinem Alkaligehalt. Die höhere Feuchtigkeit der Spanplatten
bewirkt dann ein Absinken der Festigkeitswerte, höhere Verformbarkeit,
vorzeitigeren Schimmelbefall usw. Die Gleichgewichtsfeuchtigkeit liegt
bis zu 10 % höher, und damit sind die Eigenschaften der Holzspäne entsprechend denen feuchterer Späne (vgl. Tabelle 4.23).

Bei länger einwirkender höherer Luftfeuchtigkeit um 90 % kann sogar
freies Wasser in den stark hygroskopischen Spanplatten auftreten, welches das Alkali, Teile der Phenolate und Holzinhaltstoffe anlöst. Infolge von Feuchtigkeitsverschiebungen in den Platten kann es dann an
den Oberflächen zu "Ausblühungen" kommen.

Zwischenzeitlich wurden alkaliärmere Phenolharzleime entwickelt und
die Alkali-Konzentrationen durch Vorschriften begrenzt. Nach DIN
68 763, Ausgabe Juli 1980, gelten für Alkali in den Deckschichten
1,7 Gew. % und für Mittelschichten 2,2 % als Höchstwerte.

Durch eine Herabsetzung der Harzkonzentration oder durch den Einsatz
von Beschleunigern kann man noch alkaliärmere Phenolharze verarbeiten.
In den USA wird Phenolharz auch pulverförmig trocken den Spänen vor
dem Pressen zugeführt.

Tabelle 4.23: Hygroskopische Eigenschaften von Holzspanplatten mit
Phenolharzbindung sowie Aminomischharz und Isocyanat
(nach Jellinek und Müller, 1976)

Bindemittel	Ausgleichsfeuchtigkeit der Spanplatten bei 20°C/90% rel. LF	Filterpapiertest nach 40 Tagen Lagerung in 70°C/100 % rLF
Phenolharz mit		
30 % Alkaligehalt	23,2 %	Braunfärbung
21 %	19 %	Braunfärbung
17 %	17,2 %	keine Verfärbung
12 %	14,7 %	keine Verfärbung
Aminomischharz	14,5 %	keine Verfärbung
Isocyanat	14,1 %	keine Verfärbung

Der Filterpapiertest soll Hinweise geben auf den Gehalt von freiem
Wasser, welches zur Auswaschung von phenolischen Substanzen und
Inhaltsstoffen des Holzes beiträgt.

Lediglich bei kurz andauernder Einwirkung von kaltem Wasser ist das
Quellverhalten der aminomischharzgebundenen Spanplatten gegenüber dem
von Spanplatten mit Bindung von alkaliarmem Phenolharz günstiger. Bei

allen länger anhaltenden und schärferen Beanspruchungen nimmt die Quellung der Aminomischharz-Spanplatten zu. Auch unter den Bedingungen des AW 100-Tests quellen Aminomischharzbindungen stärker als Phenolharzplatten.

Auch Deppe (1983) beschreibt das Verhalten von Spanplatten mit Mischharzverleimungen im unterschiedlichen Feuchtigkeitstest, wobei er hervorhebt, daß das Bestehen der V 100-Kochprüfung noch nicht ausreicht, um die bauaufsichtliche Zulassung des Bindemittels zu erhalten.

Seit nahezu 15 Jahren werden Isocyanate als Bindemittel in Spanplatten getestet. Inzwischen sind die anfänglichen Schwierigkeiten, die vor allem in dem Festkleben an den Formungsunterlagen zu sehen waren, überwunden, und dieser Verleimungstyp hat einen bedeutenden Anteil an der Gesamtproduktion der feuchtigkeitsbeständigeren Platten erreicht.

Heute führt man die Entstehung der Spänebindung auf eine chemische Verbindung zwischen dem Isocyanat und dem Holz zurück. Chemische Hauptvalenzbindungen sollen für die besonders feste Verleimung sorgen.

Das Diphenylmethan-diisocyanat ist eine organische Lösung, so daß durch die "Leimflotte" kein zusätzliches Wasser auf die bereits getrockneten Späne gesprüht wird. Auch wird kein Formaldehyd in die Platten eingebracht. Die Reaktionsbedingungen (Temperatur, Zeit) entsprechen etwa jenen von Harnstoffharzen, und es werden dennoch kochfeste Holz/Holz-Verbindungen erreicht.

Das Isocyanat weist allerdings eine große Klebneigung zu Metallen auf. Dem Verkleben entgegen wirken die Beleimung der äußeren Deckschichten mit konventionellen Leimen oder das Einarbeiten von Schmierseife als Trennmittel in den Isocyanat-Kleber.

Bei dem Plattentyp Elcoboard wird der Vorteil der starken Klebneigung des Isocyanats für die Herstellung von Spanplatten mit Furnierdeckschichten ausgenutzt. Mit Isocyanat gebundene Formlinge werden unbeleimten Furnierdeckschichten aufgelegt, die sich sehr fest mit der Mittelschicht ohne zusätzlichen Kleber verbinden.

Neben den drei oben erwähnten Klebervarianten haben sich heute noch Mischkondensate von Harnstoff und Melamin mit niedrigem Formaldehydanteil als geeignet erwiesen. Vor allem die Versuche zur Verringerung der nachträglichen Formaldehydabgabe von Möbelspanplatten haben diese Mischkondensate gefördert.

Andere Bindemittel wie Sulfitablaugen oder deren Umsetzungen, tierische
oder pflanzliche Bindemittel, haben weltweit keine nennenswerte Bedeutung erlangt. Dennoch ist auf die Versuche zu verweisen, Mimosa-Tannin-
Formaldehyd-Harze in größerem Umfang für die Herstellung von Holzspanplatten zu verwenden.

4.4.3.2 Anorganische Bindemittel

Viele Gründe machen die Versuche, Holzspanplatten mit anorganischen
mineralischen Bindemitteln herzustellen, beachtenswert. Dauerhaftigkeit
und Witterungsbeständigkeit, Resistenz gegen pflanzliche und tierische
Schädlinge sowie günstiges Verhalten im Brand ist von anorganischen
Bindemitteln bekannt. Diese positiven Eigenschaften sollten durch eine
Mischung mit Holzfasern, Holzwolle oder Holzspänen auf das Endprodukt
- die anorganische gebundene Platte - übertragen werden. Holz kann das
günstige Gewicht, die leichte Verarbeitbarkeit usw. beitragen.

4.4.3.2.1 Portlandzementbindung

Zemente sind fein gemahlene hydraulische Bindemittel, das im wesentlichen aus Verbindungen von Calciumoxid mit Siliciumdioxid, Aluminium-
oxid und Eisenoxid besteht, die durch Sintern oder Schmelzen entstan-
den sind. Portlandzement wird hergestellt durch gemeinsames Feinmahlen
von Portlandzementklinker unter Zusatz von Calciumsulfat und Zusätzen
aus der Klinkerproduktion (DIN 1 164, Teil 1). Zementhärtungsstörend
können sich verschiedene Holzinhaltstoffe auswirken.

Das Gewicht der Platten ergibt sich aus dem Mischungsverhältnis von
Holz mit Portlandzement. Heute werden Platten meist mit etwa 20 Ge-
wichtsteilen Holz hergestellt, woraus sich ein spezifisches Gewicht der
Platten von ca. 1 200 kg/m³ ergibt. Die Biegefestigkeit trägt die Spanlänge, der Schlankheitsgrad der Späne usw. bei. Die Quell- und Schwindbewegungen des Holzes sind nicht unterdrückt. Sie liegen in der Größenordnung der Spanplatten mit organischen Bindemitteln und ergeben sich
also aus der Holzart, der Spanorientierung usw.

Die Platten weisen aber auch die für Zement positiven Eigenschaften
dieses Verbundes auf. Sie gelten als wetterbeständig und pilzresistent
und zeigen höhere Feuerwiderstände als organisch gebundene Holzspanplatten. Diese Platten sind für Länder der Dritten Welt besonders geeignet. Der Energieaufwand bei der Herstellung ist niedriger als der

für die Heißpressung von organisch gebundenen Platten zu anorganisch
gebundenen Holzwerkstoffen. Die hohe Klima- und Insektenbeständigkeit
sowie die Verwendung eines lokal vorhandenen Bindemittels, das keinen
hohen Deviseneinsatz erfordert, sind weitere Vorteile.

Die Verfahrenstechnik für die Herstellung von zementgebundenen Spanplatten wurde nach 1960 in den USA entwickelt. Bei der Herstellung der
portlandzementgebundenen Platten erfolgt die Herstellung der Späne ganz
nach der Holzspanplattenfertigung. Das Mischgut aus Holzspänen, Zement
(meist Portlandzement PZ 45 F), Wasser und Zusatzstoffen wird auf
Blechunterlagen (Schalbleche) gestreut. Diese werden zu mehreren zusammengefaßt und in hydraulischen Pressen bei etwa 25 bar Druck als
Paket kalt gepreßt. Um die Rückfederung des kalt gepreßten aber noch
nicht voll erhärteten Mischgutes zu vermeiden, werden die Plattenstapel
vor Entnahme aus der Presse in Spanngerüste eingespannt. Diese halten
die Plattenstapel auf der gewünschten Dicke. Die Endhärtung des Zementes erfolgt nach Durchlauf durch einen etwa 80° erwärmten Kanal bei
anschließendem Reifelager von etwa 18 bis 20 Tagen im Plattenstapel.
Dann erst ist die Endfestigkeit des Zementes nahezu vollständig erreicht.
Abschließend müssen die Platten auf eine, den späteren Verwendungsbe-
dingungen entsprechende, Holzfeuchtigkeit konditioniert werden.

In vielen europäischen Ländern sind die Platten als nicht brennbar
eingestuft. Nach den Prüfungsvorschriften der BRD entspricht der normale Plattentyp der Baustoffklasse B 1, schwer entflammbar, in besonderer Einstellung erreichen die Platten sogar die Beurteilung nicht
brennbar und entsprechen damit der Baustoffklasse A 2 nach DIN 4102.
Welche Bauteile damit hergestellt werden können, ist unter Berücksichtigung der Feuerwiderstandsklasse der DIN 4102, Teil 2, zu entnehmen.

Das homogene Gefüge und das hohe Eigengewicht der Platten bewirken auch
gute Schalldämmwerte.

Von Vorteil für die Dauerhaftigkeit ist die geringe Dickenquellung der
portlandzementgebundenen Spanplatten. Ein Aufquellen der Kanten von
Außenbauelementen ist auch nach vielen Jahren der Bewitterung nicht
beobachtet worden. Eindringen von Wasser, Gefrieren und Frostaufplat-
zungen sind dadurch weitgehend vermieden. Von gewissem Nachteil ist
eine relativ große Quellung und Schwindung in Plattenebene bei Veränderung der Plattenfeuchtigkeit. Hier sind sowohl die feuchtigkeitsbe-
dinften Abmessungsänderungen des Zementsteines als auch die der Holzspäne miteinander gleichgerichtet wirksam. Dieses Verhalten ist eine

unveränderbare Eigenschaft des Zementsteines und eine nur wenig beein-
flußbare des Holzes. Es bleibt daher nichts anderes übrig, als die
Dimensionsänderungen durch konstruktive Maßnahmen in der Baukonstruktion zu berücksichtigen.

In Japan haben die gestalterisch einengenden Fugen die Verwendung von
Holzzementplatten nicht einschränken können. In Europa sind die ge-
schmacklichen Voraussetzungen anders, was sich abträglich auf die Ausbreitung der Zementplatten ausgewirkt haben könnte.

Zementgebundene Spanplatten werden mit unterschiedlichem Aufbau und
Span/Zementverteilung hergestellt. Die Oberfläche kann sowohl aus groben als auch aus mittelfeinen Holzspänen gebildet werden, als auch mit
feinem Spangut und zementreichen Außenschichten. Die feinen Deckschichten werden durch Späneschüttung im Windsichtverfahren erreicht.

Weltweit werden gegenwärtig zementgebundene Spanplatten auf etwa 27
Anlagen hergestellt. Die Kapazität ist insgesamt nicht höher als ca.
3 000 m³ pro Tag. In der BRD soll auf 2 Anlagen produziert werden.
In der UdSSR und in Japan stehen über die Hälfte aller Anlagen.

Als Holzarten kommen Fichte, Kiefer, Lärche und Lauan zum Einsatz.
In Malaysia wird eine Anlage mit Hevea brasiliensis versorgt.

Ein Hauptproblem für die Herstellung von zementgebundenen Holzspanplatten ist die Einengung der verfügbaren Holzarten. Zahlreiche Inhaltsstoffe können als Inhibitoren für die Zementhärtung auftreten. Bei
Buche und Fichte sind die Saccharide die wichtigsten Inhibitoren.

Durch mehrere Wochen Lagerung von Hackschnitzeln werden inhibierende
Stoffe abgebaut. Dies ist für Lärchenspäne nicht angebracht. Bei
Buchenholzspänen hat sich auch die wässrige Extraktion bewährt. Ge-
bräuchlich ist auch die Umhüllung der Späne mit Sperrschichten. Höhere
Festigkeiten wurden auch bei vorgetrockneten Spänen erreicht. Je kürzer die Trocknungszeiten des Zementes sind, desto weniger können sich
Inhaltsstoffe auswirken. Die Kombination von schnell erhärtendem Zement und Preßtemperaturen von 80 bis 90°C führt zu kurzen Preßzeiten
und guten Festigkeitswerten.

Mit einer Zugabe von SiO_2 Feinstaub konnten Simatupang et al. (1987)
die Festigkeitswerte wesentlich verbessern. Die Versuche geben auch
zu der Hoffnung Anlaß, daß die Zugabe von SiO_2 Feinstaub fast alle holz-
artigen Rohstoffe zu brauchbaren zementgebundenen Spanplatten verarbeit-

bar machen können. Die Dosierung wird von den chemischen Eigenschaften
des Holzes bestimmt.

4.4.3.2.2 Magnesiazementbindung

Einen höheren Anteil von Holzspänen, von bis zu 40 %, erlauben die
magnesiazementgebundenen Spanplatten.

Bei der Herstellung wird das Verfahren für kunstharzgebundene Spanplatten weitgehend übernommen, da Magnesiazement unter Wärmeeinwirkung beschleunigt härtet. Magnesiagebundene Spanplatten erfüllen zwar die
Anforderungen des für V 100-Platten vorgeschriebenen Kochtests, sie
sind aber nicht witterungsbeständig, was aus der Natur des Magnesia-
zementes erklärbar wird. Sie weisen aber gute feuerhemmende Eigenschaften aus und werden im Boots- und Schiffsbau sowie im Hochhausbau gefragt.

Die Quellung und Schwindung verhält sich ebenso wie die der portlandzementgebundenen Spanplatten.

Da die Magnesiabindung weniger empfindlich ist gegen chemische Härtungs-
störungen durch ungelöste Holzinhaltsstoffe, können sowohl Laub- als
auch Nadelhölzer verwendet werden. Auch ist eine Mineralisierung der
Späne, wie bei Portlandzement, im allgemeinen nicht notwendig. Über
die Eignung verschiedener Magnesiasorten als Bindemittel hat Simatupang (1988) unlängst Ergebnisse veröffentlicht. Die besten Biege- und
Druckfestigkeiten wurden demnach mit feingemahlenen gebrannten krypto-
kristallinen Magnesiten erhalten.

4.4.3.2.3 Gipsgebundene Holzwerkstoffe

Die Suche nach einer Verwertungsmöglichkeit des bei der Rauchgasent-
schwefelung anfallenden Gipses hat die Herstellung von gipsgebundenen
Holzwerkstoffen nicht unerheblich angeregt. Die für die Bindung von
Holzpartikeln verwendeten Gipse sind nichthydraulische Bindemittel.
Unter Zugabe von Wasser erhärten die Branntgipse schnell. Allerdings
müssen die Bauteile vor tropfendem Wasser konstruktiv geschützt werden. Gipsgebundene Holzwerkstoffe sind deshalb bevorzugte Platten für
den Innenausbau.

Gips mit Deckschichten aus Karton, sog. Gipskartonplatten, haben eine
starke Marktposition erreicht. Sie haben für Wand- und Deckenkonstruktionen vorteilhafte niedrige feuchtigkeitsbedingte Abmessungsänderungen
(s. Tabelle 4.24).

Auch Gipsfaserplatten werden industriell hergestellt. Für diese Platten
kommen besonders Altpapierfasern, die homogen mit gebranntem Naturgips
vermischt werden, zur Verwendung. Gipsfaserplatten können als holz-
faserverstärkte Gipsplatten aufgefaßt werden.

Den Gipskarton- und -faserplatten ist gemeinsam, daß zu ihrer Herstellung der Gips mit hohem Wassergipswert verarbeitet wird. Der Wassergipswert ist definiert als der Quotient aus den Gewichtsanteilen Anmachwasser und Gipsbinder. Er liegt bei diesen Platten um $w = 0,8$. Für die
Erhärtung des Gipses ist aber nur ein Wassergipswert von unter $w =
0,2$ erforderlich. Das überschüssige Anmachwasser muß bei diesem Naß-
verfahren durch Vakuum- oder Überdruckentwässerung ausgetrieben werden.
Zusätzlich ist eine nachgeschaltete technische Trocknung unvermeidbar.

Ein neues Verfahren zur Herstellung von gipsgebundenen Holzspanplatten
arbeitet im Halbrockenverfahren und hat deshalb erhebliche Kostenvor-
teile wegen geringerer Trocknungskosten. Dazu wird das pulverige Gips-
bindemittel mit feuchten Spänen in Verbindung gebracht, die als Depots
für das Anmachwasser wirken. Das rieselfähige Gemenge aus feuchtem
Spangut, Gips und Zusätzen wird zu einem Vlies gestreut. In einer
Durchlaufpresse erhärtet der Gips bei Raumtemperatur innerhalb weniger
Minuten in der auf die gewünschte Dicke gehaltenen Presse. Trocknen,
Besäumen und Schleifen sind die abschließenden Produktionsschritte
(Kossatz u. Lempfer, 1982, Wilke, 1988).

In den letzten Jahren wurde vor allem in Skandinavien in den Aufbau von
Gipsspanplattenwerken investiert. Der Prozeß der Umwandlung des Roh-
gipses (Dihydrat) in Halbhydrat erfolgt durch Trocknung und Mahlung,
Kalizinierung, Stabilisierung und Kühlung. Rindenfreie Kiefernhack-
schnitzel werden mit Messerring-Zerspanern in Schneidspäne zerlegt. In
einem Rohrtrockner werden die Späne auf 60 ... 70 % Holzfeuchtigkeit
getrocknet. Die Mischung von Halbhydratgips und Spänen erfolgt in langsam laufenden Rundmischern. Gewichtsmäßig werden die Komponenten Späne,
Gips, Wasser, Verzögerer dosiert. Der Wasser/Gipswert liegt bei 0.3
bis 0.4, das Verhältnis Holzspäne (atro) zu Gips beträgt 0.2 bis 0.25.
Das Gemisch wird dreischichtig (Deckschichten - Windstreuung, Mittelschichten - Wurfstreuung) auf Edelstahlbleche gestreut. In einer Rah-

menpresse werden die bestreuten Stahlbleche paketweise verdichtet und
2 h gestapelt. Dann werden die inzwischen selbsttragenden Tafeln ent-
formt und in Mehretagentrocknern auf eine anwendungsgerechte Feuchtigkeit zurückgeführt. Abschließend erfolgt ein Kalibrierungsschliff.

Tabelle 4.24: Orientierungswerte für die Zusammensetzung und
              Eigenschaften anorganisch gebundener Bauplatten

Plattentyp	Holzeinsatz kg/m³	Bindemittel- einsatz kg/m³	Anmachwasser l/m³
Holzwolleleichtbau- platten	95 ... 160	250	240 ... 280
Kunstharzgebundene Spanplatte	550 ... 700	35 ... 80	-
Magnesiagebundene Holzspanplatte	250 ... 500	ca. 500	ca. 300
Zementgebundene Holzspanplatte	250 ... 300	um 800	ca. 350

Gipsspanplatte
Verhältnis Holzspan zu Gips - 0.2
Wasser/Gipswert 0.3 bis 0.4   Dichte 1150   Biegefestigkeit 8.5

4.4.4 Beleimung von Holzspänen

Die Beleimungssysteme für die verschiedenartigen Späne (Wafers, Flakes,
Grobspäne, Feinspäne) haben die Aufgabe, die Späne gleichmäßig mit den
Bindemitteln zu benetzen, um bei geringstem Bindemittelaufwand die
höchste Bindefestigkeit zu ermöglichen. Zusätzliches Kriterium ist
auch eine möglichst kontinuierlich gleichmäßige Festigkeit zu erreichen. Steigende Bindemittelkosten haben die Dringlichkeit eines möglichst geringen Bindemitteleinsatzes immer wieder in den Mittelpunkt
der Anstrengungen gerückt. Zusätzliche apparative Aufwendungen machen
sich bei dadurch möglichen Materialeinsparungen schnell bezahlt.

Die großvolumigen Trogmischer mit Zweistoffdüsen sind schnell durch
schnell laufende kleinvolumige Mischer ersetzt worden. Bei schnell-
laufenden Mischern ist die Materialerwärmung durch Wasserkühlung der
Mischerwandungen und Mischerwerkzeuge vermindert worden. Reinigungs-
probleme, die bei den Trogmischern noch lange Stillstandszeiten notwendig machten, sind heute drastisch reduziert.

Die Leimzugabe erfolgt heute in Röhrenmischern von innen über eine
Hohlwelle in Schleuderröhrchen oder von außen durch Röhrchen, die in
die Mischer hineinragen. Zusätze zur Verbesserung spezieller Spanplat-

teneigenschaften (Hydrophobierungsmittel oder Pilz-, Termiten- sowie
Brandschutzmittel) können in die Leimflotte selbst oder durch getrennte Schleuderröhrchen eingebracht werden.

Der Leim wird nach dem Austritt aus den Röhrchen durch die vorbeitrans-
portierten Späne verteilt und von einem Span zum anderen übertragen
(Wischeffekt).

Anstelle der Leimeinbringung infolge der Fliehkraft können auch Sprühdüsen im Schachtbereich oder in der Beleimungstrommel selbst verwendet
werden.

Die Vermischung von Spänen und Leim wird durch die Form und Anzahl zu-
sätzlicher Förderelemente in den Mischerröhren stark beeinflußt. Die
starke Reibung der Späne an den Mischerwänden und an den Verteilelemen-
ten würde wegen der Erwärmung zu einer vorzeitigen Erhärtung der Bindemittel und einem Absetzen der Bindemittel an den Förderelementen beitragen. Deshalb sind die Mischer heute wassergekühlt. Die metallischen
Teile, welche besonders einer abrasiven Wirkung der schnell bewegten
Späne und deren mineralischen Verunreinigungen unterliegen, können mittels Hartmetallauflagen widerstandsfähiger gemacht werden.

Für Fasermaterial müssen die Mischwerkzeuge besonders ausgebildet werden. Bei den MDF-Platten wird das speziell eingestellte Bindemittel in
die getrockneten Fasern in Rohrbeleimern eingeblasen. Bei der Beleimung
großer Späne (Wafers, strands) ist einer möglichen Zerkleinerung der
Späne besondere Beachtung zu widmen. Für derartiges Spanmaterial sind
großvolumige, langsam rotierende Mischer im Einsatz.

Die Leimflotten bestehen bei Harnstoffharzbindemitteln aus Leim, Wasser,
Härter. Paraffinemulsion und Holzschutzmittel werden teilweise auch
bereits der Leimflotte zugegeben (s. Tab. 4.22).

Bei der kontinuierlichen Herstellung der Leimflotte werden die Komponenten durch Ovalradzähler, Ringkolbenzähler oder induktive Durchfluß-
mengenmesser mit Dosierpumpen in Mischgefäßen vorbereitet.

Die taktweise Aufbereitung einzelner Leimchargen erfolgt in großen
Mischgefäßen mit Rührwerken. Die Dosierung der Komponenten kann volu-
metrisch oder gravimetrisch erfolgen.

Die Leimdosierung in den Mischer muß entsprechend dem wechselnden Späne-
flußguß erfolgen. Deshalb wird meist über Bandwaagen die unmittelbar in

den Mischer eingeführte Spanmenge ermittelt und die Leimdosierpumpe
entsprechend geregelt.

4.4.5 Formung der Spanplatten

Die Formgebung der Spanplatten geschieht in drei bis fünf Schritten.
Zuerst muß das Spanvlies gestreut werden. Bei den heute meist drei-
bis fünfschichtigen Platten werden zuerst die Späne auf einen Spanträ-
ger gestreut, dann in Pressen, zwischenzeitlich häufig in einer kalten Vorpresse und anschließenden Heißpresse, verdichtet. Als dritter
Schritt schließt sich das Kalibrieren der Dicke mittels einer Schleif-
maschine an. Als vierter Schritt werden die Spanplatten einer Endbearbeitung unterworfen, sei es durch Zuschneiden auf Fixmaße oder
zuerst einer Oberflächenbehandlung und abschließendem Auftrennen in
Fixmaße.

Die Bildung des Spanvlieses erfolgt in Streuanlagen. Dazu werden die
beleimten Späne in Dosierbunker, heute fast ausschließlich Horizontal-
bunker, geführt. Aus diesen Bunkern soll eine kontinuierliche Be-
schickung der Streuköpfe erfolgen. Außerdem sollen dadurch Masseände-
rungen des Spänestromes in Abhängigkeit von der Zeit ausgeglichen werden. Um eine gute Verteilung der Späne zu erreichen, kann die Eintrag-
vorrichtung über die gesamte Bunkerbreite schwenkbar eingerichtet werden. Als Austragvorrichtungen aus dem Dosierbunker zu den Streuköpfen
werden Bänder oder Rechen eines Kratzerbandes verwendet. Bei größeren
Spänen (flakes, wafers) können die Späne auch über eine Taktdosier-
waage diskontinuierlich gefördert werden. Der Bunker muß dann ausreichend Fassungsvermögen besitzen, um dennoch die Streuköpfe kontinuierlich mit Spänen zu versorgen. Auch werden die Späne entgegen der Aus-
tragvorrichtung zurückgekämmt, wodurch die Höhe des letzten Rückstreif-
rechens die Austragsmenge bestimmt.

Das Streuen der Späne auf das Transportband, früher auch Formkästen,
kann durch Wind- oder Wurfstreuung erfolgen. Bei großen Spanplatten-
anlagen wird häufig die Deckschicht mittels Windstreuung und die Mittelschicht mittels Wurfstreuung erzeugt. Bei Einetagenanlagen sind die
Windstreukästen meist verfahrbar.

Beim Windstreusystem der Firma Bison gelangen die Späne in Streukästen
auf eine Stachelwalze; werden dort vereinzelt. Darauf fallen die Späne
durch ein Paar Pendelklappen möglichst gleichmäßig zwischen zwei Luft-

register. Die aus den Registern gegen einen Vorhang aus herunterfallen-
den Spänen blasende Luft verteilt die Späne so, daß die feinsten Späne
die äußere Schicht bilden (s. Abb. 4.22). Darauf fallen dann die gröberen Späne, bis die von einer entgegengesetzt arbeitenden zweiten
Streustation fallenden gröberen Späne sich damit vermischen und die
obere Deckschicht wieder aus feinsten Spänen gebildet wird.

Die Wurfstreuung arbeitet mit rotierenden Stachelwalzen, auf welche das
Spangut auftrifft. Diese Stachelwalzen sollen das Spangemisch auflösen
und damit den einzelnen Span wurffähig machen. Die Vereinzelungswirkung
steht in Zusammenhang mit der Häufigkeit des Auftreffens der Späne auf
die Stachelwalzen, kann also über deren Geometrie und Drehzahl geregelt
werden.

Die Wurfbahn eines Spanes wird zudem von der Masse des Partikels, von
der Form und vom Verhältnis der Masse zur Oberfläche bzw. zum Querschnitt beeinflußt (s. Abb. 4.22, b). Je nach Anordnung und Zahl der
Auflösewalzen kann die Wurfstreuung ohne Separiereffekt und mit
separierender Wirkung gebaut werden.

Häufig wird für die Mittelschichten keine separierende Wirkung gewünscht. Die Mittelschichten von FPO-Platten sollen eine geschlossene
Schmalfläche aufweisen. Deshalb ist ein Mittelschichtspangut so zu
streuen, daß die Feinstspäne in den Hohlräumen zwischen den größeren
Spänen zu liegen kommen. Auf einfache Weise kann das sichergestellt werden, indem das Spangemisch auf zwei ineinander kämmende Stachelwalzen,
die sich gegeneinander drehen, aufgebracht wird. Bei Anlagen mit großen
Kapazitäten können auch 2 Mittelschichtstreumaschinen aufgestellt werden.

Wurfstreuung mit separierender Wirkung wird mit Streuanlagen erzielt,
die ein System von hintereinander liegenden Streuwalzen haben. Wenn
die Streuwalzen mit unterschiedlichen Drehzahlen arbeiten, kann der
Grad der Separierung variiert werden.

Für Spanplatten mit großflächigen Spänen (wafers oder strands) werden
spezielle Streumaschinen eingesetzt, die der besonderen Verflechtung
der Späne und der Gefahr der Spanzerkleinerung Rechnung tragen. Als
"wafers" werden nahezu quadratische Späne mit Längen von 40 bis 70 mm
bezeichnet. "Strands" sind etwa ebenso lange Späne, die aber lang
und schmal sind. Meist werden letztere orientiert gestreut.

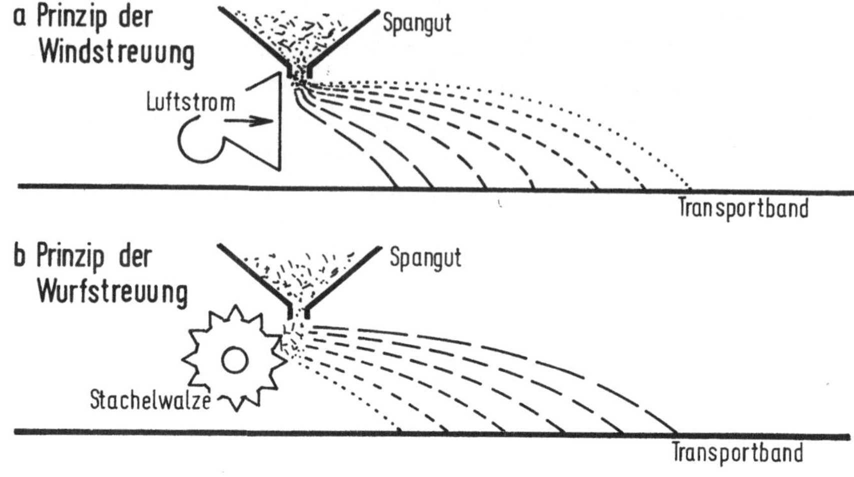

Abb. 4.22: Spanseparierung nach dem Prinzip der Windstreuung und der
Wurfstreuung

In Wafer-Streumaschinen werden die Späne dem Füllraum mit einem Kratzer-
band gleichmäßig über die Breite verteilt zugeführt. Mittels einer
Egalisierwalze wird das Spanvlies gleichmäßig über eine Waage dosiert.
Nach Erreichen des Sollgewichtes wird die Waage entleert und das Füll-
gut durch die Verteilerwalze dem Abwurftischband kontinuierlich zugeführt. Die höhenverstellbar nachfolgende Egalisierwalze hält das Volumen des Spangutes durch Vergleichmäßigung konstant. Die Geschwindigkeit
des Abwurftischbandes ist stufenlos regulierbar, damit die in der vorgegebenen Zeit von der Waage abgeschüttete Spanmenge unabhängig vom
Schüttgewicht kontinuierlich ausgetragen werden kann. Verteilerwalzen,
Egalisierwalzen und Abwurfwalzen werden je nach Spangut in unterschiedlicher Ausführung gebaut (Würtex, 1978).

4.4.6 Pressen der Spanplatten

4.4.6.1 System der Spanplattenpressen

Die für die Spanplatten auf das Formband gestreuten Späne können sehr
hohe Vliese bilden. Die Höhe ist von der Korngrößenverteilung, vom
Schüttgewicht, der angestrebten Endplattenstärke bestimmt. Das Vlies
kann etwa die 3- bis 5fache Dicke der Endplattenstärke erreichen.

Für den Transport in die Etagenpresse benötigt das Vlies eine Eigen-
festigkeit, die von der Kaltklebefestigkeit des Bindemittels, vor allem
aber auch von der kalten Vorverdichtung des Vlieses beeinflußt werden
kann. Eine Vorverdichtung ermöglicht auch schnelleres Schließen der
Preßplatten (wegen kürzerer Schließwege), was sich wiederum günstig
auf kürzere offene drucklose Liegezeit in der Presse auswirkt. Auch
die Ausbläsergefahr vermindert sich.

Als kontinuierlich arbeitende Vorpressen werden Walzen-, Band- und
Plattenbandvorpressen eingesetzt. Auch taktweise arbeitende Vorpressen, die dann allerdings mit dem Spanvlies mitfahren müssen, sind gebaut worden.

Platten-Formlinge können nach dem Vorverdichten von einer Förderstation
auf die nächste übergeben oder von Transport-Tabletts abgeschoben werden, ohne daß der Spanverbund darunter leidet.

Einetagenanlagen bedürfen sehr kurzer Preßzeiten, um große Tageskapa-
zitäten zu erreichen. Die Erwärmung der Spanvliese vor den eigentlichen Heizpressen kann dazu einen Beitrag leisten. Deshalb werden vor
allem an Einetagenanlagen auch beheizte Vorpressen eingesetzt, die
durch Kontaktwärme bereits die Deckschichten erwärmen.

Die Heißpresse ist das eigentliche Kernstück einer Spanplattenanlage.
In ihr werden die Eigenschaften der Spanplatten ganz wesentlich mitbestimmt. An den Verweilzeiten in den Pressen orientieren sich die Kapazitäten der vor- und nachgeschalteten Anlagenteile.

Auf einige technologische Zusammenhänge, die für die Preßtechnologie
grundlegend sind, wird später hingewiesen. Es kommen kontinuierliche
und taktweise arbeitende Pressen zum Einsatz (s. Tabelle 4.25).

In den Jahren der größten Spanplattenproduktionszuwächse (bis etwa
1979) wurden vor allem taktweise arbeitende Spanplattenpressen gebaut.
Die Entwicklung kontinuierlicher Spanplattenpressen geht bis in die
50er Jahre zurück. Ihren Aufschwung haben die kontinuierlichen Pressen
aber erst in den 80er Jahren genommen.

Bei den taktweise arbeitenden Pressen lassen sich Einetagenanlagen von
Mehretagenanlagen unterscheiden. Einetagenanlagen mit Windstreuung
(System Bison) haben als Taktanlagen die größte Verbreitung gefunden.

Die Kapazität dieser Anlagen ist begrenzt durch die Heizzeiten, die
Schließ-, Druckaufbau-, Druckabbau- und Öffnungszeiten der Pressen

sowie der Heizplattenlänge und der Beschick- bzw. Wechselzeiten. Deppe
und Ernst (1982) geben die maximale Tageskapazität noch mit etwa
350 m³ an. Inzwischen sind die Heizplatten ganz ¡erheblich verlängert
worden. In Kanada wurde 1987 eine 35 m lange Einetagenpresse einge-
weiht und in England ist sogar eine 52 m lange Presse eingefahren
worden (Hanek, 1988), die z.Zt. die längste Anlage der Welt sein soll.
Die technischen Daten dieser Presse sind in Tabelle 4.26 zusammengestellt. Die Breite der Heizplatten wird bestimmt von den Entdampfungsbedingungen des Spankuchens, vor allem der Mittelschichten, den Stärke-
toleranzen infolge Durchbiegung der Heizplatten unter Druck sowie aus
Überlegungen der Aufteilung der Spanplatten. Das Optimum liegt seit
Jahren bei Spanplatten von etwa 2100 mm Breite.

Tabelle 4.25: Systeme der Spanplatten-Heißpressen

<u>Takt</u>pressen   Einetagenpressen

                            Mehretagenanlagen mit
                            Simultanschließvorrichtung

<u>Endlospressen</u>
(Einetagenpressen)   Kalanderpresse

                            Contipress

                            Hydrodyn

                            Contiroll

Mehretagenanlagen für Spanplatten arbeiten mit bis etwa 20 übereinander-
liegenden Preßetagen. Die Abmessungen der Heizplatten sind breiter (bis
ca. 2500 mm) und kürzer (bis 10 000 mm) als die von Einetagenanlagen
(Deppe u. Ernst, 1982).

Um die Platten alle mit gleichem Druck und Stärken produzieren zu können, werden die Heizplatten simultan zusammen und auseinander gefahren.
Um den Verzug der Heizplatten wegen unterschiedlicher Erwärmung zu
verringern, wird mit eigenen Kreisläufen gegengeheizt.

Bei allen Pressensystemen entscheidend ist neben gleichen Drücken und
Schließbedingungen auch eine möglichst gleichmäßige Erwärmung der Heiz-
platten. Die Temperaturverteilung in den Heizplatten sollte nicht mehr
als $\pm$ 3° C schwanken. Deshalb wird das Heizmedium durch möglichst
große Strömungskanäle mit hoher Geschwindigkeit geleitet. Es ist ein
Optimum zu suchen zwischen möglichst großen Kanaldurchmessern für das
Heizmedium und möglichst hoher Steifigkeit (geringe Durchbiegung beim
Komprimieren des Spangutes) der Heizplatten.

Tabelle 4.26: Technische Daten der größten Einetagenpresse
              (n. Hanek, 1988)

Heizplattenformat	2210 x 52 000 mm
Rahmengestelle	52
Kolben	104
Gesamtgewicht	1700 t
Gesamte Preßkraft	ca. 400 000 kN
Thermoölbeheizung	220° C
spezifischer Preßdruck	ca. 35 dna/cm²

Voraussetzung für möglichst geringen Materialeinsatz ist auch die Einhaltung möglichst geringer Stärkentoleranzen in den Spanplatten. Erste
Voraussetzung dazu ist eine in Länge (Zeit) und Breite des Spanvlieses
gleichmäßige Spanzusammensetzung, Spangrößenzusammensetzung und Spanfeuchtigkeit und Schüttgenauigkeit.

Einen wesentlichen Beitrag dazu liefern aber auch Heizplatten mit geringsten Stärkenschwankungen. Weiterhin ist eine gleichmäßige und
gleichzeitige Verdichtung auf der ganzen Preßfläche anzustreben. Dem
Aufbau des Preßdrucks auf der gesamten Preßfläche und der Durchbiegung
der Heizplatten beim Verdichten des Spankuchens ist äußerste Aufmerksamkeit zu schenken. In den Anfängen wurde die Stärkenkontrolle über

spezielle am Rande der Heizplatten eingelegte Distanzleisten durchgeführt. In den modernen Systemen wird distanzleistenlos gepreßt, aber
die Heizplattenabstände über elektronische Wegaufnehmer kontrolliert.
In Kombination mit ausgefeilter Hydraulikventilschaltung, Kontrolle
und Steuerung werden heute die Druckzylinder gruppen-, paarweise oder
einzeln gesteuert. Es versteht sich von selbst, daß mit zunehmender
Heizplattenlänge die Anzahl der Wegaufnehmer ansteigt und der Steuerungsaufwand zunimmt. Vor allem bei den langen Einetagenanlagen und
den kontinuierlichen Pressen sind eine Vielzahl von Preßkolben zu
steuern. Mehretagenanlagen kommen mit Vier-, Sechs- oder Achtpunkt-
druckwegsteuerungen aus.

Zur Erhöhung der Wirtschaftlichkeit der Fertigung wurde immer wieder
versucht, die Preßzeiten zu verkürzen. Einen wesentlichen Anstoß dazu
gibt die Erhöhung der Heizplattentemperatur.

Die Preßplatten werden mit Heißwasserdampf (bis max. ca. 220°C) oder
mit Thermoöl (bis über 230° C) beheizt. Bei besonders dicken Platten
kann zusätzlich noch mit Hochfrequenzerwärmung gearbeitet werden. Aus
Kostengründen hat sich letztere aber in Mitteleuropa nicht durchsetzen
können.

Natürlich müssen die Reaktionszeiten der Bindemittel dazu entsprechend
verkürzt werden. Dazu ist es aber auch erforderlich, die Aushärtung
der Bindemittel während des Beschickens bis zum Zeitpunkt, in dem der
volle Preßdruck erreicht ist, zu beobachten. Je kürzer die drucklose
Liegezeit, umso dünner ist die äußere Zone, in der die Leimtröpfchen
bereits ausgehärtet sind, ohne daß sie wesentliche Bindekräfte entwickeln konnten. Diese äußere Zone muß anschließend abgeschliffen werden. In der äußeren Zone ist bei den mit Spanseparierung gestreuten
Platten die Zone mit den feinsten Spänen. Diese sind häufig mit dem
höchsten Bindemittelanteil versehen. Der Schleifstaub besteht also aus
den teuersten Spänen und kann nur zum Teil wieder verwendet werden.
Meist wird der Schleifstaub aber verbrannt. Es ist also schon aus
dieser Überlegung eine möglichst geringe Schleifzugabe anzustreben.

In jüngster Zeit wurde ein neuartiges Verfahren für den Wärmetransport
zur Aushärtung der Bindemittel entwickelt - das Dampfpreßverfahren.

Dazu wird Heißdampf von den Preßplatten aus in den Faser- oder Spankuchen injiziert (Krüzner, 1985).

Die Heizplatten von Einetagenpressen werden mit einem üblichen Kanal-
system ausgerüstet und vorzugsweise mit Dampf beheizt. Die Heizplatten
erhalten nun ein zweites Bohrungssystem mit eng beieinanderliegenden
vertikalen Ausgangsbohrungen zu den Arbeitsflächen hin. Durch dieses
System wird der Dampf in den Spankuchen injiziert. Die Dampfverteilung
wird durch Metallsiebe verbessert, die zwischen Kuchen und Heizplatte
liegen. Das untere Metallsieb dient als Transportunterlage. Durch die
Kondensationswärme ergibt sich eine schnelle Kuchendurchwärmung, die
sehr schnell auch die Plattenmitte erreicht. Das Temperaturniveau entspricht auch dort dem Dampfdruck.

Gegen Ende des Preßzyklus wird die Dampfzufuhr unterbrochen und das
Dampfauslaßventil geöffnet. Die Platte wird durch Anschluß an ein
Vakuum entdampft und verläßt mit etwa derselben Feuchtigkeit die Presse,
mit der der Kuchen eingefahren wurde.

Dieses Pressenbeheizungssystem ermöglicht sehr kurze Heizzeiten, wodurch auch mit kleineren Pressenformaten große Kapazitäten erreicht
werden könnten. Es sollen im halbtechnischen Maßstab Heizzeitfaktoren
für MDF-Platten von etwa 2 sec/mm erreicht werden.

4.4.6.2 Kontinuierliche Preßverfahren

Immer wieder wurde bei der Herstellung von Spanplatten und anderen Holzwerkstoffen über die kontinuierliche Herstellung nachgedacht. Probleme
haben aber lange Zeit die Übertragung der Temperatur auf die Form-
lingsmatte, die gleichmäßige Verdichtung, die zunehmende Spannung auf
den Formlingsträger gemacht, um nur einige Probleme zu nennen. Die
erste kontinuierliche Presse wurde im sog. Bartrev-Verfahren in England konzipiert.

Kontinuierliche Spanplattenpressen ermöglichen schnellere Stärkenwech-
sel als Mehretagenanlagen. Sie ermöglichen auch, mit weniger Schleifzugabe zu pressen. Die Vorstellung, mit Hochgenauigkeitspressen aber
das nachträgliche Schleifen zum Kalibrieren ganz überflüssig zu machen,
ist zumindest für Spanplatten, die einer Oberflächenveredelung zugeführt werden sollen, wohl eine Illusion. Für Bauspanplatten, die nicht
furniert oder beschichtet werden, ist dies eher möglich.

4.4.6.2.1 Das Mende-Kalander-Verfahren

Das älteste von den kontinuierlichen Verfahren, das seit Jahren in der
Praxis bewährt ist, wird als Mende-Verfahren bezeichnet. Der Kern dieses
Verfahrens besteht in einem beheizten Kalander, um den auf einem Stahlband das Spanvlies gelenkt wird und dabei aushärtet. Durch Andruck-
rollen wird das Spanvlies auf Stärke gehalten. Mit den zunehmenden
Durchmessern der Kalander, die heute bei ca. 5 m liegen, nachdem
jahrelang nur 3 m realisierbar waren, können auch dickere Spanplatten
erzeugt werden. Bei 3 m Kalanderdurchmesser sind Plattendicken von
2 bis 4 mm möglich. Die größeren Kalander sollen Plattendicken bis
10 mm, sogar 12 mm, ermöglichen.

Mit zunehmender Erhöhung des Spaltdruckes der Walzen gegen die Heiztrommel können Spanplatten mit höherer Rohdichte hergestellt werden
(Abbildung 4.23).

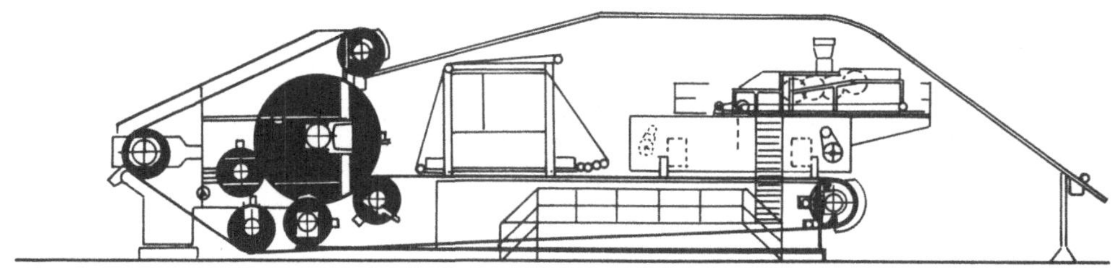

Abb. 4.23: Kalanderpresse für dünne Spanplatten System Mende

4.4.6.2.2 Das Contipress-Verfahren

Die Konzeption der Contipresse ist durch zwei Schwerpunkte gekennzeichnet. Bei dem Contipressverfahren erlaubt eine Rollenkette die Abstüt-
zung bewegter, endloser Stahlbänder gegen feststehende Stützflächen
mit hohem Druck. Zusätzlich werden zwei endlose Stahlbänder von je
zwei Umlenktrommeln vor und nach der Presse angetrieben. Diese Bänder
durchlaufen eine feststehende Preßstrecke aus einer Vielzahl einzelner Rahmen. Eine durchgehende obere Heizplatte ist fest mit den Ober-
holmen verbunden. Die durchgehende untere Heizplatte ruht auf mehr
als hundert Hydraulikzylindern, die sich gegen die Unterholme abstüt-
zen. Beide Heizplatten sind umschlungen von endlosen Rollenketten,
die eng aneinanderliegen. Über diese Rollenketten laufen die Stahlbänder wie in einem Nadellager. Die Abbildung 4.24 zeigt das Zusammenspiel von Spankuchen, Stahlbändern, Rollenketten und Heizplatten sowie die Umlenkung der Ketten am Pressenende.

Die Erwärmung des Spankuchens erfolgt über die Heizplatten, die quer
zur Laufrichtung gebohrt sind und durch die die Heizmedien - Heißwasser, Dampf oder Wärmeträgeröl - hindurchgeführt werden. Mehrere
Bohrungen, die einen Abstand von 6 mm haben, sind nebeneinander zu
einem Heizkreis zusammengefaßt. Jeder Heizkreis hat seine eigene Tem-
peraturregelung, sodaß ein auf die Verleimungsbedingungen angepaßtes
Temperaturprofil über den Verlauf der Preßstrecke erzeugt werden kann.

Infolge des genau zu steuernden Temperaturprofils kann eine Vorkonden-
sation des Harzes vermieden werden, sodaß auch die äußersten Deckschichten ausreichende Festigkeiten besitzen und die Spanplatte nicht
immer geschliffen werden muß. Der Hersteller gibt eine Dickengenauig-
keit der Spanplatten von ± 0,15 mm an.

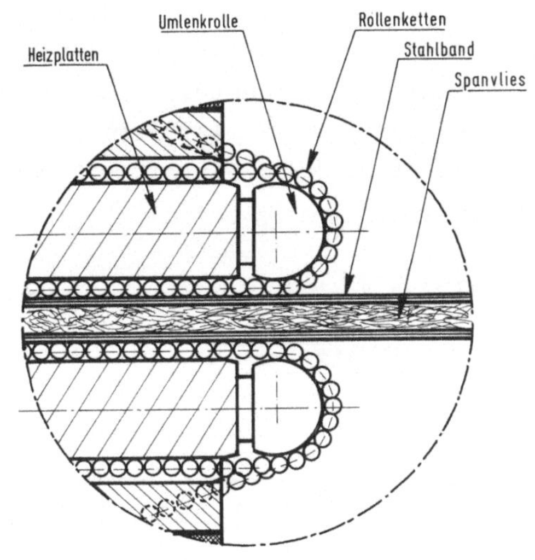

Abb. 4.24: System der Contipresse

4.4.6.2.3 Das Hydro-Dyn-Verfahren

Die Hydro-Dyn-Presse ist im Prinzip eine Einetagenpresse, die oben und
unten synchron umlaufende Stahlbänder besitzt anstelle der Trägerele-
mente bei den taktweise arbeitenden Einetagenpressen. Um ein Gleiten
der Stahlbänder über den Heizplatten zu ermöglichen, wird durch die
Heizplatten heißes Schmieröl gedrückt und durch ein eigenes Vertei-
lungssystem gleichmäßig über die Fläche zwischen den Heizplatten und
den Stahlbändern verteilt (Abb. 4.25).

Dieses Öl dient gleichzeitig als Träger der Energie zur Erwärmung des
Spanvlieses auf die zur Aushärtung der Bindemittel erforderliche Temperatur.

Die Heizplatten werden heute nicht mehr separat beheizt. Heute wird die
Wärme nur noch durch das Schmieröl übertragen. Die Schmierölrückführung
erfolgt bei den neueren Typen über die Seiten und Stirnkanten sowie
durch Bohrungen innerhalb der Heizplatten. Die Pressen werden inzwischen nicht mehr in Säulen-, sondern auch als Rahmenkonstruktionen
gebaut.

Mit Blick auf den Gleitölkreislauf wird von vier verschiedenen Druck-
zonen gesprochen. Die Einlaufzone, Hochdruck- und Mitteldruck- sowie
Niederdruckzone sollen die Spanplatten auf eine Stärkentoleranz von
± 0,15 mm bringen.

Mit diesem Verfahren werden traditionelle Holzspanplatten, aber auch
Gips-Spanplatten nach dem Trockenverfahren, MDF-Platten und Schichtpreßstoffplatten (HPL-Platten) hergestellt. Die Presse selbst arbeitet
mit Vorschubgeschwindigkeiten von 2 bis 12 m/min. Die Ablängung des
kontinuierlichen Produktbandes kann hinter der Säge mit einem mitlau-
fenden Sägekopf erfolgen.

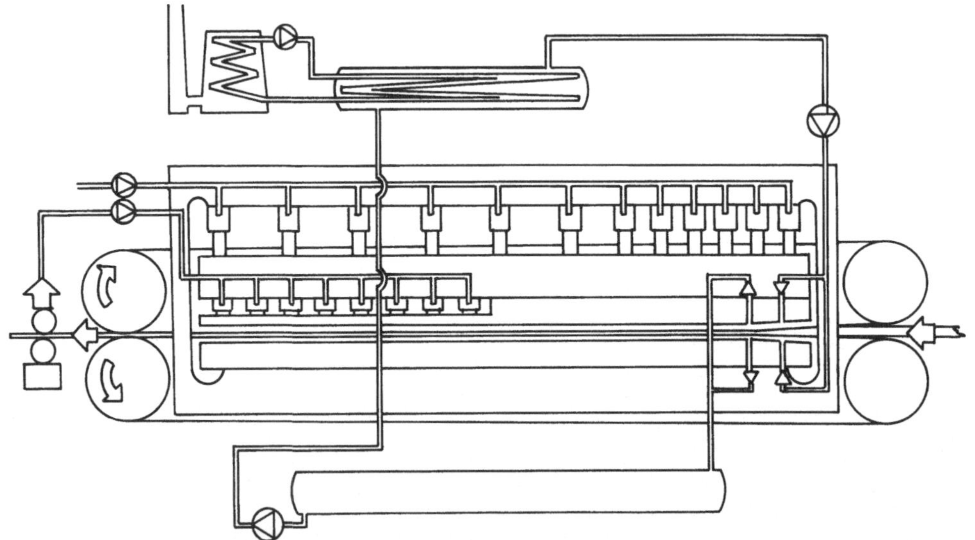

Abb. 4.25: Schematische Darstellung der kontinuierlich arbeitenden
           Hydro-Dyn-Presse

4.4.6.2.4 Das Conti-Roll-Verfahren

In den Conti-Roll-Pressen werden die Spankuchen zwischen gleich langen
oberen und unteren 2 mm dicken Stahlbändern kontinuierlich verdichtet.
Diese Stahlbänder werden um Rollen mit ca 2 m Durchmesser an der Ein-
laufseite umgelenkt. Diese Rollen sind der markante Blickfang dieser
Pressen (Krüzner, 1985). Ober- und Unterteil der Presse sind gleich.
Der Winkel der Verdichtungszone kann in weitem Bereich stufenlos eingestellt werden, womit die Verdichtungskurve dem jeweiligen Produkt
angepaßt werden kann.

Die Pressenteile, die Preßkräfte aufnehmen, sind von Taktpressen bekannt. Kolbenzylindereinheiten, Pressenrahmen, Pressentisch und -holme
sowie Heizplatten sind nur in der Einlaufzone verändert. Die Pressenrahmen sind im Hochdruckbereich, dem Einlaufbereich, in kürzeren Abständen angeordnet als im hinteren Bereich, wo mit fortschreitender
Leimaushärtung eine Druckabnahme des verdichteten Spankuchens erfolgt.

Die Preßkraft wird über einen Stangenteppich abgestützt, der über die
gesamte Pressenbreite und -länge reicht. Antriebsgeschwindigkeit ist
bis 30 m/min.

Die Preßkraft wird ohne Kantenpressungen zwischen Stahlband und Rolle
abgestützt und dadurch die Stahlbandbelastung gering gehalten. Die
durchgehenden Stangen bilden auch eine größere Wärmeübertragungsfläche,
als kurze Rollen und Kettenlaschen. Der rückwärtige Teil der Presse ist
mit Distanzleisten in Form eines Verschiebe-Doppelkeil-System ausgerüstet, womit die Plattenstärke eingestellt und gehalten wird.

Die Conti-Roll-Anlagen eignen sich für Spanplatten von FP0 und OSB-Typ.
Auch MDF-Anlagen sind schon mit Conti-Roll-Pressen ausgerüstet worden
(Abb. 4.26).

Mit Contipressen wird derzeit mit Heizzeitfaktoren von etwa 6 s je
mm Plattendicke für FPY-Platten produziert. Auch hohe Rohdichten der
Platten bis etwa 720 kg/m³ sind erreichbar (Soiné, 1988).

4.4.7 Das Schleifen von Holzspanplatten

Die Platten haben nach dem Verlassen der Heißpressen eine Feuchtigkeits-
und Temperaturverteilung, die nicht den späteren Bedingungen bei der
Verwendung entsprechen. Trockene und heiße Oberflächen und feuchtwarme

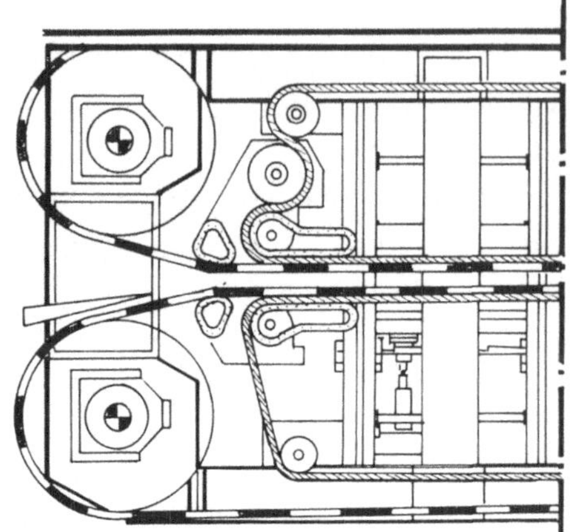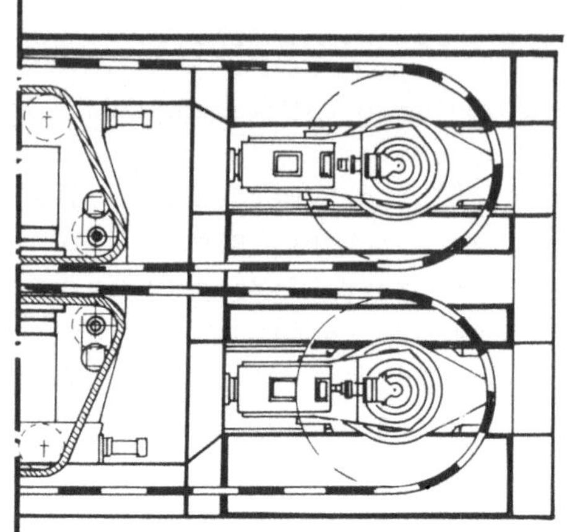

Abb. 4.26: Conti-Roll-Presse

Mittelschichten kennzeichnen den Zustand nach der Pressenöffnung. Bis
zu einer Abkühlung und Vergleichmäßigung der Feuchtigkeitsverteilung
müssen die Platten kontrolliert konditioniert werden, um Verzug zu
vermeiden. Das geschieht in Kühlkanälen oder in Kühlsternen. In diesen Einrichtungen hat die Luft allseitig freien Zutritt zu den heißen
Platten, so daß die Plattenoberflächen innerhalb kurzer Zeit gleichmäßig abkühlen. Dabei nehmen auch die stark getrockneten Deckschichten Feuchtigkeit aus der Luft und aus den Mittelschichten auf. Bei
dieser Veränderung der Feuchtigkeitsverteilung über den Plattenquer-
schnitt kommt es zu behinderter Quellung in den Decklagen sowie zu
behinderter Schwindung in den Mittellagen. Es ist besonders wichtig,
diese Vorgänge symmetrisch zu halten, da sich ansonsten eine asymmetrische Spannungsverteilung ergibt und die Platten verziehen würden.
Es empfiehlt sich auch ein mehrtägiges Reifelager, das vor allem bei
phenolharzverleimten Spanplatten auch zu einer Festigkeitserhöhung
beitragen soll.

Bei der Feuchtigkeitsaufnahme der Deckschichten ist auch eine Einzel-
spanaufquellung unvermeidlich, die zu größerer Oberflächenunruhe beiträgt. Allerdings werden diese Späne abgeschliffen, so daß daraus
keine abträgliche Wirkung auf die nachträgliche Veredelung folgt.

Nachdem die Platten abgekühlt sind und ihre Endfestigkeit erreicht
haben, können sie auf Endstärke kalibriert werden. Bei diesem mit
mehrköpfigen Breitbandschleifmaschinen durchgeführten Vorgang wird
auch eine eventuell vorhandene lockere Preßhaut entfernt.

Weiterhin wird mit dem Schleifen in das Rohdichteprofil der Holzwerkstoffplatten eingegriffen. Bei Platten, die einer Oberflächenveredelung
zugeführt werden, soll die Schleifebene möglichst in die Zone höchster
Rohdichte gelegt werden. Diese Zone wird in den meisten Fällen die
Zone höchster Festigkeit und geringster Porösität bzw. größter Glätte
sein. Damit wird der Materialverbrauch beim Lackieren verringert
(wenig Poren ausfüllen) und die Oberfläche ruhiger (vgl. Abb. 4.27).

Aus dieser Abbildung wird auch die Bedeutung einer möglichst geringen
Abweichung der Lage des Rohdichtemaximums über die Plattenfläche deutlich. Weist nämlich die Plattenoberfläche nicht überall eine hohe Rohdichte auf, liegen Gebiete mit niedrigen Festigkeiten vor. Diese können
zu Rißanfälligkeit von Dekorpapierbeschichtungen beitragen oder Ver-
leimungsfehler beim Furnieren nach sich ziehen.

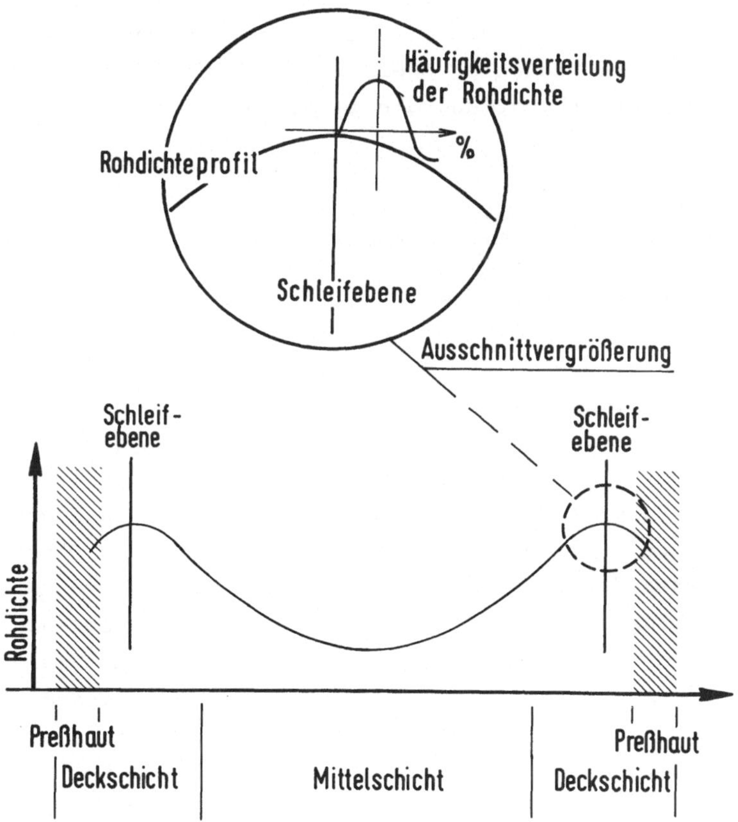

Abb. 4.27: Rohdichteprofil von Spanplatten und Schleifebene (schematisch)

Es ist auch wichtig darauf zu achten, daß durch den Schleifprozeß keine
zusätzliche Oberflächenunruhe auf die Plattenoberfläche gebracht wird.
Rattermarken infolge von Vibrationen der Schleifkörper sind gefürchtet,
ebenso wie Längsmarkierungen durch Kornausbrüche an den Schleifbändern
oder Einzelkornmarkierungen. Neben Anforderungen an die Gleichmäßigkeit der Schleifkörner und an die Befestigung der Körner auf den
Schleifbändern werden auch an die Bandfestigkeit höchste Ansprüche
gestellt.

Über die hohen Kräfte und die Kraftverteilung in der Kontaktzone zwischen der Spanplattenoberfläche und den Schleifbändern hat Keuchel
(1986) unlängst auführliche Untersuchungen veröffentlicht.

Den Schleifmaschinen vorgeschaltet sind Längsbesäumungs- und Quer-
schnittsägen, um zu festen scharfen Kanten der Platten zu kommen.
Nach dem Schleifen erfolgt auch die visuelle Sortierung der Holzwerkstoffplatten. Oberflächenfehler oder Mittelschichtfehler (z.B. Dampfspalter) können hier erkannt und die fehlerhaften Platten eliminiert
werden.

4.4.8 Zur Technologie der Holzspanplatten

Die wichtigsten Eigenschaften der Spanplatten sind die Zielgrößen des
Produktionsprozesses. Dieses sind verarbeitungstechnische Größen und
Kenngrößen zur Steuerung des Produktionsprozesses. Zu letzteren gehören die Querzugfestigkeit sowie die Dickenquellung und Wasseraufnahme.
Die Produkteigenschaften sind die Rohdichte, das Rohdichteprofil, die
Biegefestigkeit bzw. der Biege-Elastizitätsmodul sowie die nachträgliche Formaldehydabgabe, um nur einige zu nennen. Die Kantenbearbeitbarkeit, die Geschlossenheit der Schmalfläche sowie die Oberflächenrauhigkeit, ferner die Farbe sind weitere die Qualität von Spanplatten
der Type FPO charakterisierende Merkmale. Wesentlich ist auch die
Gleichmäßigkeit der Eigenschaft auf der gesamten Platte bzw. über den
Querschnitt. Die Meßverfahren für diese und andere chemische, physikalische oder mechanisch-technologische Eigenschaften hat Paulitsch
(1986) umfassend zusammengestellt. Dort sind auch die für Spezialplatten wichtigen Kenngrößen dargestellt.

Eine Zusammenstellung der für die Steuerung des Produktionsprozesses
notwendigen Merkmale sind in Anlehnung an Lobenhoffer (1988) in
Tabelle 4.29 wiedergegeben.

Bei der Herstellung besteht für einige Eigenschaften, wie z.B. die Rohdichte und die Materialfeuchtigkeit die Möglichkeiten auf allen Stufen der Produktion direkt und zerstörungsfrei zu messen.

Andere Eigenschaften der Späne, des Spanvlieses und der Platten werden entweder nicht nur von einer Kenngröße bestimmt oder sind aus der Rohmaterialzusammensetzung zu schätzen und nicht vor der endgültigen Fertigstellung der Platten zu messen. Wesentliche eigenschaftsbeeinflussende Maßnahmen sind erst durch den Preßvorgang oder das Nachschleifen bzw. Nachreifen gegeben. Dazu gehört beispielsweise die Querzugfestigkeit, das Rohdichteprofil und die Oberflächeneigenschaften.

Auf den verschiedenen Stufen der Spanplattenproduktion (s. Tabelle 4.19) werden zuerst durch die Zerkleinerung des Holzes und die Trocknung der Späne sowie die anschließende Beleimung die zielgerichteten Spangemische für Deck- und Mittelschichten aufbereitet und auf die gewünschte Holzfeuchtigkeit getrocknet. Es hat sich als vorteilhaft erwiesen, die Feuchtigkeit der Decklagenspäne höher als die der Mittelschichtspäne einzustellen. Mit den Untersuchungen zum Dampfstoßeffekt (Kauditz und Keylwerth) wurde die fertigungstechnische Bedeutung dieser Feuchtigkeitsdifferenz besonders deutlich gemacht. Die Entwicklungen von aminoplastverleimten Spanplatten mit möglichst niedriger nachträglicher Formaldehydabgabe haben erkennen lassen, daß die Spanfeuchtigkeit auch diesbezüglich als wichtige Einflußgröße anzusehen ist (s. z.B. Kelly, 1977). Niedrige Deck- und Mittelschichtspanfeuchtigkeiten haben geringe Formaldehydabgabewerte zur Folge. In diesem Zusammenhang ist aber schon darauf hinzuweisen, daß dadurch die Preßzeiten nicht unerheblich verlängert werden können.

In den Beleimungsaggregaten werden für dreischichtige Holzspanplatten die Spangemische getrennt beleimt, um jedem Spangemisch entsprechend den Oberflächen seiner Späne die passende Bindemittelmenge und Leimflottenrezeptur anbieten zu können. Feine Späne in groben Spangemischen binden nämlich bevorzugt das Bindemittel, sodaß den größeren Spänen mit geringerer spezifischer Oberfläche nicht ausreichend Bindemittel zur Verfügung stehen würde. Auch für eine zufriedenstellende Kantenbearbeitbarkeit beschichteter Spanplatten ist die getrennte Beleimung eine der wesentlichen Voraussetzungen.

Die Bindemittelanteile für die verschiedenen Spangemische und Spanplattentypen sind exemplarisch in Tabelle 4.27 aufgeführt. Technologisch

bedeutsam ist ferner, darauf zu achten, daß in den Beleimungsaggregaten die Späne möglichst wenig nachzerkleinert werden. Für großflächige
strands und wafers sind deshalb besondere nicht schnelllaufende Belei-
mungen, z.T. auch taktweise arbeitende, eingesetzt (s. Kapitel 4.4.4).
Bei Spanplatten für den Innenausbau kann der Leimflotte Paraffin zugegeben werden. Damit wird die Dickenquellung und die Wasseraufnahme
bei Wasserlagerung bis zu 24 h reduziert.

Den Spanabmessungen kommt in mehrfacher Hinsicht ein Einfluß auf die
Spanplatteneigenschaften zu.
Grundsätzlich gilt, daß größere Späne zu höheren Festigkeiten der
Spanplatten beitragen. Eine Erhöhung der Spanlänge in den Deckschichten wirkt sich auf einen Anstieg der Biegefestigkeit und der Zugfestigkeit sowie der Elastizitätsmoduln aus. Gleichzeitig nehmen die Dimensionsänderungen in Richtung der Spanlänge ab, was aufgrund der Anisotropie der Quellung und Schwindung des Holzes nicht verwunderlich ist.

Mit ansteigender Spandicke in der Mittelschicht wird die Querzugfestigkeit ansteigen, aber auch die Dickenquellung. Der Spanbreite werden
positive Wirkungen auf die Festigkeit des gestreuten, aber noch nicht
verpreßten Spanvlieses zugesprochen.

Tabelle 4.27: Orientierungswerte für Bindemittelgehalte für unter-
              schiedliche Spanplattentypen

	FPO	V20	V100	OSB	Waferboard
HF	10...12	8...12			
PF flüssig			7...9	5...7	
PF Pulver					2...3
MF			11...13	10...12	
MDI		2,5...4	5,5...7		

Mit der Spanstreuung, der Bildung des Spanvlieses wird angestrebt, eine
für die Dicke und die Rohdichte der Platten ausreichende Spanmenge
gleichmäßig über die Streubreite und zeitlich konstant zur Verfügung
zu stellen. Das Schüttvolumen bzw. das Schüttgewicht wird auch von dem
Schüttgewicht der Deck- und Mittelschichtspangemische bestimmt. Als
besonders zu beachten gilt das Verdichtungsverhältnis. Es kennzeichnet
das Verhältnis der Rohdichte der eingesetzten Holzart und die Roh-

dichte der gepreßten Spanplatte. Bei gegebener Rohdichte der Spanplatte wird das Schüttvolumen aus schweren Holzarten niedriger sein
als bei Spänen aus leichteren Holzarten. Das Verdichtungsverhältnis ist
auch ein Hinweis auf die Geschlossenheit der Spanplattenquerfläche.

Die Schütthöhe des Spanvlieses bestimmt auch die Schließzeit der Presse
bei taktweisem Pressen.

Für den Transport des Spanvlieses von der Streumaschine bis zur Presse
und die verschiedenen Übergangszonen wird eine ausreichende Festigkeit
des Vlieses gewünscht. Diese kann sowohl durch kaltklebefeste Bindemittel als auch durch ein Vorverdichten erreicht werden. Beim Transport
des Spanvlieses sollen auch die Erschütterungen möglichst gering gehalten werden, um Spanseparierungen (Verlagerung der feinen Späne aus der
oberen Schicht zur Mittelschicht hin oder innerhalb der unteren Deckschicht) einzuschränken. Übermäßige Separierung kann zu geringem Stehvermögen der Platten wegen asymmetrischer Spangrößenverteilung beitragen.

Mit der Spanstreuung wird auch die Lage der verschiedenen Spanfraktionen zueinander gesteuert. Die Spangemische können weitgehend ohne Ent-
mischung gestreut (bei großflächigen Spänen) oder mehr oder weniger
stark separiert gestreut werden.

Für Platten hoher Biegefestigkeit strebt man meist einen großen Anteil
langer Späne in den Decklagen an (vorteilhaft z.B. für Fußbodenplatten)
Platten für eine weitere Oberflächenveredelung sollen möglichst eine
weitgehend porenfreie und glatte Oberfläche möglichst hoher Rohdichte
erhalten. Dies wird am ehesten mit feinen Spänen erreicht. Eine stärkere Separierung der Streuung wird also für solche Platten vorteilhaft
sein.

In den letzten Jahren weisen . Platten, die mit Schmalflächenverede-
lungen versehen werden sollen, eine weitgehend geschlossene Mittelschicht auf. Damit soll die Stärke der Schmalflächenmaterialien verringert werden können und für den Klebstoff eine glatte Unterlage geschaffen werden. Eine entsprechende Korngrößenverteilung ist bei der
Spanmischung dazu vorzusehen. Eine nicht separierende Streuung trägt
weiterhin zu verbesserten Schmalfächen bei.

Das Heißpressen der Spanplatten dient der Verdichtung des Spanvlieses
auf eine Zielstärke und der Bildung ausreichender Bindefestigkeit. In

diskontinuierlich arbeitenden Pressen werden diese Funktionen zeitlich
hintereinander auf gleichem Ort ablaufen. In kontinuierlich arbeitenden Pressen folgen die Verdichtungs- und Festigkeitsausbildungsphase
zeitlich und räumlich hintereinander.

Die Preßzeit richtet sich im wesentlichen nach den Reaktionszeiten der
Bindemittel. Für heißhärtende Duroplastkleber wird die Zeit bis zum
Erreichen von 100° C in der Plattenmittenebene plus einem nicht zuletzt von der Leimrezeptur bestimmten Sicherheitszuschlag als Grenz-
wert angenommen. Auch die Materialfeuchtigkeit ist zu beachten.

Die Verdichtung des Spanvlieses erfolgt in der ersten Phase der Erwärmung. Das Spanvlies muß aber sein Rohdichteprofil ausgebildet haben,
bevor die Bindemittelbrücken ausreichende Festigkeit ausbilden. Weitere Verdichtung der Späne würde danach zu einer Schädigung der Leimbrücken wegen Abscherens führen.

Die Verdichtungsgeschwindigkeit bestimmt die Ausbildung der Rohdichte-
profile. Langsamere Verdichtung trägt zu einer geringeren Rohdichte-
differenzierung über den Querschnitt bei als schneller Druckaufbau.
Bei schnellem Druckaufbau werden die Decklagen stärker verdichtet.
Weitere Merkmale, die auf das Rohdichteprofil Einfluß nehmen, sind
die Plastizität der Spangemische bestimmende Faktoren wie Holzart,
Holzfeuchtigkeit, aber auch die Temperatur.

In Abbildung 4.28 sind Preßdiagramme für verschieden feuchte Spangemische unterschiedlicher Rohdichten dargestellt. Daraus ist zu erkennen, wie die Erhöhung der Spanfeuchtigkeit die Preßzeit verringert und
die Zunahme der Plattenrohdichte die Preßzeit verlängern kann. Hier
wird wieder die vom wirtschaftlichen Standpunkt her unerwünschte Preß-
zeitverlängerung von Bindemittel und Holzfeuchtigkeitseinstellung für
Spanplatten mit geringer nachträglicher Formaldehydabgabe unterstri-
chen. Wie oben erwähnt, sollen solche Platten mit niedrigen Spanfeuchtigkeiten produziert werden.

Die endgültige Ausbildung der Plattenoberfläche erfolgt durch den abschließenden Kalibrierungsschliff. Auf den Zusammenhang zwischen der
Schleifebene und dem Rohdichteprofil, das auch die Decklagenfestigkeit
bestimmt, wurde in Kapitel 4.4.7 hingewiesen. Wichtig ist auch die
Beachtung der Anforderungen an das Stehvermögen.

Die Temperatur in Plattenmittenebene wird im wesentlichen durch den
Wärmetransport von den Heizplatten mittels Wasserdampf übertragen.
Bei dicken Platten hat sich eine ergänzende Hochfrequenzerwärmung in
einigen Anlagen als erfolgreich erwiesen. Auch mittels Vorerwärmung
in beheizten Vorpressen wird gearbeitet.

Die Wärmeübertragung kann man sich wie folgt vorstellen. Vor dem
Pressenanschluß, während der offenen Liegezeit, wird die Wärme von
den beheizten Preßplatten durch Strahlung auf die obere Plattenfläche
übertragen. Die Plattenunterseite ist in drucklosem Kontakt mit der
unteren Heizplatte. Strahlung und Wärmekontakt führen schon zu einem
Abbinden der äußersten Bindemittelbrücken. Da noch kein Druck auf das
Spanvlies ausgeübt wird, ist die Festigkeit der Leimbrücken noch gering,
so daß sich Lockerzonen ausbilden. Diese müssen anschließend wieder
abgeschliffen werden.

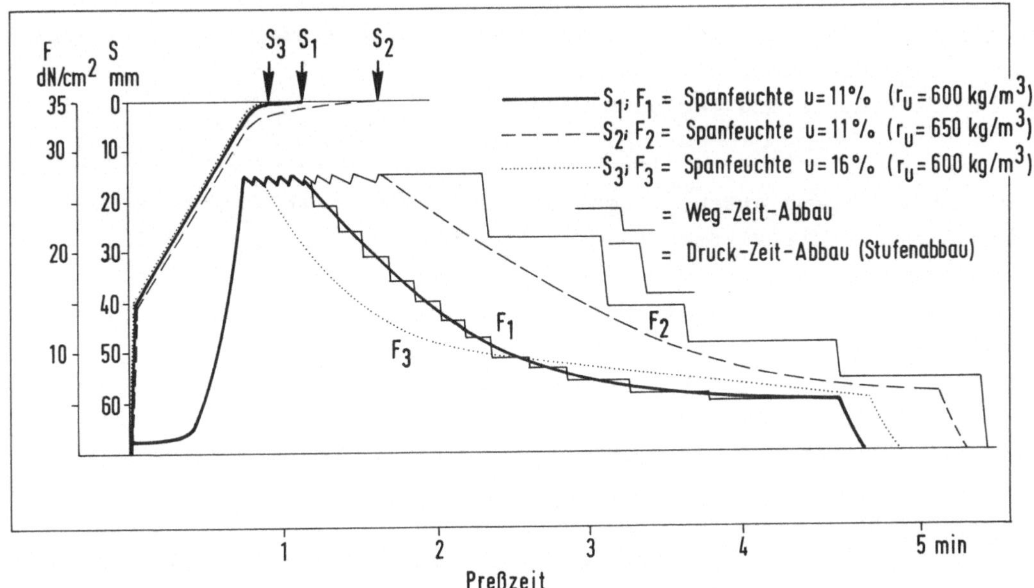

Abb. 4.28: Preßkurvenverlauf bei verschiedenen Rohdichten und Span-
feuchten mit unterschiedlichem Druckabbau. F = spezifischer
Preßdruck, S = Hubweg bis Solldistanz (n. Mehlhorn et al.)

Beim Pressenschluß überträgt sich die Wärme auf die Deckschichten unter
Druck. In den Spänen verdunstet die Holzfeuchtigkeit, die Späne trocknen. Der Wasserdampf strömt, dem Dampfdruckgefälle zur Mittelebene folgend, zur Plattenmitte und erwärmt dort die Späne. Der Dampfdruck
steigt in der Plattenmitte an und trägt auch zum Gegendruck in der
Presse bei. Der Druckaufbau wird dann beendet, wenn die Spanplatte auf
ihre Zielstärke verdichtet ist. Nach einer von verschiedenen Faktoren
bestimmten Druckhaltephase kann dann der Preßdruck wieder abgesenkt
werden. Der Druckabbau ist erst dann beendet, wenn die Bindefestigkeit
der Leimbrücken stärker ist als die durch die Dampfspannung hervorgerufene Aufspaltungstendenz. Gelegentliches Auftreten von aufgespalte-
nen Spanplatten kann also auch durch zu kurze Preßzeit oder bei konstanter Preßzeit durch zu große Feuchtigkeit oder ungenügendes Ausdampfen (man spricht dann von sog. Dampfspaltern) hervorgerufen werden.

Der Geschlossenheit der Mittelschicht sind also auch aus dem Preßvorgang her Grenzen gesetzt. Zu stark geschlossene Mittellagen verzögern
oder verhindern sogar ein ausreichendes Entdampfen und ermöglichen
nicht die Reduzierung der Dampfspannung.

Mit dieser Darstellung sollte deutlich gemacht werden, daß bei der Herstellung von Spanplatten verschiedene Faktoren im Ablauf des Produktionsprozesses die Platteneigenschaften bestimmen, nicht nur die Mate-
rialzusammensetzung. In Tabelle 4.28 sind einige Einflußgrößen auf vier
wichtige Spanplatteneigenschaften dargestellt. Diese Faktoren haben oft
sowohl gewünschte als auch ungewünschte Wirkungen, z.B. kann eine hohe
Rohdichte hohe Festigkeit aber auch hohes Gewicht, lange Preßzeiten und
auch höhere Dickenquellung zur Folge haben. Die Plattenherstellung setzt
sich also aus mehreren Optimierungsprozessen zusammen. Solche Prozesse
sind am besten mittels Regressionsanalysen aufzuklären und zu steuern.
Anstrengungen, um die dafür notwendigen Preßverfahren zu entwickeln,
Bindemittelrezepturen zu erfassen usw., sind mit anlagenspezifischen und
plattentyp-abhängigen Regressionsgleichungen zu ermitteln. Diese Regressionsgleichungen sind für die Prozeßsteuerung verwertbar zu machen und
haben zu verschiedenen Prozeßsteuerungsprogrammen geführt.

Tabelle 4.28: Wichtige Einflußgrößen auf Querzugfestigkeit (V20, V100),
             Dickenquellung und Biegefestigkeit von Holzspanplatten

| | Querzugfestigkeit | | Dicken-quellung | Biege-festigkeit |
	V20	V100		
Spangrößenverteilung	x		x	x
Bindemittelanteil	x	x	x	x
Feuchtigkeit beleimter Späne	x		x	x
Temperatur beleimter Späne	x	x	x	x
offene Liegezeit beleimter Späne	x		x	x
Einstreumenge Deckschicht	x		x	x
Gesamtvliesgewicht	x	x	x	x
Preßtemperatur	x	x	x	
Schließzeit der Presse	x	x	x	x
Preßzeit	x			x
Dichte der Rohplatte	x	x	x	x

4.4.9 Die Steuerung der Plattenherstellung

Bei der Beschreibung der Plattenherstellung wurde schon auf einzelne
Einflußgrößen auf die Platteneigenschaften hingewiesen.

In Tabelle 4.29 sind die Merkmale zusammengestellt, die für die Eigenschaften von Holzwerkstoffplatten entscheidend sind.

Diese Eigenschaften müssen an verschiedenen Stellen im Fertigungsablauf
gemessen werden. Am Holzplatz, bei der Zerspanung und nach dem Mahlen
müssen Hilfsgrößen dazu ermittelt werden. Die Trocknerbedingungen sowie
Beleimungsgrößen sind die nächsten Kriterien. Beim Vorpressen und in der
Presse werden vor allem die Festigkeitseigenschaften und die nachträgliche Formaldehydabgabe beeinflußt.

Über die verschiedenen diskontinuierlichen und zerstörungsfreien Meßverfahren hat Paulitsch (1986) eine ausführliche Übersicht gegeben.

Zur Zeit wird die Fertigungssteuerung auf vielen Anlagen noch so durchgeführt, daß für die Einflußgrößen und die Ausgangsvariablen Sollwerte

festgelegt werden. Die Einhaltung dieser Sollwerte wird durch Stichproben vom Fertigungspersonal überwacht und durch verändernde Eingriffe
sichergestellt. Die Minimierung der Kosten erfolgt mittels der aus der
Erfahrung und durch Versuche abgeleiteten Vorgabewerte. Eine Aussage
über die Gütemerkmale erhält man bei diesem Verfahren durch die Werk-
stoffprüfung in den Betriebslabors. Sie kann bisher mit Ausnahme von
Feuchtigkeit, Dicke und Gewicht nur in erheblichen Abständen erfolgen.

Auch können die Werte nur an wenigen Platten überprüft werden. Bei
güteüberwachten Fertigungen werden diese Messungen von unabhängigen
Sachverständigen zu verschiedenen Zeitpunkten überprüft.

Dieses Vorgehen genügt zwar der statistischen Qualitätskontrolle nach
DIN 68 763, ist aber für eine wirtschaftliche Produktion wegen des
großen Zeitverzuges und den damit erforderlichen Sicherheitszuschlägen
z.B. beim Materialeinsatz (Rohdichte und Beleimung) oder bei den Preßzeiten nicht voll befriedigend.

Es wird deshalb an verbesserten Verfahren gearbeitet, die es ermöglichen sollen, vor und nach anlagenspezifischen Regelstrecken die Platteneigenschaften beeinflussen und vorhersagen zu können. Engere Ferti-
gungstoleranzen, also weniger Sicherheitszuschläge, werden damit erwartet. Die Messungen aus den Werkstoffprüfungen in den Labors sollen
dann der Kontrolle und Fortschreibung der Parameter der Schätzfunk-
tionen dienen.

Der Benutzer muß dann noch die Messungen der Variablen und Zielgrößen
bereitstellen und die Gleichungssysteme für die Vorhersage festlegen.
Die Gleichungen sind für die Produktionstypen aus Laborwerten und
daraus aufgestellten Korrelationsgleichungen zu bestimmen (s. z.B.
Lobenhoffer, 1988).

Der höhere Rechnungs- und Steuerungsaufwand erscheint aber erforderlich,
um die Produktion auf den modernen Anlagen, die bereits mit sehr kleinen Streuungen der Einzelwerte von oft nur bei $\pm$ 2 % auskommen, weiter
verbessern zu können.

4.4.10 Die Oberflächenveredelung von Holzspanplatten

Die Oberflächenveredelung hat den Spanplatten Wachstumsimpulse gegeben
und sichert die Zukunftschancen vieler Holzwerkstoffe dadurch, daß mit

Tab. 4.29: Einflußgrößen, Ausgangsgrößen und Zielgrößen für die
          Steuerung und Regelung der Platteneigenschaften
          (s. Lobenhoffer, 1988)

<u>Einflußgrößen</u>
1.1. Holzarten, -sortimente, -qualitäten
1.2. Spanlängen, -dicken naß
1.3. Anteile 1.1. im Spangemische
2.1. Eingangs-, Ausgangsfeuchten und -temperaturen Trocknung
2.2. Brennstoffe
3.1. Spanabmessungen trocken
3.2. Fraktionsverteilung; Sandgehalt, pH-Wert, Pufferkapazität Späne
4.1. Leime, Härter, Emulsionen, Zusatzstoffe Leim
4.2. Anteile 4.1. im Leimrezept
4.3. Viskosität, Festgehalt, pH-Wert, Gelierzeit Flotte
5.1. Beleimungsfaktoren
5.2. Mischerbelastung, spezif. Beleimungsarbeit, Temperatur Leim,
      Späne, Leimverteilung auf Spänen
5.3. Feuchte beleimter Späne
5.4. Liegezeit beleimter Späne im bel. Spänebunker/Formstation
6.1. Einstreumengen Deckschicht, Mittelschicht, Formling
6.2. Separation, Welligkeit Streuung, Schütthöhe
6.3. Bodenbandgeschwindigkeiten, Formbandgeschwindigkeiten
7.1. Vorpressendruck
7.2. Druckprogramm (Verdichtungszeit, Höchstdruck, Lüftzeit)
7.4. Solldickeneinstellung
7.5. Liegezeiten vor, in, nach der Presse

<u>Ausgangsgrößen</u>
8.1. Rohplattengewicht, -dicke, -dichte
8.2. Rohplattenfeuchte, -temperatur
8.3. Durchbiegung, Ultraschallprüfung, Platzererkennung
8.4. Sortierergebnisse Schleifstraße

<u>Zielgrößen</u>
9.1. Rohplattendicke, -dichte, -feuchte, Deckschichtdicke, -dichte
9.2. Biege-, Querzug V20-, Querzug V100-, Abhebe-, Scherfestigkeit
9.3. 2h, 24h-, Kochquellung
9.4. Biege-E-Modul, Schubmodul, Querdruckmodul
9.5. Formaldehyd-Abgabeteste, Oberflächenteste, Kantengüte, Werkzeug-
      verschleißmessungen
      Kategorische Variable

---

ihr eine vom Holz unabhängige Farbe und Zeichnung sowie Oberflächenstruktur, kurz holzunabhängiges Oberflächendesign, möglich werden.

Dies könnte insbesondere dann von Bedeutung werden, wenn die Vorliebe
für die holztypische Farbe, Zeichnung und Struktur nachläßt. Man kann
eigentlich davon ausgehen, daß Spanplattenoberflächen mit Ausnahme der
Spanplatten für konstruktive Zwecke immer veredelt werden.

Man kann die Oberflächenveredelung in 6 Gruppen einteilen:
Das Belegen mit Hochdruckschichtstoffen (HPL-Platten),
die Beschichtung mit harzimprägnierten Papieren,
die Kaschierung mit Dünnpapieren und Finishfolien,
das Bekleben mit PVC-Folien,
die Verleimung mit Furnieren und
das Lackieren.

Einen Überblick über die Mengenanteile der einzelnen Veredelungsverfahren ermöglicht die Tabelle 4.30. Daraus ist das enorme Wachstum der industriellen Oberflächenveredelung durch direktbeschichtete Spanplatten und Finishfolien zu entnehmen. Kaschierung, Furnierung bzw. Lackierung und Dünnpapiere werden auch kombiniert, sodaß die Summe von etwa 800 Mio qm sich aus Mehrfachnennungen ergibt.

Eine grobe Vorstellung über den Anteil der oberflächenveredelten Platten an der gesamten jährlichen Produktionsmenge ergibt folgende Modellrechnung.

Es werden seit 1980 pro Jahr (BRD) etwa 6 Mio m³ Holzspanplatten produziert. Davon sind etwa 20 % für konstruktive Zwecke abzuziehen, woraus sind eine Menge von 4,8 Mio m³ für die Oberflächenveredelung ergibt. Bei einer angenommenen Durchschnittsstärke der Spanplatten von 16 mm ergibt sich ein Potential von 300 Mio qm, beidseitig veredelt sogar von 600 Mio qm. Verglichen mit der Gesamtsumme von Tabelle 4.30 mit ca. 700 Mio qm bestätigt sich die Vermutung, daß alle Spanplatten auf irgend eine Weise oberflächenveredelt werden, sofern sie nicht konstruktiv verwendet sind.

Neben dem Design-Eindruck spielt auch der Widerstand der Oberflächen gegen die zu erwartenden chemischen und mechanischen Belastungen bei der Materialauswahl eine entscheidende Rolle. Individuelle Verbrauchergewohnheiten und unterschiedliche Einsatzbereiche führen zu sehr differenzierten Beanspruchungen. Alltägliche Produkte wie Lebensmittel, Reinigungsmittel, Zigarettenglut oder heiße Geschirrteile, in der Küche auch heißer Wasserdampf oder auf Arbeitsflächen heiße Topfböden, können in direkten Kontakt mit der Oberfläche der Spanplatte kommen.

Es ist seit längerem möglich, die Spanplattenoberflächen entsprechend ihrer Widerstandsfähigkeit in verschiedene Beanspruchungsgruppen zu unterteilen. Andererseits bestimmen der vorgesehene Einsatzbereich und die zu erwartende Beanspruchungsintensität das Anforderungsniveau. Die

Tab. 4.30: Mengenanteile der Oberflächenveredelungsmaterialien für
           Holzspanplatten (n. Bodenstedt, 1972; Mitgau, 1977;
           Hanitzsch, 1982) in Mio qm

	1969	1976	1980
Hochdruckschicht- stoffplatten (HPL-Platten)	17	28	23 ... 50
Direktbeschichtete Spanplatten	13	150	um 250
Finishfolien, Dünnpapiere	–	120	um 200
PVC-Folien	13	60	um 12
Furniere		60	130 ... 200
Lacke	11		50 ... 90
			700 ... 800 Mio qm

zu prüfenden Oberflächeneigenschaften und die Prüfbedingungen sind in
DIN 68 861 für Möbeloberflächen niedergelegt worden.

Als Kriterien der Oberflächenqualität werden angesehen:
der chemische Widerstand gegen 27 Prüfmittel,
die Widerstandsfähigkeit gegen Abrieb,
das Verhalten bei wischender Beanspruchung,
die Widerstandsfähigkeit gegen Kratzbeanspruchung,
das Verhalten gegenüber Zigarettenglut,
das Verhalten bei trockener Hitze,
           bei feuchter Hitze
           bei Stoßbeanspruchung mit Schlagprüfgerät und
           bei fallender Kugel,
die Haftfestigkeit,
das Verhalten im Kugelstrahlversuch,
die Korrosionsbeständigkeit,
die Temperatur- und Feuchtebeständigkeit.

Diese und weitere Methoden, Kenndaten und Qualitätsmerkmale sind von
der Landesgewerbeanstalt - Möbelprüfinstitut -, Nürnberg (1986), ausführlich beschrieben worden.

4.4.10.1. Die Oberflächenbeschichtung mit harzimprägnierten Papieren

Die Direktbeschichtung von Holzspanplatten mit imprägnierten Papieren
ist die heute am weitesten verbreitete Form der Oberflächenveredelung.
Dieses Verfahren entwickelte sich aus der Technologie der Hochdrucklaminate, die schon zu Anfang der Kunstharzproduktion eine weite Verbreitung für technische Zwecke hatte. Diese Hochdrucklaminate bestehen
aus mehreren phenolharzimprägnierten Natronkraftpapieren, die durch
Barrierepapiere mit melaminharzimprägnierten Dekorpapieren unter hohem
Druck und Temperatur verpreßt werden (s. Kap. HPL 4.5.3).

4.4.10.1.1. Die Direktbeschichtung im Zweigangverfahren

Die erste Anpassung der Technologie der Hochdrucklaminate an die Beschichtung von plattenförmigen Holzwerkstoffen erfolgt mit der Beschichtung von harten Holzfaserplatten mit aminoplastharzimprägnierten Papieren in Mehretagenpressen (Mitgau, 1979).

Die Beschichtung von Holzspanplatten im Mehretagenverfahren setzte die
Entwicklung von druckfesten Spanplatten mit feinen Deckschichten voraus.

Zwischenzeitlich ist zwar die "normale" Spanplatte die Spanplatte mit
feiner Deckschicht geworden. Die Betrachtung der Spanplatten aus den
Anfängen mit großen Spänen (z.B. Novopan-Platte) zeigt aber durchaus,
daß die Spanplatte mit Feindeckschichten eine Spezialentwicklung für
die Möbelindustrie und Oberflächenveredelung ist.

Die Querdruckfestigkeit war erforderlich, da die Spanplatten in Preß-
zyklen von bis zu 20 min mit mehrlagigen melaminharzimprägnierten
Papieren unter Druck und Temperatur beschichtet wurden.

Zu Beginn der Beschichtung in Mehretagenpressen wurden in der Regel drei
Papiere (Underlay, Dekor und Overlay) verwendet, wodurch ein guter
"Überbrückungseffekt" auch bei rauheren Spanplattenoberflächen gege-
ben war.

Der Aufbau einer Pressenlage für die Beschichtung von Holzspanplatten
ist schematisch in Abbildung 4.29 wiedergegeben. Der Trägerwerkstoff
- Sperrholz, Faserplatte oder Spanplatte - wird beidseitig von einem
variablen Filmaufbau belegt. Die Preßbleche dienen der Oberflächenausbildung (Reich, 1973).

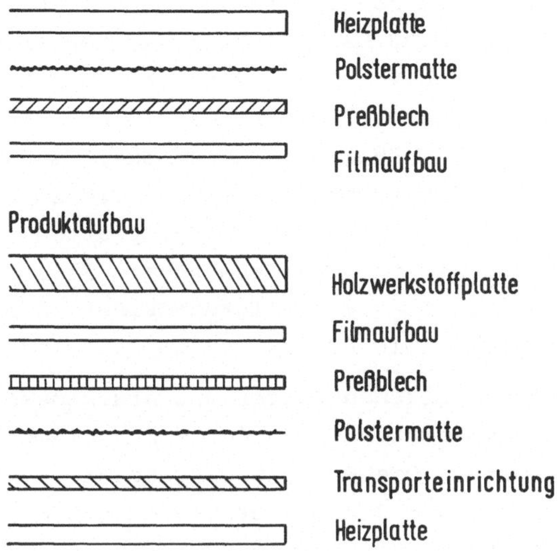

Abb. 4.29: Dekorative Kunststoffplatten mit Spanplattenkern

Im Kurztaktverfahren werden Holzspanplatten bei sehr kurzer Preßzeit
ohne Rückkühlung beschichtet.

Dabei werden meist ein, seltener zwei oder sogar drei Papiere, auf jede
Seite der Platten manuell oder automatisch gelegt. Die auf der Unterseite liegenden Dekorpapiere sollen so kurz wie möglich mit der Heizplatte ohne Preßdruck in Berührung sein. Hierdurch wird vorzeitiges
ankondensieren verhütet, das zu schlechten Fließeigenschaften des
Tränkharzes beiträgt und zu offenen Oberflächen führen kann. Bei dickeren Papieren oder mehrlagigen Aufbauten muß auch eine ungleiche Aushärtung auf der Ober- bzw. Unterseite der Platte vermieden werden, um
einem Verzug vorzubeugen. Theoretisch einfacher wäre die Verwendung
von vertikal angeordneten Heizplatten mit einem vertikalen Einschub
der belegten Platten. Derartige Pressen werden nur vereinzelt eingesetzt, da nicht unerhebliche maschinenbautechnische Probleme zu überwinden waren und in der Beschichtungspraxis lange Zeit nicht lösbar
waren.

Die Preßzeiten der Kurztaktfilme konnten durch Harzmodifikationen,
Imprägnierbedingungen, Preßmattenentwicklungen und Beschickungsvorrich-
tungen sowie verbesserter Pressenhydraulik oder auch Oberkolbenpressen
von anfangs 120 sec bis auf unter 45 sec reduziert werden (vgl.
Abb. 4.30).

Als Temperaturen auf der Plattenoberfläche wurden 145 bis 160° gemessen, bei Preßdrücken von etwa 20 bar. Die sehr kurzen Preßzeiten belasten die Trägerplatten erheblich weniger als bei den längeren Preßzeiten in den Mehretagenpressen. Allerdings erfordern die geringeren Fließzeiten für das Harz auch höhere Gleichmäßigkeit und Oberflächenruhe der Deckschichten der Trägermaterialien. An die Spanaufbereitung, Streuung und Preß- sowie Schleiftechnik von Spanplatten wurden also auch aus der Sicht der Beschichtung laufend höhere Anforderungen gestellt, die letztendlich zu einer Formulierung eines neuen Spanplattentyps, FPO, beigetragen haben (DIN 68763).

Zur Realisierung der kurzen offenen Zeiten und drucklosen Zeiten, die die Harze für die Kurztaktbeschichtung erfordern, wurden eigene Pressenbeschicksysteme entworfen. Die anfangs eingesetzte Bandtablettbeschickung wurde schnell von der Klemmleistenbeschickung Bauart Siempelkamp abgelöst, die seitdem wesentliche Verbesserungen erfahren hat. Das Preßpaket (Dekorpapier, Spanplatte, Dekorpapier) wird über seitliche Klemmleisten bis kurz vor dem Zeitpunkt zwischen den Heizplatten gehalten, bis die untere Pressenetage im Laufe des Schließvorganges das untere Preßpapier berührt, dann wird zuerst die Klemmleiste auf einer Seite ausgeschwenkt, das Preßpaket an einer Längskante aufgelegt und dann die andere Seite (Bodenstedt, 1972; Bernhard u. Bleckmann, 1975).

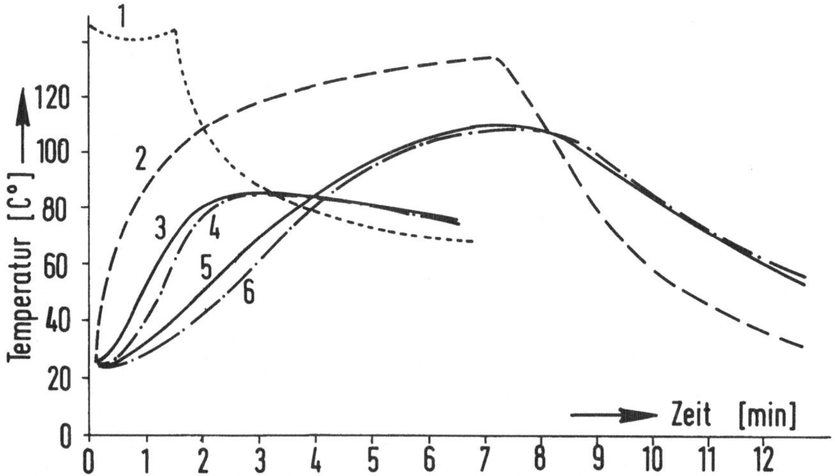

Abb. 4.30: 1. Temperaturverlauf unterhalb des Filmes (KT)
           2. Temperaturverlauf unterhalb des Filmes (KE)
         3,4. Temperaturverlauf in der Spanplatte (KT)
         5,6. Temperaturverlauf in der Spnaplatte (KE)

4.4.10.1.2. Eingangverfahren zur Oberflächenveredelung von Holzspanplatten

Im Zweigangverfahren werden zuerst die Spanplatten gepreßt und in einem zweiten Preßvorgang die Beschichtung (Furnier oder harzimprägnierter Film) aufgepreßt. Immer wieder wurde das Ziel verfolgt, Spanplatten, die mit einem selbsttragenden Material oberflächenveredelt werden sollen, in einem Arbeitsgang herzustellen.

Ähnlich wie bei der Furnierspanplatte wurde auch ein Verfahren entwickelt, Spanplatten in einem Arbeitsgang mit Dekorpapieren zu verpressen (Kunz, Ch. Pat. 472.964).

Um einen gleichmäßigen Übergang vom Dekorpapier zur Spanplattenmittellage zu erzielen, setzt dieses Verfahren eine Faser- oder Microspandeckschicht voraus. An den Spanformling sind hinsichtlich Stoffeigenschaften und Gleichmäßigkeit höchste Anforderungen zu stellen. Wegen der dicken Deckschichten sind auch besondere Mittelschichten zum Entdampfen notwendig. Hinsichtlich der Stärkentoleranzen der fertigen Spanplatten bestehen doch nicht unerhebliche Probleme, da ein Kalibriervorgang in der Schleifstraße, der im Zweigangverfahren möglich ist, nicht für gleichmäßige Spanplattendicken sorgt. Diese Spanplatten haben allerdings den Vorteil überdurchschnittlicher Standwege bei der Kantenbearbeitung mit Sägen oder Fräsern, was auf den innigeren Verbund im Vergleich zu den im Zweigangverfahren beschichteten Spanplatten zwischen Spanplatte und Dekorpapier hinweist. Auch das Rohdichteprofil, das nicht zuletzt durch Stärkentoleranzen beim Zweigangverfahren nicht immer sein Maximum an der Beschichtungsebene hat, zeigt einen kontinuierlicheren Übergang in der im Eingangverfahren beschichteten Holzspanplatte (s. Kap. Schleifen von Holzwerkstoffplatten).

4.4.10.2. Das Furnieren und Lackieren von Holzspanplatten

Das Furnieren von Spanplatten und anschließendes Lackieren gehört zu den wichtigsten Veredelungsverfahren von Holzspanplatten. Ebenso ist das direkte Lackieren der Spanplattenoberfläche eine weit verbreitete Veredelung. Sie kommt besonders dann zum Einsatz, wenn glatte, porenfreie Oberflächen gewünscht werden. Häufig ist nach dieser Veredelungsform das Trägermaterial des Oberflächeneffektes nicht mehr von außen zu erkennen. Diese Platten werden dann auch als Kunststoffplatten angesprochen, weil die Oberflächen einen kunststoffartigen Eindruck hinterlassen, was häufig bei Polyester- oder Polyurethanlacken, aber auch wasserlöslichen Lacken, vor allem wenn UV-gehärtet, der Fall sein kann.

Es verdient hervorgehoben zu werden, daß alle Möglichkeiten der Oberflächenveredelung, die keinen Holzcharakter erkennen lassen, eine Spanplattenverwendung auch bei modischen Trends ermöglichen, die Farbe, Struktur und Zeichnung des Holzes einmal weniger schätzen sollten als es heute der Fall ist.

Allen Lackierungen gemeinsam ist, daß die Oberfläche der Spanplatte erst einmal geschlossen wird. Dies geschieht entweder mit einem Furnier, einer Grundierfolie oder einem Walz- bzw. Spachtelgrund. Der Materialaufwand für diese Sperrschichten nimmt mit zunehmender Porigkeit der Oberfläche zu, weshalb für die Oberflächenschichten möglichst hochverdichtete feine Spangemische gewünscht werden, die geschlossene Deckschichten ergeben. Die Saugfähigkeit der Spanplattenoberfläche sollte aber dennoch in gewissem Grad erhalten werden, um eine Verankerung des Sperrgrundes zu ermöglichen. Gleichzeitig ist die Rauheit der Spanplattenoberfläche niedrig zu halten, um den Lackoberflächen kein Durchzeichnen und keinen welligen Eindruck zu geben. Diese Anforderungen nehmen mit ansteigendem Glanzgrad zu. Die Feinrauheit eines Oberflächenmatteffektes des Lackes kann manche Feinrauheit und Welligkeit der Spanplattenoberfläche überdecken, die bei einem seidenglänzenden Lack bereits sichtbar werden würde.

Von Bedeutung ist auch die Festigkeit der Spanplattenoberfläche, da diese hinreichend hoch sein muß, um Scherspannungen aus Quellung und Schwindung der Veredelungsmaterialien aufnehmen zu können. Als Meßwert wurde dafür die Decklagenabhebefestigkeit entwickelt. Für FPO-Platten wird ein Wert von 0,1 N/mm² als ausreichend erachtet. Einen schematischen Überblick über die verschiedenen für die Lackierung von Holzspanplatten einsetzbaren Lacke gibt Tabelle 4.31.

Von erfreulicher Dynamik sind die Anstrengungen zur Verminderung der Lösemittelgehalte bzw. der Abluftreinigungen, die sich aus den neuen Vorschriften der TA-Luft ergeben haben. Sie geben insbesondere enge Grenzwerte für die Lösemittelgehalte in der Abluft aus Lackierbetrieben und verbessern damit die ökologische Bewertung der lackierten Holzwerkstoffe. Wasserlösliche Lacksysteme und wasserverdünnbare Lacke oder High Solid Systeme werden damit verstärkt eingesetzt werden.

Tabe. 4.31: Anforderungen und Möglichkeiten heutiger Lacksysteme (n. Superfici)

<table>
<tr><th></th><th></th><th></th><th colspan="16">Oberflächenmaterialien</th></tr>
<tr><th></th><th></th><th></th><th colspan="2">Beizen</th><th colspan="7">Transparentlacke</th><th colspan="7">Pigmentlacke</th></tr>
<tr><th></th><th></th><th></th><th></th><th></th><th></th><th></th><th></th><th></th><th></th><th></th><th>UV-härtend</th><th></th><th></th><th></th><th></th><th></th><th colspan="2">UV-härtend</th></tr>
<tr><th></th><th></th><th></th><th>LM</th><th>WA</th><th>NC</th><th>SH</th><th>UP</th><th>PUR</th><th>WE</th><th>UA</th><th>UP</th><th>NC</th><th>SH</th><th>UP</th><th>PUR</th><th>WE</th><th>UA</th><th>UP</th></tr>

<tr><td rowspan="3">Oberflächen-beschaffenheit</td><td>offenporig</td><td>Matt</td><td></td><td></td><td>●</td><td>●</td><td></td><td>●</td><td>●</td><td>●</td><td>●</td><td>●</td><td>●</td><td></td><td>●</td><td>●</td><td></td><td></td></tr>
<tr><td>geschl. Poren</td><td>Matt</td><td></td><td></td><td></td><td>●</td><td>●</td><td>●</td><td></td><td></td><td>●</td><td></td><td>●</td><td>●</td><td>●</td><td></td><td></td><td>●</td></tr>
<tr><td>geschl. Poren</td><td>Glanz</td><td></td><td></td><td></td><td></td><td>●</td><td>●</td><td></td><td></td><td>●</td><td></td><td></td><td>●</td><td>●</td><td></td><td>●</td><td>●</td></tr>

<tr><td rowspan="3"></td><td rowspan="3">Wider-stands-fähigkeit</td><td>gering</td><td></td><td></td><td>●</td><td></td><td></td><td></td><td></td><td></td><td></td><td>●</td><td></td><td></td><td></td><td></td><td></td><td></td></tr>
<tr><td>mittel</td><td></td><td></td><td></td><td></td><td></td><td></td><td></td><td>●</td><td></td><td></td><td></td><td></td><td></td><td></td><td>●</td><td></td></tr>
<tr><td>stark</td><td></td><td></td><td></td><td>●</td><td>●</td><td>●</td><td>●</td><td>●</td><td></td><td></td><td></td><td>●</td><td>●</td><td></td><td>●</td><td>●</td></tr>

<tr><td rowspan="9">Bestandteile</td><td rowspan="3">Festkörper-gehalt</td><td>niedrig</td><td>●</td><td>●</td><td>●</td><td></td><td></td><td></td><td>●</td><td></td><td></td><td>●</td><td></td><td></td><td></td><td></td><td>●</td><td></td></tr>
<tr><td>mittel</td><td></td><td></td><td></td><td>●</td><td></td><td></td><td>●</td><td></td><td></td><td>●</td><td></td><td></td><td></td><td>●</td><td></td><td></td></tr>
<tr><td>hoch</td><td></td><td></td><td></td><td></td><td>●</td><td></td><td></td><td>●</td><td>●</td><td></td><td></td><td>●</td><td></td><td></td><td>●①</td><td>●</td></tr>

<tr><td rowspan="4">Gehalt an organischen Lösemitteln</td><td>stark</td><td>●</td><td></td><td>●</td><td></td><td></td><td></td><td></td><td></td><td></td><td>●</td><td></td><td></td><td></td><td></td><td></td><td></td></tr>
<tr><td>mittel</td><td></td><td></td><td></td><td>●</td><td></td><td>●</td><td></td><td></td><td></td><td></td><td>●</td><td></td><td>●</td><td></td><td></td><td></td></tr>
<tr><td>gering</td><td></td><td>●</td><td></td><td></td><td>●</td><td></td><td>●</td><td></td><td></td><td></td><td></td><td>●</td><td></td><td>●</td><td></td><td>●</td></tr>
<tr><td>frei</td><td></td><td></td><td></td><td></td><td></td><td></td><td></td><td>●</td><td></td><td></td><td></td><td></td><td></td><td></td><td></td><td></td></tr>

<tr><td rowspan="2">Formaldehyd</td><td>enthalten</td><td></td><td></td><td></td><td>●</td><td></td><td></td><td>●②</td><td></td><td></td><td></td><td>●</td><td></td><td></td><td>●②</td><td></td><td></td></tr>
<tr><td>frei</td><td>●</td><td>●</td><td>●</td><td></td><td>●</td><td>●</td><td>●</td><td>●</td><td>●</td><td>●</td><td></td><td>●</td><td>●</td><td>●</td><td>●</td><td>●</td></tr>

<tr><td rowspan="9">Verarbeitung</td><td rowspan="3">Auftrag</td><td>walzbar</td><td>●</td><td>●</td><td>●</td><td>●</td><td>●</td><td>●</td><td>●</td><td>●</td><td>●</td><td>●</td><td></td><td>●</td><td></td><td>●</td><td>●</td><td></td></tr>
<tr><td>gießbar</td><td></td><td></td><td>●</td><td>●</td><td>●</td><td>●</td><td></td><td>●</td><td>●④</td><td>●</td><td>●</td><td>●</td><td>●</td><td></td><td>●④</td><td>●④</td></tr>
<tr><td>spritzbar</td><td>●</td><td>●</td><td>●</td><td>●</td><td>●</td><td>●</td><td></td><td>●</td><td>●③+④</td><td>●</td><td>●</td><td>●</td><td>●</td><td>●</td><td>●③+④</td><td>●④</td></tr>

<tr><td rowspan="3">Trocknung</td><td>Warmluft</td><td>●</td><td>●</td><td>●</td><td>●</td><td>●</td><td>●</td><td>●</td><td>●④</td><td>●④</td><td>●</td><td>●</td><td>●</td><td>●</td><td>●</td><td></td><td></td></tr>
<tr><td>Infrarot</td><td></td><td></td><td></td><td>●</td><td>●</td><td></td><td></td><td></td><td></td><td></td><td>●</td><td>●</td><td></td><td></td><td></td><td></td></tr>
<tr><td>UV+Härtung</td><td></td><td></td><td></td><td></td><td></td><td></td><td></td><td>●</td><td>●</td><td></td><td></td><td></td><td></td><td></td><td>●</td><td>●</td></tr>

<tr><td rowspan="3">Trockenzeit</td><td>lang</td><td></td><td></td><td></td><td></td><td></td><td>●</td><td>●</td><td>●④</td><td>●④</td><td></td><td></td><td></td><td>●</td><td>●</td><td>●④</td><td>●④</td></tr>
<tr><td>mittel</td><td></td><td>●</td><td>●</td><td>●</td><td></td><td></td><td></td><td></td><td></td><td></td><td></td><td>●</td><td>●</td><td></td><td></td><td></td></tr>
<tr><td>kurz</td><td>●</td><td></td><td></td><td></td><td></td><td></td><td></td><td>●</td><td>●</td><td></td><td></td><td></td><td></td><td></td><td></td><td></td></tr>
</table>

① wasserlösliche Walzspachtel   ② wasserlösliche SH-Lacke   ③ evtl. in automatischen Anlagen
④ Gieß- und spritzbare UV-härtende Lacksysteme enthalten teilweise Lösemittel und erfordern vor der Härtung Ablüftzeit.

LM – Lösemittelhaltige   } Beizen
WA – wasserlösliche

NC – Nitrocellulose
SH – Säurehärtende
UP – Polyester   } Lacke
PUR – Polyurethan
WE – Wasserverdünnbare
UA – Acrylat

Die Verfahrenstechnik der Lackierung der Holzspanplatten ist ein so umfangreiches Spezialgebiet, daß hier nur ein kurzgefaßter zusammenfassender Überblick über die grundsätzlichen Möglichkeiten gegeben werden kann.

Der Auftrag kann durch Gießen, Spritzen oder Walzen bzw. Spachteln erfolgen.

Gießen
Der Gießlack hat den Vorteil, daß er einen höheren Feststoffanteil aufweisen kann. Der gegossene Lack muß nicht mehr verlaufen, wie z.B. der gespritzte Lack. Die Trockenzeit kann dadurch verkürzt werden.

Lacke werden vor allem auf plattenförmigen Werkstoffen aus Holz gegossen, wo eine unprofilierte Oberfläche vorherrscht.

Für schmale langgestreckte Formteile wurden spezielle Gießmaschinen mit einseitiger Halterung des Gießkopfes entwickelt.

Für Formteile mit profilierten Kanten ist das Gießen, nicht nur wegen der an den schrägen und ebenen Profilteilen unterschiedlichen Lackauftragsmengen, ungünstig.

Man versucht diesen Nachteil auszugleichen mit Anlagen, deren Transporteinrichtung schräg gestellt werden kann, so daß beim Transport durch den Lackvorhang die verschieden geneigten Flächen der Formteile gleichmäßiger lackiert werden.

Eine andere Möglichkeit besteht darin, zusätzlich zur Gießanlage Spritzeinrichtungen vorzusehen, um schräge Flächen der Profile zu spritzen. Höhere Lackauftragsmengen auf Überlappungsflächen von Gießen und Spritzen werden dabei einkalkuliert. Auch wird man mit jeweils unterschiedlichen Lacken gießen und spritzen müssen. Für die nach unten geneigten Flächen sind zusätzliche Spritzeinrichtungen erforderlich.

Walzen und Spachteln
Dabei erfolgt der Lackauftrag - meist Grundlack - mit Hilfe von Gummioder Stahlwalzen. Walzen werden besonders dort verwendet, wo geringe Lackmengen (unter 50 g/m^2) aufgebracht werden sollen. Ein gleichmäßiger Lackauftrag in profilierten Teilen ist nicht möglich. Walzmaschinen sind deshalb beim Lackieren von Profilteilen nicht weit verbreitet.

Spritzen
Das Spritzen ist wohl das am weitesten verbreitete Verfahren zur Oberflächenbehandlung von Formteilen aus Holz mit flüssigen Beschichtungsmaterialien.
Der Lack wird fein verteilt, zerstäubt oder vernebelt. Der Materialdruck zum Zerstäuben sollte unterschiedlich eingestellt werden können. Bei einer Bläschenbildung im Lack wird häufig versucht, durch Variation der Spritzdrücke und Auftragsmengen zurechtzukommen. Auch Airless Verfahren sind verbreitet.
Aus wirtschaftlichen Gründen sollten Sprühnebelbildung und Spritzverluste in den Spritzkabinen eingeschränkt werden. Die Reinigung der Spritzkabinen ist bisher noch eine unbefriedigend gelöste Aufgabe der Maschinenhersteller. Hier sollte man die Wünsche der Betreiber der

Anlagen bereits bei der Konstruktion berücksichtigen. Als Hilfsmittel
werden genannt das Abkleben mit Folie oder Papier (Produktionsunter-
brechungen und Überstunden).

Automatische Spritzanlagen sind für die industrielle Lackierung von
profilierten Teilen besonders geeignet. Mit ihrer Hilfe werden profi-
lierte Oberflächen gleichmäßig beaufschlagt und können gleichzeitig die
Schmalflächen lackiert werden. Die Auftragsmenge kann über Spritzdruck,
Düsendurchmesser, Öffnungswinkel und Entfernung zum Profil den vari-
ierenden Erfordernissen angepaßt werden.

Auch zeichnen sich die Spritzanlagen durch gute Arbeitsplatzbedingungen
aus, indem die Spritzluft über kurze Wege abgesaugt und über mechanische Filter gereinigt werden kann. Bei größeren Anlagen erfolgt das
Auswaschen der Spritzabluft an Spritzwänden. Neuere Spritzanlagen werden mit selbstreinigenden Transportsystemen ausgestattet. Die Spritzpistolen werden auf Stangengestellen verschiedenartig, je nach Profil,
angeordnet. Für hohe Leistungen werden Spritzpistolen in einem Oval
über das Profilbrett geführt, in sog. Rundläufern. Die dabei hohen
Spritzpistolengeschwindigkeiten und die große Anzahl Spritzpistolen
sorgen für einen gleichmäßigen Lackauftrag. Die Anlagen können mit
einer Steuerung versehen werden, die die Zwischenräume zwischen hinter-
einanderliegenden Werkstücken abtastet und periodisch spritzt.

Lacktrocknung
Der Verlauf der Trocknung läßt sich gut mit der Pendelhärteprüfung ver-
folgen.

Die Trocknung darf aber nicht nur eine möglichst schnelle Härtung des
Lackes zum Ziele haben - es müssen gleichzeitig alle Anforderungen an
eine gebrauchsfertige Oberfläche erreicht werden. Dazu gehören die Haf-
tung/Benetzung, ein gleichmäßiger Verlauf und Glanzgrad. Bläschenbildung durch zu schnelle Trocknung ist zu vermeiden.

Es wird deshalb die Abdunstzone von der nachfolgenden Trocknungsphase
unterschieden.

Es stehen verschiedene Trocknungsverfahren zur Verfügung:
Hordenwagentrocknung
Umluft-Düsentrocknung
UV-Trocknung
IRM-Strahlungstrocknung

Es hat sich als zweckmäßig erwiesen, für die verschiedenen Trocknungs-
phasen spezielle Trocknungssysteme einzusetzen.

Vorwärmzonen sind im Zusammenhang mit Trocknern sehr wichtig. Die Infra-
rotstrahler mit mittleren Wellenlängen (IRM) ermöglichen es, in kurzer
Zeit viel Energie zu übertragen und dadurch den Trocknungsprozeß zu
verkürzen. Die mittlere Strahlungswellenlänge wird über die Strahlertemperatur eingestellt. Dieser Wellenlängenbereich ist für die in der
Holzindustrie eingesetzten Lacke vorzuziehen. Die Strahlertemperatur
liegt bei ca. 800° C, die Wellenlänge zwischen 2 und 3,5 µm. Bei der
Vorerwärmung wird die Objekttemperatur auf 30 bis 60°C eingestellt. Bei
60°C dürften die Harzgallen des Holzes auch noch nicht ausbluten - obwohl wir Unterschiede zwischen Fichte und Kiefer und auch Einflüsse von
den Provenienzen festgestellt haben.

Hordenwagentrocknung
Umlufttrockner haben den Vorteil der freien Anpassung der Beheizungsart
an die betrieblichen Möglichkeiten. Je höher die Temperaturdifferenz
und je größer die Luftgeschwindigkeit, d.h. die Dampfteildruckdifferenz
zwischen Lösemitteldampfdruck an der Lackoberfläche und der vorbeistrei-
chenden Luft, desto schneller wird die Trocknung. Bei der Wahl der
Trocknungsbedingungen sind die Auswirkungen auf das Verwerfen des Holzes zu beachten. Weiter darf für die Trocknung eine Mindesttemperatur,
die für die Filmbildung erforderlich ist, nicht unterschritten werden.

Flachstraßen werden dann gewählt, wenn kurze Trockenzeiten erwünscht
und schnelltrocknende Lacksysteme eingesetzt werden. Zusätzlich verkürzen Umluft-Düsentrockner den Trocknungsprozeß erheblich oder sorgen
zumindest für schnelles Abdunsten des Wassers.

Umluftdüsentrockner werden bei UV-Lacken zum Grund- und Decklackvor-
trocknen verwendet.

Sie sorgen durch erhöhte Luftgeschwindigkeit für den Wärmeübergang.
Es wird mit Luftgeschwindigkeiten von 15 bis 25 m/s gearbeitet. Das
Heizmedium hat Temperaturen von 70 bis 250°C. Meist werden Heißwasser
oder Dampf als Heizmedium verwendet.

Die Oberflächentemperaturen betragen bei harzarmen Holzarten etwa 80
bis 90°C, harzreiche Holzarten zwingen zur Reduktion der Materialtemperatur um etwa 20° C.

UV-Trocknung
Für dieses Trocknungsverfahren können nur spezielle Beschichtungsmaterialien verwendet werden, die UV-Sensibilisatoren enthalten. Die Lacke
werden weitgehend chemisch durch Polymerisation gehärtet.

Die Quecksilber-Hochdrucklampen müssen über die Betriebsdauer eine möglichst gleichmäßige Strahlungsintensität halten. Die UV-Trockner müssen durch Luftführung eine thermische Oberflächenbelastung der Werkstücke vermeiden. Die UV-Trocknung ist erheblich preiswerter als die
IRM-Trocknung.

Beim Lackieren von Furnieren sind die Inhaltsstoffe einiger Holzarten
bei einer späteren Oberflächenbehandlung zu berücksichtigen.

Zum einen ist die Farbe tropischer Hölzer dazu geeignet, die Oberflächen direkt sichtbar zu machen. Die hellen Hölzer Fichte, Limba,
Abachi, Ramin, Tanne werden meist mittels vielfältiger Verfahren
ein- oder angefärbt.

Zum anderen sind Wechselwirkungen der Inhaltsstoffe mit einigen Oberflächenveredelungsmaterialien bekannt. Durch Temperatureinwirkung können die Harze auch erweichen, flüssig werden und durch Anstriche hin-
durch die Oberfläche unansehnlich machen.

Bekannt sind Diffusionen von Inhaltsstoffen folgender Holzarten:

Riopalisander	- Harnstoff-Lack
Palisander, Mansonia, Teak, Padouk, Kambala, Makassar	- Filmbildung von Polyesterlacken wird inhibiert

Die Trocknung von Öl- und Polyesterlacken wird auf extraktstoffreichen
Tropenhölzern teilweise verzögert.

Die Trocknung von einigen Wasserlacken wird auf Western Red Cedar und
Kiefern verzögert (Paulitsch 1976). Bei Oregon ist vor allem mit basi-
schen Lacken auf Reaktion mit Inhaltsstoffen zu achten.

Bei Palisanderhölzern wird die inhibierende Wirkung auf die Lackschicht-
bildung auf den Gehalt von Chinonen aus der Klasse der Neoflavone zurückgeführt.

4.4.11. Sondertypen von Holzspanwerkstoffen

Nach dem heutigen Stand der Technik können als Sonderentwicklungen angesehen werden:

Platten mit höheren elastomechanischen Eigenschaften, z.B. durch höhere
Rohdichte, höheren Bindemittelanteil oder durch ausgerichtete Späne,
durch Späne einheitlicher Größe usw.,
Platten mit besonderen akustischen Eigenschaften mit hoher Schallabsorp-
tion durch offene Oberflächen oder mit Schalldämmung durch hohe innere
Dämpfung sowie
Platten mit besonderer Wärmeleitfähigkeit für Fußbodenheizungen, die
durch Zugabe von Metallspänen in das Spanmaterial erreicht wird und
Spanformteile.

Die Abgrenzung zwischen Sonder- und Standardplatten verschiebt sich
naturgemäß im Ablauf der technischen und wirtschaftlichen Entwicklung.
So können Platten, die vor wenigen Jahren noch als Sonderprodukte angesehen wurden, z.B. die phenolformaldehydgebundenen oder später die iso-
cyanatgebundenen Spanplatten, inzwischen als Standardplatte angesehen
werden.

Spezialisierungstendenzen im Bereich der Spanplatten für den Möbelbau
haben nicht in den Normen zur Definition neuer Plattentypen geführt,
sind aber in betrieblichen Produktionsanweisungen durchaus von der
Spanplatte für allgemeine Zwecke getrennt. Allerdings ergibt sich die
Frage, ob es diese Platte für allgemeine Zwecke überhaupt noch in
nennenswertem Umfang gibt. Spezialisierungen sind aber durch Oberflächenbeschaffenheit (FPO) erreicht worden und durch Einstellung des
Rohdichteprofils und der Druckfestigkeit der Mittelschichten (Holzart,
Spangrößenverteilung usw.) machbar. Die Verbesserung der Schmalflächen
hinsichtlich Geschlossenheit und Bearbeitbarkeit läuft damit zumindest
teilweise parallel, wenn auch eigene Einflußgrößen z.B. Sandgehalt zu
beachten sind.

Eine andere Untergliederung von Sonder- und Normalplatten ermöglicht
die Bewertung des besonderen Merkmals - es können dies anwendungs-
bezogene Merkmale sein, die auch den Endverbraucher und Verarbeiter
tangieren oder rohstoffbezogene und fertigungsbezogene Sonderplatten,
die mehr bei den Herstellern selbst diskutiert werden.

4.4.11.1. Pilzgeschützte Holzwerkstoffe

Alle Holzwerkstoffe mit handelsüblichen Kunstharzbindemittelgehalten
unterliegen bei Materialfeuchtigkeitsgehalten von 18 % aufwärts wäh-

rend längerer Zeit der Zerstörung durch Basidiomyceten, Ascomyceten
und Moderfäulen. Aminoplastverleimte Holzwerkstoffe werden am stärksten
geschädigt, da die Leimfuge selbst von den Pilzen zerstört werden kann,
bevor die Holzzerstörung weit fortgeschritten ist. Phenolharzverleimte
Holzplatten sind ungeschützt schon deshalb gefährdet, da der Alkaligehalt des Leimes zu einer beschleunigten Feuchtigkeitsaufnahme beiträgt.
Bei den neuen alkaliarmen Phenolharzen ist diese Gefahr vermindert.
Auch Isocyanatverleimte Holzwerkstoffe unterliegen dem Pilzbefall.

Die wirtschaftliche Bedeutung des Pilzschutzes ist bei Holzspanplatten
am stärksten, gefolgt von Furnierplatten. Die Holzschutzbehandlung spielt
bei Holzfaserplatten nur eine untergeordnete Rolle.

Die Bedeutung der Holzschutzbehandlung bei Spanplatten begründet sich
in den Materialfeuchtigkeitsschwankungen beim Einsatz im Fertighausbau, in Dachschalung und als Fußbodenunterkonstruktionen. Für Furnierplatten wird in der Spezialisierung der Produktion einheimischer Werke,
u.a. in pilzgeschützten Platten für den Container- und Fahrzeugbau,
eine Möglichkeit zum Überleben gegenüber den Standardplattenherstellern
im Ausland gesehen.

Für die Schutzbehandlung von Holzwerkstoffen eignen sich die nachträgliche Behandlung fertig verpreßter Holzwerkstoffe durch Imprägnieren
(beispielsweise mit Teerölen), Spritzen oder Streichen,
die Imprägnierung der Furniere und Späne vor der Verleimung und
die Verleimung der Furniere und Späne mit Bindemittel/Schutzmittelgemi-
schen oder getrenntes Bedüsen der bereits beleimten Furniere oder
Späne.

Für Holzspanplatten haben sich nur das Untermischverfahren (Schutzmittel in Leimflotte untergemischt) und das Einbringen der Schutzmittel
getrennt vom Bindemittel vor dem Streuen der Späne großtechnisch bewährt (Deppe u. Ernst, 1982; S. 72). Zwischenzeitlich sind in der BRD
7 Schutzmittel bauaufsichtlich zugelassen, bei deren Einbringung die
besonderen Vorschriften der jeweiligen Prüfbescheide zu beachten sind
(Gersonde und Deppe, 1983).

4.4.11.2. Feuergeschützte Spanplatten

Von der Entwicklung feuerwiderstandsfähigerer Spanplatten hat man sich
mehrere Jahre lang positive Auswirkungen auf die Anwendung dieses
Werkstoffes in erweiterten Gebieten des Hochbaus erhofft. Dennoch

werden jährlich in der BRD nur rd. 30 000 m³ Holzspanplatten in schwer-
entflammbarer Einstellung (B1) produziert (Gressel, 1980) - etwa
0,5 % der Gesamtproduktion.

Die technischen Anforderungen sind in international ähnlichen Baubestim-
mungen konkretisiert (Östman, 1981). Insbesondere der Verlauf der Tem-
peraturbelastung bis 1000°C während zwei Stunden im Brandsimulations-
versuch sind weltweit sehr angenähert, worauf Schaffer (1984) hinwies
(vgl. Abbildung 3.11, Kap. 3).

Allerdings sind die Bestimmungen über den vorbeugenden Brandschutz im
Hochbau international uneinheitlich, wie ein Vergleich der Anwendungsgebiete von Holzspanplatten deutlich macht. In der BRD sind die Bestimmungen in den Landesbauordnungen und den entsprechenden Durchführungs-
verordnungen sowie ergänzenden Rechtsverordnungen und Verwaltungsvor-
schriften niedergelegt. In DIN 4102 sind die Bedingungen für die Einteilung der Baustoffe hinsichtlich ihrer Brennbarkeit (s. Tab. 3.9)
sowie die Prüfbedingungen, die Einteilung und Prüfbestimmungen für
Bauteile erläutert.

Die Baustoffe werden nach ihrem Beitrag zum Brandgeschehen im wesentlichen nach vier Kriterien untersucht:
Die Entzündbarkeit, der Flammenausbreitung an der Oberfläche, der
Wärmeentwicklung zur Zeit der Brandentstehung und den sog. Brand-
nebenerscheinungen wie Rauchentwicklung, Toxizität und Korrosivität
der Brandgase, Abfallen oder Abtropfen brennender Teile.

Trotz der relativ hohen Anforderungen an Baustoffe der Klasse schwer
entflammbar (B1) sind inzwischen über 50 verschiedene Produkte mit
dem B1-Prüfzeichen gekennzeichnet (Gressel, 1980). Allerdings erweitert erst das Prüfzeichen A2 den Anwendungsbereich der Baustoffe stark,
weshalb große Anstrenungen unternommen werden, auch diese noch schärferen Vorschriften zu erfüllen.

Die technischen Möglichkeiten zur Erzielung eines besseren Brandverhaltens, d.h. weniger Beitrag zum Brandgeschehen, hat Gfeller (1978)
zusammengestellt. Beimischungen zum Spanvlies, Imprägnierungen der
Späne oder der fertigen Spanplatten sowie Beschichtungen sind mit
chemischen Mitteln erprobt (s. Tabelle 4.32). Im Vergleich mit dem
erzielbaren Effekt stößt man aber immer wieder auf Grenzen, die in der
Brennbarkeit des Holzes selbst liegen. Deshalb sind erwartungsgemäß
die Holzwerkstoffe, deren Holzanteil dem der Kombinationswerkstoffe

Tabelle 4.32: Brandschutzmöglichkeiten von Holzspanplatten
nach Gfeller (1978)

Zeitpunkt des Schutzes	Schutzverfahren	Schutzstoffe
Schutzmaßnahmen während der Herstellung	1. Einbau von Schutzstoffen während der Fertigung	Borverbindungen Ammonsalze Aluminiumhydroxide
	2. Imprägnierung der Späne mit Schutzsalzlösungen	Ammonsalze Borverbindungen Halogensalze Aluminiumhydroxide
	3. Anbringung nichtbrennbarer Decklagen	Vermiculit Perlite Asbest
	4. Verwendung mineralischer Bindemittel	Zement Magnetsitbinder
nachträgliche Schutzmaßnahmen	5. Imprägnierung des Fertigproduktes	Schutzsalzlösungen Ammonsalze Borsäure Borax Halogensalze Borverbindungen Aluminiumhydroxide Antimonoxide
	6. Dämmschichtbildende Beschichtungen	Anstriche DSB in Plattenform

untergeordnet sind, am ehesten für brandgefährdete Bauteile zugelassen. Dies führt sogar soweit, daß Spanplattenhersteller sich eines anderen Materials bedienen (z.B. Vermiculite), um auf ihren Anlagen auch einen Werkstoff mit Baustoffklasse A2 herstellen zu können. Bei den Schutzmöglichkeiten kann nach thermischer und chemischer Wirkungsweise unterschieden werden.

Die thermische Wirkungsweise geht darauf zurück, daß die im Brandfall entstehende Erwärmung des Baustoffes dadurch reduziert bzw. verzögert wird, daß die Schutzmittel in den für die Holzverbrennung maßgebenden Temperaturbereich selbst stark endotherme Reaktionen aufweisen. Entscheidend für die Wirksamkeit ist die Reaktion bei ca. 200 bis 300°C, dem Bereich der Selbstentzündung von Holz. Borsäure und deren Derivate, Mono- und Diammonphosphat, Aluminiumhydroxid weisen dieses charakteristische Verhalten auf.

Gute Flammschutzmittel sollten auch im Bereich von 400 bis 500°C wirksam sein, um die exotherme Reaktion des Holzes (Bildung brennbarer Gase mit höchstem Kohlenwasserstoffanteil) verzögern zu können. Bei Temperaturen über 500°C nimmt die Bildung der schlecht wärmeleitenden Holzkohle zu, so daß das Holz sich vor weiterem Verbrennen selbst schützt.

Chemisch wirkende Brandschutzmittel spalten bei thermischer Zersetzung nicht brennbare Gase ab, die den Luftsauerstoff so weit verdünnen, daß kein Fortschreiten des Brandes mehr möglich ist. Günstig sind die Brandschutzmittel, die gleichzeitig die Holzoberfläche absperrende Verkohlungsrückstände bilden. Als chemisch wirkende Brandschutzmittel werden insbesondere Phosphor-Stickstoff-Verbindungen und halogenierte Verbindungen von Antimontrioxid und Brom angesehen. Halogenierte Schutzmittel sind jedoch mit dem Nachteil verbunden, daß im Brandfall toxische Bromgase bzw. korrosive Chlorwasserstoffe entstehen.

Chemisch und thermisch wirken dämmschichtbildende Anstriche, die bei Temperaturen von knapp über 100°C bereits beginnen, auf das 30- bis 40fache ihrer ursprünglichen Schichtdicke aufzuschäumen. Dadurch wird zum einen die Wärmeleitung auf das gestrichene Trägermaterial stark verzögert und zum anderen durch das Verdampfen des Treibmittels der Werkstoffoberfläche selbst Wärme entzogen. Auch verhindert die Schaumschicht lange Zeit den Zutritt von Sauerstoff auf die Oberfläche. Schaumschichtbildende Anstriche werden für Massivholz und auch manche Stahlkonstruktionen verwendet.

Für die Verwendung von Massivholz im Innenausbau ist jedoch hinderlich,
daß diese schaumschichtbildenden Lacke erst auf der Baustelle aufgetragen werden können, da sie nicht blockfest sind. Weiterhin engen sie
die Gestaltungsmöglichkeiten sehr ein, da z.B. Anstriche chemisch auf
den Schaumschichtbildner angepaßt sein müssen. Gleichartige Farbgebung
mit benachbarten Oberflächen ist daher nur eingeschränkt möglich.

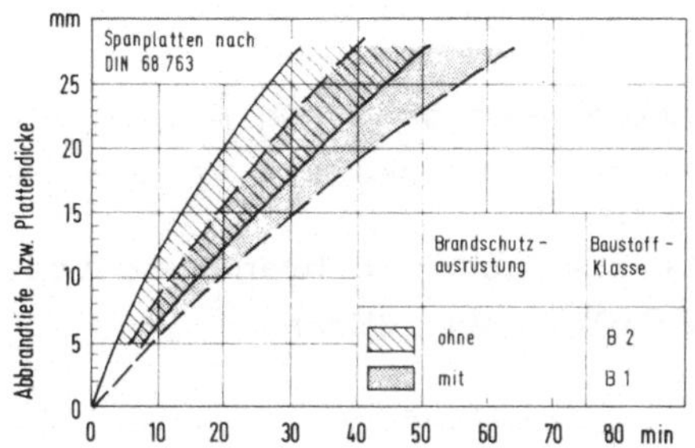

Abb. 4.31: Vergleich der Abbrandtiefe bzw. Plattendicke von Span-
           platten mit ρ = 600 kg/m³ ohne Verformungseinfluß mit und
           ohne Brandschutzausrüstung in Abhängigkeit von der Brand-
           dauer nach DIN 4102.

Die Einbringung von Schutzsalzen in Holzspanplatten hat sich in der
BRD bisher am weitesten verbreitet. Der Vorzug wird pulvrigem Ammon-
phosphat und Borverbindungen vor Antimonoxid, Ammonsulfat oder Chlor-
paraffin gegeben. Um die Baustoffklasse B1 zu erreichen, sind Schutz-
mittelmengen von 12 bis 15 %, bezogen auf atro Spanmasse, erforderlich. Bei höheren Feuerschutzmengen und Imprägnierung der Späne selbst
können Baustoffe der Klasse A2 DIN 4102 hergestellt werden.

Für die Verarbeitung der Späne zu beachten ist der Feuchtigkeitsgehalt
der Späne, der für Kauraminverleimung hinderlich sein kann oder die
Wechselwirkungen mit alkalisch härtenden Phenolharzen, wobei sich die
Schutzmittelzugabe abträglich auf die Bindefestigkeit auswirkt.

Weite Beachtung hat das Kataflox-Verfahren gefunden. Dabei werden an
Trägerstoffe die brandschützenden Wirkstoffe gleichmäßig und irrever-
sibel angelagert und diese Stoffe den Spänen beigemischt. Als Träger-
stoffe haben sich feine, elastische Zellulosefasern aus aufbereiteten
Restabwässern der Papierherstellung gut bewährt. Es wird aber auch das
Feingut, das bei der Spanherstellung anfällt, mit den Schutzmitteln
gleichmäßig umhüllt und diese dann dem Spangemisch wieder beigegeben.
Die Beimengung dieser Werkstoff/Trägersubstanzen zu den Spanplatten ist

wesentlich gleichmäßiger als die direkte Zugabe von Flammschutzpulver.
Die Anforderungen an B1-Spanplatten können daher mit niedrigeren Schutz-
mittelmengen erfüllt werden. Auch ist die nachträgliche Oberflächenbehandlung, etwa die Beschichtung mit melaminharzgetränkten Papieren,
ohne negativen Einfluß auf das Brandverhalten, sodaß die brandgeschützten Platten sich von außen nicht von ungeschützten Teilen unterscheiden
müssen.

Auch bei der industriellen Fertigung von Spanholzformteilen konnten die
Brandschutzfasern erfolgreich eingesetzt werden.

Weiterhin dürfte die Herstellung von brandgeschützten Faserdämmplatten
zu Produkten mit B2/A2-Zulassung führen.

Viele Flammschutzmittel tragen jedoch zu einer unbefriedigenden Feuchtigkeitsbeständigkeit der Holzspanplatten bei. Die Anwendung daraus
hergestellter Spanplatten ist deshalb auf den Innenbereich begrenzt.

Spanplatten werden auch als Trägermaterialien für nicht brennbare Decklagen verwendet, wobei die Deckschichten in einem Arbeitsgang vor dem
Verpressen des Spanvlieses auf Spanmittellagen gestreut und verpreßt
werden können.

Eine nachträgliche Verleimung mit nicht brennbaren Plattenmaterialien
ist ebenfalls Stand der Technik.

Welche zusätzlichen Anwendungsgebiete den Holzspanplatten durch den
Brandschutz eröffnet werden, läßt sich aus Tabelle 4.33 entnehmen,
in der die Baustoffklassen angegeben sind, die in Bauteilen mit den
5 verschiedenen Feuerwiderstandsklassen eingesetzt werden dürfen
(n. DIN 4102, Teil 2).

4.4.11.3. Spanplatten für konstruktive Zwecke, mit höheren Festigkeiten

Durch das Zerlegen und Wiederzusammenfügen des Holzes verliert der
Werkstoff an Festigkeit im Vergleich zu dem unzerkleinerten Holz. Die
mit dem Flachpreßverfahren mit durchschnittlichen Spangrößen erreich-
baren Festigkeiten reichen für den Möbel- und Innenausbau in den
meisten Fällen aus, wenn auch für hochbelastete Einlegeböden die
Dauerdurchbiegungswerte ungünstig sind. Mit Möglichkeiten der Beplankung lassen sich die Biegewerte erheblich verbessern. Dies ist aber
ein aufwendiger Weg. Auch sind der Spanplatte mit den niedrigeren

Tabelle 4.33: Feuerwiderstandsklassen nach DIN 4102 Teil 2.

Zeile	Feuerwiderstandsklasse nach Tab. 1	Baustoffklasse nach DIN 4102 Teil 1 der in den geprüften Bauteilen verwendeten Baustoffe für		Benennung [2]	Kurzbezeichnung
		wesentliche Teile [1]	übrige Bestandteile, die nicht unter den Begriff der Spalte 2 fallen	Bauteile der	
1		B	B	Feuerwiderstandsklasse F 30	F 30 – B
2	F 30	A	B	Feuerwiderstandsklasse F 30 und in den wesentlichen Teilen aus nichtbrennbaren Baustoffen [1]	F 30 – AB
3		A	A	Feuerwiderstandsklasse F 30 und aus nichtbrennbaren Baustoffen	F 30 – A
4		B	B	Feuerwiderstandsklasse F 60	F 60 – B
5	F 60	A	B	Feuerwiderstandsklasse F 60 und in den wesentlichen Teilen aus nichtbrennbaren Baustoffen [1]	F 60 – AB
6		A	A	Feuerwiderstandsklasse F 60 und aus nichtbrennbaren Baustoffen	F 60 – A
7		B	B	Feuerwiderstandsklasse F 90	F 90 – B
8	F 90	A	B	Feuerwiderstandsklasse F 90 und in den wesentlichen Teilen aus nichtbrennbaren Baustoffen [1]	F 90 – AB
9		A	A	Feuerwiderstandsklasse F 90 und aus nichtbrennbaren Baustoffen	F 90 – A
10		B	B	Feuerwiderstandsklasse F 102	F 120 – B
11	F 120	A	B	Feuerwiderstandsklasse F 120 und in den wesentlichen Teilen aus nichtbrennbaren Baustoffen [1]	F 120 – AB
13		B	B	Feuerwiderstandsklasse F 180	F 180 – B
14	F 180	A	B	Feuerwiderstandsklasse F 180 und in den wesentlichen Teilen aus nichtbrennbaren Baustoffen [1]	F 180 – AB
15		A	B	Feuerwiderstandsklasse F 180 und aus nichtbrennbaren Baustoffen	F 180 – A

[1] Zu den wesentlichen Teilen gehören:

  a) alle tragenden oder aussteifenden Teile, bei nichttragenden Bauteilen auch die Bauteile, die deren Standsicherheit bewirken (z.B. Rahmenkonstruktionen von nichttragenden Wänden).

  b) bei raumabschließenden Bauteilen eine in Bauteilebene durchgehende Schicht, die bei der Prüfung nach dieser Norm nicht zerstört werden darf.

  Bei Decken muß diese Schicht eine Gesamtdicke von mindestens 50 mm besitzen; Hohlräume im Innern dieser Schicht sind zulässig.

  Bei der Beurteilung des Brandverhaltens der Baustoffe können Oberflächen-Deckschichten oder andere Oberflächen-behandlungen außer Betracht bleiben.

[2] Diese Benennung betrifft nur die Feuerwiderstandsfähigkeit des Bauteils; die bauaufsichtlichen Anforderungen an Baustoffe für den Ausbau, die in Verbindung mit dem Bauteil stehen, werden hiervorn nicht berührt.

Festigkeiten weite Bereiche des Bauwesens eröffnet, z.B. Wandelemente,
Fußböden. Allerdings ist die Festigkeit nicht ausreichend für höher
belastete Bauteile oder im Verpackungssektor usw.

Deshalb wurde schon seit den Anfängen der Spanplattenproduktion danach
getrachtet, mit Hilfe des Spanplattenherstellungsverfahrens Platten zu
erzielen, deren Festigkeiten an die von Sperrholz oder Furnierplatten
herankommen. In den letzten Jahren hat diese Zielrichtung noch an Bedeutung dadurch gewonnen, daß die Sperrholzproduktion wirtschaftlichen
Zwängen immer stärker unterlag.

4.4.11.3.1. Spanplatten mit orientierten Spänen

Schon in den 50er Jahren hat man erkannt (Elmendorf in USA und im
damaligen Institut f. Holzforschung, Braunschweig, heute WKI), daß
durch die Ausrichtung der Späne in eine bevorzugte Orientierungsrichtung die Festigkeiten bei Belastung in dieser Orientierungsrichtung
ganz erheblich gegenüber den Spanplatten mit unorientierten Spänen lag.
Am klarsten wird dieser Einfluß bei der Betrachtung der Eigenschaftsunterschiede zwischen Strangpreßspanplatten und flach gepreßten Spanplatten.

Allerdings ist die Anisotropie der Festigkeits- und Steifigkeitswerte
der Platten mit orientierten Spänen wieder der von Holz ähnlicher.

Die industrielle Produktion der Spanplatten mit orientierten Spänen
wurde in den USA von der Potlatch Corporation in den 70er Jahren auf-
genommen. Die festigkeitserhöhende Wirkung größerer Späne war bereits
bekannt, sodaß die Späne, sog. strands, für die orientiert gestreuten
Spankuchen länger als die der üblichen waren. Die ersten Spanplatten
dieser Art erhielten dann auch den Namen oriented-strand boards (OSB).

Anfangs konnte man die Späne nur quer zur Herstellungsrichtung orientieren, später auch in Herstellungsrichtung.

Ein anderes Prinzip zur Herstellung orientiert gestreuter Spanvliese
wurde von Elmendorf angeregt und von Bison zur Industriereife entwickelt (Greten, 1979). Die Ausrichtung erfolgt rein mechanisch durch
senkrecht zur Herstellungsrichtung angeordnete untereinander parallele
Metall- oder Kunststoff-Führungsflächen. Die Abstände zwischen den
Blechen sind geringer zu halten als die Spanlängen. Die Oberkanten der
Führungsflächen weisen Mitnehmervorsprünge auf. Wird ein Satz der

Führungsflächen gegeneinander bewegt, werden die Späne so lange gedreht, bis sie zwischen zwei benachbarten Flächen hindurchfallen.
Die Mitnehmer-Vorsprünge sind sägezahnartig mit schrägen Kanten ausgebildet, um ein Zerkleinern der Späne beim Orientieren zu vermeiden.

Greten (1979) berichtet über Versuche mit günstigen Ergebnissen bei
Spangrößen von 60 ... 75 mm Länge, Schlankheitsgrad der Späne von ca.
150 und einer Spandicke von 0,4 ... 0,5 mm. Bei Messerringzerspanern
hat sich in der Praxis gezeigt, daß eine größere Spandicke von 0,6
bis 0,8 mm vorteilhafter ist und die Entstehung von zu hohem Feinanteil
beim Zerspanen vermeidet.

Die Beleimung von schlanken strand-Spänen bereitet erheblich weniger
Probleme als die von wafers und kann auch mit flüssigen Leimharzflot-
ten durchgeführt werden. Bindemittelart und -menge sind abhängig von
den geforderten Platteneigenschaften. Für Spanplatten mit Eigenschaften ähnlich denen von CDX-Sperrholz sind 5,5 bis 6 % eines PF-Flüssig-
harzes erforderlich. Auch UMPF-Mischkondensate oder MI-Isocyanat-
Bindemittel sind für die Beleimung von strands gut geeignet.

Die beste Spanqualität kann aus Hölzern mit gleichmäßiger Struktur
erreicht werden. Zerstreutporige Holzarten wie Pappel (in Canada Zitter-
pappel), Weide, Roßkastanie, Erle, Bergahorn, Platane ergeben gleich-
mäßiges Spangut. Späne aus Holzarten mit starken Dichtekontrasten zwischen Früh- und Spätholz neigen zum Zerfallen in schmale Spähne. Dazu
gehören die Nadelhölzer Kiefer, Lärche und auch Fichte. Viele Tropen-
hölzer ergeben aufgrund der groben Poren, der drehwüchsigen oder wech-
seldrehwüchsigen Zellrichtung sehr uneinheitliche Spangemische beim
Zerkleinern.

Die Späne für OSB-Platten sind meist aus Nadelholz und haben durch-
schnittliche Abmessungen von 20 ... 70 mm Länge in Faserrichtung,
3 ... 10 mm Breite und 0,3 ... 0,6 mm Dicke (Blümer, 1981). Auf den
neueren Anlagen werden die Platten dreischichtig gestreut mit längs-
orientierten Deckschichten und querorientierter Mittelschicht (Krüzner,
1985). Früher wurden die OSB-Platten fast ausschließlich auf Blech-
anlagen - gestreut wurde auf Preßbleche - heute werden sie auch auf
Bandanlagen - gestreut wird direkt auf Transportband - ausgeführt.

Da die Festigkeit sehr stark von der Orientierung abhängig ist, wird
besonders Wert auf eine möglichst geringe Abweichung von der gewünsch-

ten Lage gelegt. Die Orientierung kann mit Hilfe eines elektrischen Fel-
des oder mit mechanischen Hilfsmitteln erfolgen. Die elektrostatische
Orientierung eignet sich vor allem für kleinere Späne und Fasern.

Die großen und breiten Späne müssen sorgsam transportiert, fraktioniert
und beleimt werden, um übermäßige mechanische Belastung und die damit
einhergehende Spannachzerkleinerung zu vermeiden.

Spanplatten mit orientiert gestreuten Spänen können ein- oder mehr-
schichtig gestreut werden. Mehrschichtige Spanplatten erhalten zusätzliche Variationsmöglichkeiten hinsichtlich der Spangröße in den einzelnen Schichten, dem Grad der Orientierung, den Schichtdicken, den Leim-
harzen und deren Anteil, um nur einige zu nennen.

Eine prinzipielle Darstellung der verschiedenen Einstellungsmöglichkei-
ten einer Streuanlage für orientierte Spanplatten ist in Abbildung 4.32
gegeben. Die Abwurfwalzen werfen die Späne durch den Scheibenstreukopf
auf das Streuband. Die Späne erhalten je nach der Einstellung, der Höhe
des Streukopfes über dem Streuband und der Drehrichtung der Streuschei-
ben ihre Ausrichtung.

Über die mechanischen Eigenschaften der Bauspanplatten informiert
Tabelle 4.34 im Vergleich zu den Eigenschaften von CDX-Sperrholz. Vorteile haben diese Platten beim Kriechverhalten (Blümer, 1981).

Die wirtschaftlichen Vorteile der OSB-Spanplatten gegenüber Sperrholz
liegen vor allem in den niedrigeren Holzkosten und in dem geringeren
Personalkostenaufwand, der trotz Automatisierung in Sperrholzwerken
aufgrund der Sortierarbeiten deutlich höher veranschlagt werden muß.

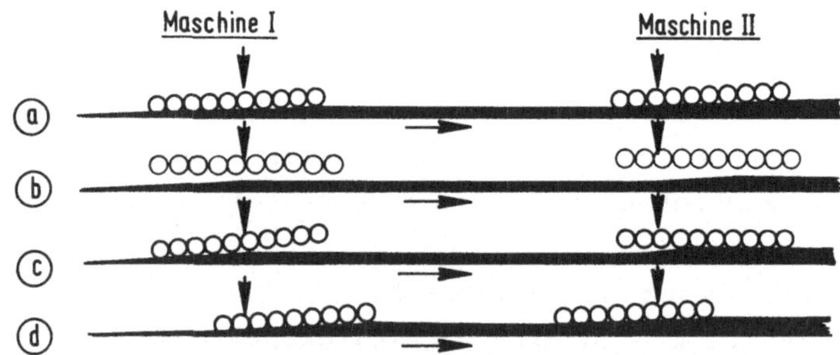

Abb. 4.32: Prinzipzeichnung der Streumaschinen für orientierte Streuung
           (aus Kieser et al., 1979)
           a) streng orientierte Späne
           b) nicht orientiert gestreute Späne
           c) Außenzonen mit orientierten Spänen (außen grobe Späne)
           d) Außenzonen mit orientierten Spänen (außen feine Späne),
              gedrehter Streukopf

Tab. 4.34: Vergleich der mechanischen Eigenschaften von Bausperrholz, Waferboard, OSB u. Strand board

Eigenschaften		CDX Sperrholz Kiefer	Wafer- board Aspe	orientierte Waferboard Aspe	Wafer- board Fichte	OSB Fichte	OSB Aspe	Strand board Fichte
Rohdichte	(kg/m^3)	500	650-720	660	650	650	650	690
Biegefestig- keit $\parallel$	(N/mm^3)	50	20-28	48	28	52	50,5	56
Biegefestig- keit $\perp$	(N/mm^3)	15	20-28	12	28	18,5	18	18
E-Modul $\parallel$	(N/mm^3)	8000	3500-4000	7900	3700	5600	8600	8800
E-Modul $\perp$	(N/mm^3)	1200	3500-4000	1400	3700	2700	2100	1900
Querzugfestigkeit	(N/mm^3)	0,85	0,40-0,55	0,45	0,55	0,65	0,51	0,56
Linearausdehnung $\parallel$	(%)	0,06	0,15-0,10	0,11	0,16	0,08	0,10	0,04
Linearausdehnung $\perp$	(%)	0,12	0,15-0,10	0,15	0,16	0,14	0,15	0,27

Greten (1979), Moeltner (1980), Walter (1981)

Für die USA wird ein Anstieg der OSB und Waferboard-Produktion von
1,64 Mio m³ auf 3,1 Mio m³ von 1984 bis 1989 vorausgesagt. Dieser Anstieg steht einem vergleichsweise geringen erwarteten Wachstum der
Sperrholzproduktion von 17,5 Mio auf 19,4 Mio m³ im gleichen Zeitraum
gegenüber - ein verringertes Wachstum bei gleichzeitiger Verdoppelung
neuer Produkte (Anderson, 1984).

OSB-Platten sind in Nordamerika vorwiegend ein Ersatzprodukt für das
sogenannte CDX-Sperrholz, das besonders als Dach-, Wand- oder Fußbodenplatten gebraucht wird. Als umfangreiches Spezialgebiet werden
Plattenunterkonstruktionen, vorwiegend beim Fußboden in Einfamilien-
häusern, gesehen, wo bisher lange Massivholzbalken mit großen Querschnitten die Kosten erhöhen (Krüzner, 1985). Weitere Anwendungsgebiete
liegen im Innenausbau für hoch belastete Fachböden, Treppen, Türfutter
sowie in Außenanwendungen beim Containerbau, für Paletten, Kisten und
Wohnwagen sowie als Ersatz oder in Kombination mit Bohlen, Balken oder
Holzleimbindern.

4.4.11.3.2 Waferboards

Eine in Mitteleuropa bisher nicht industriell eingesetzte Technologie
betrifft die Herstellung von Spanplatten mit erhöhten Festigkeiten aus
großflächigen Spänen.

In den USA wurde in den 50er Jahren von J. Clark eine Spanplatte aus
sog. "wafer" (waffelartige Späne) entwickelt. Das Verfahren beruht auf
der Herstellung großflächiger Späne von etwa 40 x 40 mm Kantenlänge und
0,8 mm Dicke in Scheibenzerspanern. Heute werden Waferboards nach dem
DHYM-Verfahren von Young und Moeltner als dreischichtige Platten hergestellt (Moeltner, 1980). Sie haben die Wafer-Herstellung auf Messerwellenzerspanern mit niedriger Schnittgeschwindigkeit eingeführt (Walter, 1981).

Eine regelmäßige Beleimung solcher Späne ist in herkömmlichen Belei-
mungsanlagen wegen der "Schattenwirkung" der Späne untereinander schwierig. Deshalb wurde pulverförmiges Phenolharz in Trommelbeleimmaschinen
eingesetzt, um eine allseitige Beleimung der Späne zu erreichen. Der
niedrige notwendige Bindemittelanteil von 2 ... 3 % Pulverharz bezogen
auf atro-Späne hält die Beleimungskosten mit dem teureren Pulverharz
in vertretbaren Grenzen. Zur Quellungsverbesserung wird Hydrophobierungsmittel mit 1,5 % eingesetzt.

Bei einer Rohdichte von ca. 670 kg/m³ wird bei Verwendung von Pappel-
holzspänen eine Platte mit Biegefestigkeitswerten von etwa 28 N/mm²
erreicht. Die Platte ist aufgrund der quadratischen Späne in der
Fläche nahezu isotrop (s. Tabelle 4.34). Die Querzugfestigkeiten
sind nicht zuletzt wegen der ziemlich dicken Späne relativ niedrig.

Obwohl die Festigkeitseigenschaften gegenüber den von technischem Nadelholzsperrholz erheblich abfallen, konnten diese waferboards einen Marktanteil von 20 % des Gesamtverbrauchs von Sperrholz in Canada für
Bauzwecke erreichen.

Wesentlichen Anteil an dieser Verbrauchsentwicklung hatten die Roh-
materialsituation und die geringeren Herstellungskosten der Spanplatte
gegenüber den Sperrholzplatten (Greten, 1979, Würtex). Obwohl der Roh-
materialeinsatz zur Erzielung der Platteneigenschaften bei den waferboard wegen der höheren Rohdichte und der größeren Dicke der Platten
gegenüber Sperrholz,um gleiche Eigenschaften im Biegeverhalten zu erreichen, höher sind, kann die Spanplatte mit niedrigeren Preisen ver-
kauft werden, als technisches Kiefernsperrholz.

Die Zielrichtung für die Entwicklung der Eigenschaften ist n. Moeltner
(1980) ganz eindeutig die Substitution von Sperrholz in USA und Canada.
Zur Verbesserung der Festigkeitswerte werden die "wafers" auch noch
größer und dünner hergestellt (z.B. 60 ... 80 mm lang, 5 ... 30 mm
breit und 0,6 bis 0,8 mm dick).

4.4.11.3.3. Furnier-Spanplatte

Von Überlegungen ausgehend, die teurer werdenden Furnierplatten für
das Bauwesen mit C-Qualität Deckfurnieren durch Platten gleicher oder
ähnlicher Festigkeitseigenschaften aus geringerwertigem Holz zu erset-
zen, hat die Entwicklung der Furnierspanplatten Anregungen erhalten
(Maloney, 1979).

Die Überlegungen, Spanplattenmittellagen auf Furniere zu streuen und
in einem Arbeitsgang zu sog. Furnierspanplatten zu verpressen, geht bis
in die Anfangsjahre der industriellen Spanplattenfertigung zurück.

In Mitteleuropa hat sich dabei mehr die Entwicklung einer Möbelbau-
platte als interessant herausgestellt, während in den USA Furnierspanplatten für Bauzwecke entwickelt wurden. Beiden Regionen kam der Antrieb
für diese Platten aus Überlegungen, die Holzausbeute zu erhöhen, die

Produktionszeit zu vermindern, die Dicke der Furniere reduzieren zu können und die Qualität zu verbessern, indem das Durchzeichnen der Fehler der Mittellagenfurniere ausgeschaltet wurde (Boehme, 1969).

Entsprechend der unterschiedlichen Zielsetzung wurden einerseits Versuche mit besonders zur Festigkeit beitragenden Spangemischen (Snodgrass, 1977, Maloney, 1969) durchgeführt, andererseits Späne für Möbelbauspanplatten verwendet.

In den USA wurden Spanplatten aus 2,5 bis 5,1 mm dicken Decklagenfurnieren mit orientiert gestreuten Spanplattenmittellagen von etwa 6,4 mm Dicke hergestellt. In Mitteleuropa werden Platten um 8 mm Dicke mit 0,5 mm Deckfurnierdicke industriell hergestellt (Don, 1974).

Die Furnierarten können beliebig ausgewählt werden, wenn der Feuchtigkeitshaushalt der Platte auf die Dampfdurchlässigkeit der Furniere während des Verpressens abgestellt wird. Offenporige Furniere sind leichter zu verarbeiten, da dem Ausdampfen der Platte geringerer Widerstand entgegengesetzt wird. Bei sehr dichten Hölzern wird eine Blasenbildung vermieden, indem die Furnierfeuchtigkeit auf 10 % reduziert wird.

Die Unterfurniere werden auf ein Transportband aufgelegt und mit Sprühdüsen beleimt. Danach wird das Furnierband mit beleimten Spänen bestreut. Vor dem Verpressen wird das Spanvlies mit einem auf der Unterseite beleimten Furnier belegt. Die Furnierspanpakete werden über ein Bandtablett in die Mehretagenpresse eingefahren und anschließend wie Sperrholzplatten weiterbehandelt.

Die Mittellagenspäne werden aus Rundholz oder aus den Abfällen der Furnier- und Sperrholzproduktion und anderer stückiger Holzabfälle hergestellt. Mit Hilfe spezieller Zerspanersegmente wird ein Span mit faserigen Enden hergestellt. Dadurch wird das Spanvlies auch mechanisch verfilzt und die Verleimungsfläche vergrößert. Das Spanmaterial darf nicht zu fein sein, um das Entdampfen der Mittelschichtfeuchtigkeit zu ermöglichen. Spangrößenverteilung und Furnierdampfdurchlässigkeit sollen aufeinander abgestimmt sein. Späne, die dicker als 1 mm sind, können sich bei dünnen Furnieren bis auf die Oberfläche durchzeichnen und sollten daher vermieden werden (s. dazu auch Paulitsch et al., 1975).

Hinsichtlich der Leimrezeptur beachtenswert wird die Beobachtung, daß der Härter aus der Spanleimflotte in der Dampfphase die dünne Deckspanschicht durchdringt und für die Härtung der Furnierleime sorgt. Dies ist bei Harnstoffharzleimen beobachtet. Deshalb wird dem Furnier-

leim kein Härter beigesetzt. Dadurch werden aufwendige Beleimungsarbei-
ten vermieden. In den USA werden die Mittellagen für Bauspanplatten
mit 5-6 % Phenolharz flüssig beleimt und auf eine Rohdichte von ca.
670 kg/m³ verdichtet.

Die Preßbedingungen sind denen der Furnierplattenherstellung ähnlich.
Je nach Furnierart liegt die Preßtemperatur bei 140°C, um ein Verfärben der Furniere unter Dampf und Chemikalieneinfluß zu vermeiden. Die
Preßzeit liegt üblicherweise zwischen 15 bis 20 sec je mm Plattendicke.
Das Druckdiagramm hat die im Vergleich zur Spanplattenherstellung
schwierigeren Entdampfungsbedingungen zu berücksichtigen und wird deshalb vom Spitzendruck, der bei ca. 20 bar liegt, allmählich abgesenkt.

Die Furnierspanplatten liegen im Wettbewerb mit nachträglich furnierten dünnen Spanplatten (Kieser, 1979). Berechnungen zeigen eine deutliche Überlegenheit dieses Eingangverfahrens gegenüber den in zwei
Preßvorgängen furnierten Spanplatten vor allem im Bereich dünner Spanplatten. Je nach den Marktgegebenheiten übersteigen die Kosten des
Eingangsverfahrens die des Zweigangsverfahrens bei 12 bis 18 mm
(Boehme, 1980).

4.4.11.4. Verbundplatten zur Wärmedämmung

Die großen Kostensteigerungen auf dem Energiesektor haben die wirtschaftlichen Relationen für Aufwendungen für die Wärmeversorgung und
den Wärmeschutz verändert. Gegenüber der häufig auf Baustellen geübten
Praxis, Wärmedämmschichten und dekorative Deckschichten einzeln zu
montieren, ergibt sich durch Verbundelemente aus Holzspanplatten und
geschäumten Kunststoffen eine kostengünstigere Anwendung.

Die schichtweise Kombination von Schaumkunststoffen und Holzwerkstoffen
wird bisher nur in Zweigangverfahren praktiziert (Schubert u. Paulitsch, 1979). Zu Beginn der Entwicklungsarbeiten von Holz-Schaumstoff-
Verbundwerkstoffen fanden sich in der Patentliteratur auch Ansätze zur
Herstellung von Verbundwerkstoffen aus Spänen und Schaumleimen.

Inzwischen werden Verbundwerkstoffe aus Holzwerkstoffplatten, auch
Gipskartonplatten, und Schaumkunststoffen hergestellt.

4.4.11.5. Formteile aus Furnieren, Spänen und Fasern

Eines der am weitest verbreiteten Verfahren der Holzverformung ist das
Biegen mit Stahlband, das um 1830 von dem Tischler Michael Thonet zum
ersten Mal angewendet wurde.

Formteile aus Furnieren oder Lagerholz gehören zu den am längsten bekannten hölzernen Formteilen. Aus Form-Schichtholz sind die mehrlagigen
vorwiegend schlanken, gebogenen und gerichteten Holme, Rahmen oder
Zargen gefertigt. Das Form-Schichtholz erlebt besonders bei den hoch-
belasteten Teilen des Bauwesens und Möbelbaus eine Renaissance. Aus
Form-Sperrholz werden unter Nutzung des Absperreffektes flächige,
mehrdimensional verformte Schalen, Sitze oder Lehnen gefertigt. Skandi-
navisches Design hat in der neueren Zeit die Möglichkeiten des Holzes
in bewundernswerter Weise hervorgehoben.

Die Oberflächeneigenschaften der Formteile können durch Auswahl unterschiedlich gefärbter und strukturierter Holzarten für Mittel- oder
Deckschichten variiert werden.

Aus dem modernen Möbel- und Innenausbau nicht mehr wegzudenken sind
die Formteile aus Platten. Die Herstellung von Formteilen aus Holzpartikeln hat in den vergangenen 20 Jahren eine stürmische Entwicklung
genommen und eine Vielfalt weit verbreiteter Formteile hervorgebracht.

Die Nachformung von dünnen Platten mit dem Postforming-Verfahren hat
der Möbelindustrie zu neuen Frontendesigns und Arbeitsplatten verholfen.

Die technischen Möglichkeiten, aus Spänen oder Holzfaserstoffen Formteile herzustellen, sind sehr vielseitig. Die Beimengung von Kunststoffen zur Erhöhung der Bindefestigkeit, Dimensionsstabilisierung, Witterungsbeständigkeit oder Holzschutzmitteln gegen Pilze und Insekten,
nicht zuletzt auch von Farbstoffen, ergibt ein breites Eigenschaftsspektrum dieser Formteile. Allerdings zeigt der europäische Markt nur
eine begrenzte Aufnahmebereitschaft für Spanholzformteile. Einige Entwicklungen haben sich aber in Marktnischen etablieren können.

Welche Formen möglich sind, zeigt sich in verschiedenen früheren Ver-
öffentlichungen (z.B. Klauditz u. Kratz, 1962). In den USA sind durch
Elmendorf u. andere erst in den letzten Jahrzehnten wieder verschiedene
Formteile aus Holzspänen entwickelt worden.

Die in Europa wirtschaftlich entwickelten Verfahren sind das Thermodyn-
und das Contipress-Verfahren sowie die seit 1956 in der Öffentlichkeit
bekannt gewordenen Werzalit-Formteile.

Thermodyn-Verfahren
Bei diesem Verfahren werden kleine, meist kubische Holzteilchen (Sägespäne oder Schleifstaub) in Formwerkzeugen mit bis zu 18 bar vorgepreßt,
bevor in gasdichten Formen unter hohem Druck und Temperatur die endgültige Verfestigung erreicht wird. Unter Drücken von 200 bis 300 bar
und bei 160 bis 290°C werden holzeigene Stoffe aktiviert, die die Bindung zwischen den einzelnen Partikeln herbeiführen. Hohe Rohdichte der
Spanmasse von über 1000 kg/m³ und die teuren verfahrenstechnischen
Bedingungen für Temperatur und Drücke begrenzen die Wirtschaftlichkeit
dieses Verfahrens. Hinzu kommt die aufwendige Technik zur Erzielung
gasdichter Formen, die auch die Form der Werkzeuge einschränkt.

Die weitere wirtschaftliche Wettbewerbsfähigkeit des Verfahrens wird
durch die Entwicklung der Kunstharzklebstoffpreise nachteilig beeinflußt.

Die Formbeständigkeit der Preßlinge nach dem Entformen war häufig nicht
befriedigend, so daß auch technische Probleme die Verbreitung beeinträchtigen.

Collipress-Verfahren
Eine Spezialpresse ist auch bei dem Collipress-Verfahren einzusetzen.
In ihr wird die Spanfüllung durch mehrere seitliche und einen senkrech-
ten Kolben gegen einen zentralen Kern gepreßt.

Damit werden Verpackungsbehälter gepreßt. Im Wettbewerb mit Kunststoff-
behältern hatte dieses Verfahren aber wenig wirtschaftliche Verbreitung
erreicht.

Werzalit-Verfahren
Beim Werzalit-Verfahren werden die Formpressung und die Oberflächenveredelung in einem Arbeitsgang durchgeführt. Die Spangrößen und -formen
entsprechen weitgehend den aus der Flachpreßplatte bekannten Abmessungen. Die mit ca. 20 bis 30 % (bezogen auf atro Späne) beleimten Späne
werden in Preßwerkzeugen mit Temperaturen zwischen 135 und 180 °C und
Drücken bis zu 100 kp/cm² gepreßt. Auf die Oberflächen der Spanform-
linge können Furniere, kunstharzimprägnierte Papiere, Gewebe oder
Metallfolien vor dem Pressen aufgelegt werden. Das Umlegen der Ober-
flächenmaterialien um die Kanten erfordert große Sorgfalt. Spezielle

Druck- und Temperaturführung während der Aushärtung von Späneleim- und
Papiertränkharzen haben die Schrumpfung des Rohlings, die Druckvertei-
lung im Formling zu berücksichtigen und sind je nach Formteil unterschiedlich. Nach dem Entgraten sind die Formteile verpackungsfertig.
Eine eigene Kombination von witterungsbeständigen Imprägnierharzen
ermöglicht auch die Herstellung von feuchtigkeitsbelasteten Bauteilen
(Fensterbänke, Balkonverkleidungen usw.).

Die Auswahl besonderer lunkerfreier und korrosionsbeständiger Stähle
für die Werkzeugfertigung zeigen auch die Abhängigkeit dieses Holz-
veredelungsverfahrens von der allgemeinen industriellen Entwicklung.

Das Werzalit-Verfahren macht fast unbegrenzte Formgebung möglich, wobei auch ungleiche Wanddicken erreicht werden.

Für Formteile aus Holzspänen werden erhebliche Anforderungen an die
Gleichmäßigkeit der Späne bzw. Spanmischungen gestellt. Nicht nur die
von Holzart zu Holzart unterschiedlichen Schwindbeträge während des
Preßtrocknens, auch die Geschwindigkeit der Feuchtigkeitsaufnahme und
-abgabe sowie das Verformungsverhalten der Spangemische sind für die
gleichmäßige Qualität der Spanformteile bestimmend.

Es werden Späne von 0,1 bis 0,3 mm Dicke und 10 mm bis 30 mm Länge
empfohlen. Dickere Späne setzen dem Verformen höheren Widerstand entgegen und werden mechanisch beschädigt. Längere Späne tragen zwar zu
höheren Festigkeiten bei, bedingen aber ein größeres Schüttvolumen für
ein Formteil als kleinere Späne.

Formteile aus Holzfasern werden in Europa nach verschiedenen Verfahren
hergestellt.

Die weiteste Verbreitung haben diese Formteile im Automobilbau für
Türinnenverkleidungen, Hutablagen oder Armaturenbrettverkleidungen,
auch Stuhlsitze, gefunden. Sie stellen damit die letzte Bastion der Holzverwendung im Automobilbau dar. Auch Rückwände von Fernsehgehäusen
werden aus Faserformteilen in einem Stück gepreßt. Die hohen Stückzah-
len, für die eine Form erforderlich ist, gewährleistet die Wirtschaftlichkeit dieser Verfahren.

Lignotock-Verfahren
Das Lignotock-Verfahren arbeitet, wie auch das Bisolen-Verfahren, mit
getrocknetem Fasermaterial von um 13 % Holzfeuchtigkeit. Nach der
Streuung der defibrierten Holzteile werden die Fasern durch Heißdampf

plastifiziert, bevor thermoplastische und duroplastische Klebstoffe
in einem Kalander zugeführt werden. Die feinen Partikel sowie die Hitze-
plastifizierung ermöglichen große Verformungstiefen. Dabei werden auch
gute technische Eigenschaften wie Schlag- und Stoßzähigkeit erzielt,
so daß die Formteile massiven Kunststoff-Formteilen überlegen sind.
Geringe Dicken von wenigen Millimetern und gegenüber Massivkunststof-
fen geringeres Gewicht (Rohdichten zwischen 750 und 1050 kg/m³) wirken sich vorteilhaft für die Verwendung aus.

Je ender die Radien, je stärker die Verformung, um so kleiner und
elastischer sollen die Teilchen sein. Um die Formbeständigkeit nach der
Entformung zu erhalten, ist die Zugabe von Kunstharzen oder anderen
Klebstoffen notwendig. Die Plastifizierung erfordert Feuchtigkeit und/
oder Temperatur oder die Zugabe von plastifizierenden Substanzen.

Spanlose Verformung dünner Span- und Faserplatten
Faserplatten, ölgehärtete und ungehärtete, werden am besten bei Temperaturen von 300 bis 400°C zwischen Stahlplatten gebogen. Die Biegung
erfordert nur 5 bis 150 sec, je nach Biegeradius. Die untere Seite, die
durch die Trockensiebe gekennzeichnet ist, sollte auf der konvexen
Seite liegen. Die Dauer der Vorerwärmung ist erwartungsgemäß abhängig
von der Höhe der Temperatur und der Dicke der Platten. Die Erfahrung
zeigt, daß eine Faserplattendeckschicht aus stark refined Fasern leichter zu Rissen neigt. Es hat sich weiter gezeigt, daß die Herstellungsrichtung der Faserplatten, also die geringfügige Faserorientierung,
dann von Vorteil hst, wenn die Herstellungsrichtung parallel zur Biege-
achse liegt. Eine Temperaturvorbehandlung bei der Öltemperierung ist
der Biegefähigkeit abträglich, obwohl auch kein unüberwindbares Hindernis (Kollmann, S. 663 ff.).

4.5 Holzfaserplatten und Schichtpreßstoffplatten

4.5.1 Holzfaserplatten

Holzfaserplatten sind Platten aus verholzten Fasern, die mit oder ohne
Füllstoffen und mit oder ohne Bindemittel hergestellt werden.

4.5.1.1. Herstellung von Holzfaserplatten

Die ersten Holzfaserplatten sollen in Japan im 6. Jhd. für die Verkleidung von Wänden von kleinen Häusern hergestellt worden sein (Kollmann,
et al., 1975, S. 552). In der Neuzeit geht das erste Patent auf den
britischen Erfinder Clay, Ende des 18. Jhd., zurück. Die industrielle
Produktion von Faserplatten begann mit H.W. Mason in den USA etwa 1926.
Die ersten Faserplatten sind nach Zerfaserung von Hackschnitzeln in
der Mason-Kanone und anschließendem Heißpressen ohne Bindemittelzugabe
produziert worden. Später wurde die kontinuierliche Defibrierung von
Hackschnitzeln unter Dampf (170 - 175 °C) und Druck von dem Schweden
Asplund 1931 entwickelt und unmittelbar anschließend in einem industriellen Prozeß verwirklicht. Die Faserplatten wurden noch papierähnlich
in einem Naßverfahren geformt (Sandermann u. Künnemeyer, 1956).

Erst nach 1940 entwickelte sich in den USA der Gedanke in Richtung auf
eine trockene Formung der Faserplatten, die dann auch in Mitteleuropa
in Produktionsanlagen umgesetzt wurde.

4.5.1.1.1. Harte Holzfaserplatten und Weichfaserdämmplatten

Im Naßverfahren werden die Hackschnitzel nach Erwärmung in einem Defibrator in Fasern aufgelöst und dann unter Beimischung von Zusätzen kontrolliert auf eine Entwässerungsstrecke dosiert. Bei harten Holzfaserplatten erfolgt anschließend die Pressung auf Mehretagenpressen. Faserdämmplatten werden nur einer Vorverdichtung nach der Entwässerung unter-
w orfen und anschließend auf einem Rollentrockner im Durchlauf getrocknet. Hartplatten werden nach dem Pressen noch einer Temperierung und
Klimatisierung unterworfen. Im Trockenverfahren werden die Fasern vor
dem Herstellen des Faservlieses weitgehend getrocknet und das Faservlies
dann ähnlich dem jetzt weiter verbreiteten Spanplattenverfahren nach
Vorpressen in Mehretagenpressen zu harten Holzfaserplatten gepreßt, konditioniert und aufgetrennt. Im Halbtrockenverfahren werden die Fasermatten auf eine Saugvorrichtung gestreut, bevor sie auf Transportbleche
übergeben werden. Mit den Transportblechen werden die Fasermatten in
Mehretagenpressen verdichtet.

Die Zerfaserung der Hackschnitzel erfolgte lange Zeit in der Masonit-
Kanone. Darin werden die ca. 20 mm langen Hackschnitzel in kurzer Zeit
mit Heißdampf einem Druck von ca. 40 kp/cm² ausgesetzt. Nach einer kurzen Verweilzeit wird der Druck auf 70 bis 80 kp/m² und die Temperatur
auf ca. 290 °C erhöht. Durch plötzliche Öffnung eines Ventils werden
die erweichten Hackschnitzel durch ein Gittersieb hindurchgepreßt und
dabei zerkleinert und zerfasert. Der beim plötzlichen Öffnen des Behäl-
ters entstehende Knall illustriert den Begriff Masonite-Kanone. Die
Zeit, unter der die Hackschnitzel unter dem hohen Druck stehen, ist
abhängig von der Holzart, der Hackschnitzelgröße und dem Feuchtigkeitsgehalt.

Einen wesentlichen Fortschritt bildeten die kontinuierlich arbeitenden
Mühlen oder Defibratoren (Asplund, Bauer, Biffar). In diesen Mühlen
werden die Hackschnitzel nach Heißdampfzugabe zu einem gleichmäßigen
Faserbrei gemahlen. Der Temperaturaufwand ist niedriger, da nur etwa
180 °C erforderlich sind.

Faserplatten werden üblicherweise in mehreren Schichten gestreut, die
aus Fasern unterschiedlicher Holzarten und Mahlgrade sowie verschiedener Zusätze bestehen. Damit können Farbe und Oberflächenglätte sowie
Dimensionsstabilität und andere mechanisch-technologische Eigenschaften
gezielt beeinflußt werden.

In der Heißpresse werden die Preßbedingungen je nach Verfahrenstyp
unterschiedlich gewählt. Im Trockenprozeß hergestellte Faserformlinge
erfordern den höchsten Druck (ca. 70 kp/cm²) und die höchste Temperatur (bis zu 260 °C), um harte Faserplatten herzustellen. Mit zunehmender Feuchtigkeit des Faservlieses können die Temperaturen und Drücke
reduziert werden; bis auf etwa 50 kp/cm² und 200 °C im Naßverfahren.
Der semidry-Prozeß erfordert dazwischenliegende Preßbedingungen, die
jedoch je nach spezieller Technologie variieren. Die Merkmale der wichtigsten semidry-Verfahren sind in Tabelle 4.35 wiedergegeben. Um ein
Entdampfen der feuchten Faservliese während des Pressens zu ermöglichen,
müssen für den Naß- und Halbtrockenprozeß zwischen das Faservlies und
die Transportbleche vor dem Pressen Stahlgewebe eingelegt werden. Diese
Gewebe verursachen einen gitterartigen Abdruck auf der Unterseite der
Faserplatten. Teilweise müssen diese lockeren Rückseiten vor einer weiteren Verarbeitung abgeschliffen werden.

Die Faserplatten werden mit etwa 125 °C Materialtemperatur aus den Pressen entleert. Die Dunkelfärbung der harten Holzfaserplatten geht auf

Tabelle 4.35: Merkmale der wichtigsten Verfahren zur Herstellung
            von halbtrocken hergestellten Hartfaserplatten
            (n. Sandermann u. Künnemeyer, 1956)

Plywood Research Corp.	Dämpfung der Hackschnitzel, Zerfaserung in der Bauer-Mühle, Beleimung und Parrafinzugabe, Formung im "Felter", Egalisierung mit Rakelmesser, Vorpressung auf 1/6 der Dicke, Feuchtigkeit vor der Presse ca. 35 %, Etagenpresse (60 kg/cm², 3-5 min, 200 °C)
Weyerhäuser Timber Co.	Defibrator, Fasersortierung durch Luftwhizzer, automatische Gewichtsermittlung, Formmaschine mit mehreren Bürstenverteilern für mehrschichtige Platten, Etagenpresse (80 kg/cm², 3 min bei 210 °C für 2 mm-Platten)

die hohen Extraktstoffgehalte im Fertigungswasser zurück. So lösen sich
im Masonite-Verfahren ca. 25 %, bei anderen Verfahren ca. 10 bis 12 %
des Holzes während und nach der Zerfaserung im Wasser. Derartige Ferti-
gungswässer erfordern meist vor dem Übergang in die Flüsse eine teure
Reinigung. Außerdem sind die Fertigungsstandorte an das Vorhandensein
von Wasser gebunden.

In der Hartplattenindustrie hat sich eine Hitzenachbehandlung der Platten zur Nachhärtung eingeführt. Dabei werden die Platten in heißer Luft
(160 °C) für etwa 5 h behandelt. Die Biegefestigkeit steigt währenddessen um etwa 25 % an.

Anstelle einer Wärme-Nachbehandlung können die Platten auch einer Öl-
härtung unterworfen werden. Im Vordergrund dieser Behandlung steht
dabei die Erhöhung der Wasserfestigkeit und der Witterungsbeständigkeit der Platten, sowie der Abriebfestigkeit, weniger der Festigkeitserhöhung. Üblicherweise werden die gepreßten Platten dazu in einem
heißen Ölbad imprägniert und anschließend einer Trocknung bei etwa
170 °C für etwa 7 h unterworfen. Dabei härtet das Öl. Die reaktiven
Gruppen der Holzfasern gehen dabei eine chemische Verbindung mit den
Ölen ein.

Nach der Trocknung haben die Platten eine Feuchtigkeit, die unterhalb
der optimalen Verarbeitungsfeuchtigkeit liegt. In Konditionierungs-
kanälen werden die Platten erhöhten Temperaturen und relativer Luftfeuchtigkeit von ca. 85 % für 5 bis 6 Stunden ausgesetzt, um dabei eine
Feuchtigkeit von etwa 10 % anzunehmen. Während dieser Behandlungen ist
auf das Vermeiden von Verzug besonders zu achten. Holzfaserplatten werden als poröse (230 ... 350 kg/m³.), mittelharte (350 ... 800 kg/m³),
harte (über 800 kg/m³) und extraharte (über 1000 kg/m³) Holzfaserplatten

hergestellt. Für harte Faserplatten und für Weichfaserdämmplatten ist
das Bauwesen der wichtigste Anwendungsbereich. Die wichtigsten Endver-
brauchszweige sind Wände, Decken, Türen, Dachunterdeckungen, aber auch
Einbaumögel, wobei die Faserplatte meist als Abdeckungen oder auf Rahmenkonstruktionen eingesetzt werden.

In den nordischen Ländern wird dabei die Weichfaserdämmplatte vor
allem für Isolationszwecke von Holzrahmenbauten eingesetzt. Auch für
die Wärmedämmung von Wänden und Decken in Altbauten kommen Faserplatten, meist bitumenimprägniert,in Frage. In den letzten Jahren haben
besonders die Do-it-yourself-Bauherren diesen Werkstoff schätzen ge-
lernt. Die Weichfaderdämmplatte wird aber auch zu akustischen Zwecken,
schallschluckend, eingesetzt.

Die harten Holzfaserplatten haben besonders in veredelter Form ihren
Markt behalten. Bitumenimprägniert, mit Bohrungen versehen (gestanzt)
oder melaminharzbeschichtet bzw. lackiert, haben die dünnen und harten
Holzfaserplatten ihre Bedeutung bei Wand- und Deckenverkleidungen,
Türen oder als Rückwände im Kastenmöbelbau usw. Im Möbelbau ist aber
ein Trend zur Substitution durch dünne Spanplatten nicht zu übersehen.
Im Bauwesen sind die inzwischen biegeweicher gewordenen HPL-Platten
eine zusätzliche Herausforderung (ECE 1986).

Für den Möbel- und den Innenausbau werden harte Holzfaserplatten auch
mit melaminharzimprägnierten Papieren im Zweigangverfahren beschichtet.
Die Eigenschaften dieser kunststoffbeschichteten dekorativen Holzfaserplatten sind in DIN 68 751 niedergelegt.

Geprägte Holzfaserplatten werden durch strukturierte Preßbleche erzeugt
und finden als Oberflächen von Betonschalungsplatten Anwendung. Mit verschiedenen Mustern gelochte Platten dienen dekorativen oder schalldäm-
menden Funktionen.

Größere Bedeutung haben die bituminösen Holzfaserplatten als Spezialplatten erlangt. Sie werden durch Zugabe von bis zu 30 % Asphaltemul-
sion evtl. mit Leim und/oder Wachsemulsionen hergestellt. Normale
Bitumen-Holzfaserplatten haben einen Bitumengehalt von 10 bis 15 Ge-
wichtsprozent (DIN 68 753).

Versuchsweise wurde die Dimensionsstabilität von Holzfaserplatten durch
Zugabe von Glasfasern (6 ... 12 m lang, 5 ... 11 mm Durchmesser) vor
allem bei niedrigen Preßtemperaturen (um 100 °C) verbessert. Bei Tem-

peraturen um 200 °C wirkt sich die Glasfaserzugabe erheblich weniger
aus (Cavlin u. Bach, 1968).

4.5.1.1.2. Mittelharte Faserplatten und MDF-Platten

Back (1976) hat 7 Verfahrenstechniken (3 Naß- und 4 Trockenverfahren)
für die Herstellung von MDF-Platten zusammengestellt. Neben dem weiter
unten ausführlicher dargestellten Trockenverfahren ist hier noch das
S-2-S-Verfahren erwähnenswert.

Dieses Verfahren geht zunächst von 250 bis 300 kg/m³ schweren Isolier-
platten aus. Diese Platten werden bei sehr niedrigem Feuchtigkeitsgehalt - evtl. nach vorsichtiger Vorerwärmung - in Mehretagenpressen
bei hohen Temperaturen zu mitteldichten Faserplatten komprimiert
(600 bis 700 g/cm³). Da diese S-2-S (smooth two sides)-Platte hauptsächlich als Außenwandverkleidung eingesetzt wird, gibt man während
der Herstellung des Isolierplattenvlieses im Naßverfahren Phenolharz
(4 bis 7 %) und Hydrophobierungsmittel hinzu.

Für die wirtschaftlichen Bedingungen Mitteleuropas hat sich das Trockenverfahren als das vorteilhafteste herausgestellt. Geringe Umweltbeeinträchtigung und inzwischen verbesserte Brandsicherheit der Anlagen
gelten wohl als wichtige Randbedingungen.

Bei den mittelharten Faserplatten, die im Trockenverfahren hergestellt
werden, wird meist nur eine Fasermischung zu einer Einschichtenplatte
gestreut (Sitzler, 1980). Die Produktion geht von Hackschnitzeln,
aber auch von Säge- und Hobelspänen und anderen Abfällen aus der holzverarbeitenden Industrie aus. Die stärkere Zerkleinerung des eingesetzten Holzes zur Faser macht die Herstellung unabhängiger von der
Rohmaterialqualität als bei der Spanplattenherstellung, die einen
erheblichen Anteil größerer Späne, vor allem für die Mittelschichten,
erfordert. Schwankungen in der Zusammensetzung des Ausgangsmaterials,
beispielsweise im Ablauf des Jahres, nehmen bei MDF.Platten geringeren
Einfluß auf die Plattenqualität.

Die Hackschnitzel sind zweckmäßigerweise vor der eigentlichen Faser-
herstellung, der Druckzerfaserung, von Sand, Steinen und Metall zu
befreien. Verunreinigungen wirken sich unmittelbar auf die Standzeiten
der Mahlscheiben aus. Vor der Druckzerfaserung werden die Hackschnitzel
im Kocher für 3 bis 6 min und bei Drücken zwischen 5 und 8 bar behandelt.

An die Druckzerfaserung schließt sich das Mahlen der Fasern auf den
gewünschten Feinheitsgrad an, bevor die Fasern beleimt werden. Man
unterscheidet die "Blowline-Beleimung" und die Beleimung in einem
Mischer. Bei ersterer wird der Leim in die Blasleitung zwischen Zer-
faserer und Trockner gebracht und das Fasermaterial in beleimtem
Zustand getrocknet. Beleimungsmischer sind wie bei der Spanplattenherstellung zwischen dem Bunker für getrocknete Fasern und der Streumaschine angeordnet. Die Fasern werden in einem Stromtrockner, der
kurze Verweilzeiten realisierbar macht, ausreichend getrocknet.

Eine zentrale Stellung bei der Herstellung von MDF-Platten nimmt die
Bildung des Faservlieses ein. Dabei wird ein Verfahren, bei dem die
Fasern in einem pneumatischen Kreislauf auf das Transportband aufgebracht werden (Pendistor, System Sunds Defibrator), von jenem unterschieden, bei dem die Fasern mechanisch voneinander getrennt werden
(System Siempelkamp). Die Fasermatte wird dann auf dem Formband kontinuierlich vorgepreßt und abgelängt, um in Mehretagenpressen oder
Einetagenpressen verdichtet und ausgehärtet zu werden. Die Preßdrücke
können bei 60 kp/cm² liegen (Ehrentreich, 1983). Weltweit werden bei
Neuanlagen überwiegend kontinuierlich arbeitende Preßsysteme installiert (Soiné, 1987). Die Aggregate nach der Presse entsprechen denen
bei der Spanplattenherstellung, also Kühlung, Besäumung und Schleifen.

Die MDF-Fertigung hat einen höheren Energieverbrauch von etwa 300 bis
450 kWh/t gegenüber nur etwa 250 kWh/t bei herkömmlichen Spanplatten-
anlagen. Gemeinsam mit den höheren Anschaffungskosten für die Anlage
w ird von Kosten von etwa 20 % über denen von Spanplatten gesprochen.

Die Technologie der Faserplattenherstellung im Trockenverfahren könnte
durchaus zu vielseitigen Entwicklungen gute Voraussetzungen mit sich
bringen. Die Variation der Rohdichte, vor allem zu leichteren Platten
oder die Kombination mit entsprechenden Klebstoffen sowie die Addition von Zuschlagstoffen eröffnen ein breites Feld.

Diese Entwicklungsrichtungen dürften bei den feinen Fasern noch weiter-
gehende Eigenschaftsverbesserungen der Holzwerkstoffe bringen als die
Entwicklung von Spanplatten. Die feineren Fasern, gegenüber Spänen,
sollten sich schneller und gleichmäßiger vorbehandeln lassen und auch
eine gleichmäßigere Vermischung mit Zuschlagstoffen ermöglichen.

Als Rohmaterial für die MDF-Platten wird schon mit Erfolg Hackschnitzel
aus Eucalyptus globulus aus Aufforstungen in Spanien verwendet (Mohr,

1983). Aber auch Nadelholz (Douglasie, Corsican pine, P. radiata) aus
Kurzumtrieben eignet sich gut (Soiné, 1987).

In MDF-Platten können Buche, Eiche, Birke, Esche, Kastanie, Pappel und
Nadelhölzer verarbeitet werden (Ehrentreich, 1983).

Obwohl die MDF-Platte zuerst in den USA entwickelt wurde, ist sie in
Europa verbessert und weiterentwickelt worden. Gegenüber amerikanischen Platten sind die europäischen mit gleichmäßigerer Faserverteilung,
-größe und -farbe versehen als die amerikanischen Platten. In Europa
sind die Dichten niedriger und die Toleranzen der Plattendicken enger,
was höhere Anforderungen an die Gleichmäßigkeit der Plattenherstellung,
vor allem an die Faser-Streumaschinen, nach sich zieht.

Um die Preßzeiten bei dicken Faserplatten zu reduzieren, eignet sich
die Hochfrequenzerwärmung beim Pressen. Diese ist in den USA häufig
installiert. Eine Übersicht über die Ausrüster der Plattenanlagen bis
zum Jahr 1983 findet sich bei Battlori (1982).

4.5.1.2 Eigenschaften von MDF-Platten

Der MDF-Platte werden im wesentlichen drei Vorteile gegenüber der herkömmlichen Möbel-Spanplatte zuerkannt:
Vorteile aufgrund der feineren Oberfläche,
bessere Schrauben- und Nagelhaltefähigkeit in der Mittelschicht und
geschlossenere Schmalfläche.

In der BRD gibt es bis 1987 noch keine speziell für diesen MDF-Werk-
stoff vereinbarten Normen. Zwar gibt es für mittelharte Holzfaserplatten Eigenschaftskriterien, z.B. in DIN 68 753 und 68 754, BS 1 142
bzw. 150. Diese tragen aber nicht den speziellen Eigenschaften der
MDF-Platten Rechnung und sind auf die Platten nicht anwendbar. Die britische BS 1 142, die die allgemeinen Faserplatten betrifft, wurde erst
nachträglich geändert und um einige Kapitel erweitert, die die MDF-
Platten betreffen. MDF-Platten werden definiert als Platten mit mittlerer Dichte aus Lignocellulose-Fasern, die mit synthetischen Leimhar-
zen verklebt werden und in einem Trockenverfahren unter Verwendung
von Druck und Temperatur hergestellt werden. Als Dichtebereiche der
MDF-Platten werden 600 bis 900 kg/m³ angegeben. Die Stärken liegen
zwischen 3 und 50 mm. In Tabelle 4.36 sind weitere Kennwerte angegeben. Wie auch bei Holzspanplatten üblich, werden MDF-Platten für allgemeine Zwecke von solchen mit speziellen Eigenschaften unterschieden.

MDF-Platten haben besondere Eigenschaften hinsichtlich der Kantenbearbeitbarkeit. Deshalb spielen der Sandgehalt - als eine der ent-
scheidendsten Größen für die Standzeit von Bearbeitungswerkzeug-
schneiden - eine besondere Rolle. Die Lackierfähigkeit bzw. die Ober-
flächenabsorptionseigenschaften werden mit einer eigens dafür entwickelten Toluolmethode bestimmt.

Die Vorteile der MDF-Platten gegenüber Möbelbauspanplatten werden nicht
zuletzt auf die geringeren Unterschiede der Rohdichte über den Querschnitt der Platte zurückgeführt. In Abb. 4.33 sind die Rohdichte-
profile einer Span- und einer MDF-Platte schematisch einander gegenübergestellt. Bei gleicher mittlerer Rohdichte der Platten verteilt sich
die Masse gleichmäßiger über den Querschnitt, wodurch die Schmalfläche
homogener wird, die Richtwerte für MDF-Platteneigenschaften weniger
anisotop als die von Spanplatten. Die Eigenschaften von MDF-Platten
sind in Tabelle 4.36 angegeben. Daraus ist im Vergleich mit Spanplatten, Sperrholz- und Tischlerplatten eine differenzierte Bewertung bei
den verschiedenen Eigenschaften möglich. Eine qualitative Bewertung
dieser Unterschiede ist in Tabelle 4.37 wiedergegeben.

Die Anwendungsmöglichkeiten für MDF-Platten sind durch den höheren
Preis und die Eigenschaften vorgegeben.

Aufgrund der Reinigung der Fasern von einem wesentlichen Anteil Sand
werden die Werkzeugschneiden bei der Bearbeitung deutlich weniger als
beim Schneiden von Spanplatten beansprucht. Hartmetallbestücke Schneiden werden dennoch empfohlen, um hohe Qualitätsansprüche zu erfüllen
(Fidor, 1981). Zur Bearbeitung werden untenstehende Zahngeometrien
empfohlen:

Spanabnahme je Zahn	0,08 - 0,13 mm
Zahnfreiheit radial	1 - 2°
seitlich	3 - 4°
Freiwinkel	20 - 22°
Spanwinkel	15°

Tab. 4.36: Eigenschaftswerte von MDF-Platten
         (n. GEHRTS, 1987) – (Norm-Vorschlag)

Eigenschaft	Einheit	Dickenbereich						Praxiswerte und (Soine 1987) 9–18 mm
		≤6 mm	>6–12 mm	>12–19 mm	Herbs 1987	>19–35 mm	>35 mm	
Dickentoleranz	mm²	± 0,2	± 0,2	± 0,2		± 0,3	± 0,3	± 0,15
Maßtoleranz		± 2 mm/m maximal in Länge und Breite, ± 10 mm max. für Platten > 4 m Länge						± 1,6
Rechtwinkligkeit		< – – – – – – – – – ± 1,5 mm/m – – – – – – – – – – – – >						
Wasseraufnahme nach 24 h Wasserlagerung	%	25	20	18	25-50	16	16	
Dickenquellung nach 24 h Wasserlagerung	%	10	8	8	9-28	6	6	4,5
Biegefestigkeit bei Statischer Biegung	N/mm²	35	30	30	32-35	28	25	45
Elastizitätsmodul bei Statischer Biegung	N/mm²	2800	2500	2500		2000	2000	2400
Querzugfestigkeit	N/mm²	0,70	0,65	0,60	0,7-1,0	0,50	0,55	1,2
Schraubfestigkeit Fläche	N	1)	1)	1050		950	950	
Kanten	N	1)	1)	850		650	650	
Dimensionsstabilität Länge/Breite	%	0,40	0,40	0,40		0,35	0,35	
(Luftfeuchtebereich 35-85 %) Dicke	%	6	6	6		5	5	
Sandgehalt (ISO 3340)	Gewichts-%	< – – – – – – – – – 0,05 – – – – – – – – – – – – – >						
Perforatorwert (EN 120)	m/100 g	< – – – – – – – – 21 – – – – – – – – – – – >						
Oberflächenabsorption		< – – – – – 150 mm (beidseitig) – – – – – – – – – >						
Dichte	kg/m³				700 ... 800			

1 Die Schraubfestigkeitsprüfung ist nicht für Platten unter 15 mm Dicke anwendbar.
2 Eigenschaftskennwerte über den Formaldehydgehalt der MDF-Platten, gemessen mit dem Perforatorwert, können erst nach Abschluß eines entsprechenden Versuchsprogramms festgesetzt werden.
Allgemeine Anmerkungen: Der Feuchtigkeitsgehalt von MDF-Platten liegt normalerweise bei 8 % ± 3 % ab Werk.
In Europa hergestellte Standard-MDF-Platten haben eine Dichte von 600 – 900 kg/m³.

Tab. 4.37: Eigenschaften von MDF-Platten im Möbelbau

Im Vergleich zu		Spanplatten	Sperrholz	Tischler-platten
Physikalische Werte				
Dichte		+	+	+
Biegefestigkeit		−	+	+
Querzugfestigkeit		−	+	+
E-Modul		−	+	+
Lineare Ausdehnung		+	+	+
Anwendungstechnik				
Schraubfestigkeit	Oberfl.	+	/	+
	Kante	−	/	+
Profilierbarkeit	Oberfl.	−	/	−
	Kante	−	/	−
Lackierfähigkeit	Oberfl.	±	±	±
	Kante	−	/	−
Laminierbarkeit		±	−	−
Furnierbarkeit		±	−	−

− ungünstiger als MDF
± praktisch gleichwertig
+ günstiger als MDF
/ entfällt (nicht durchführbar)

Bei Messerköpfen mit 6 Messern und 5.000 Umdrehungen je min werden
Vorschubgeschwindigkeiten um 40 m möglich, bei üblichem Werkzeug-
durchmesser von 180 mm.

Der Vorteil der geschlossenen Schmalflächen bei Kantenbearbeitung wird
etwas gegenläufig dadurch beeinflußt, daß die Saugfähigkeit der ange-
schnittenen Holzfasern sehr stark erhöht wird. Die Schmalflächen sollten also mit höherem Lackauftrag versehen werden als die Oberflächen
der Platten. Peter (1982) weist auf verschiedene Probleme bei der
Lackierung von MDF-Platten hin. Peter sieht die Hauptgefahr in der
Feuchtigkeitsaufnahme der MDF-Platte, da sich in der lackierten Sicht-
fläche sehr deutlich Strukturen des Untergrundes abzeichnen können.
Auf ausreichende Schichtdicke der Lacke an profilierten Schmalflächen
und entsprechend runder, nicht scharfkantiger Ausbildung der Profile
soll geachtet werden.

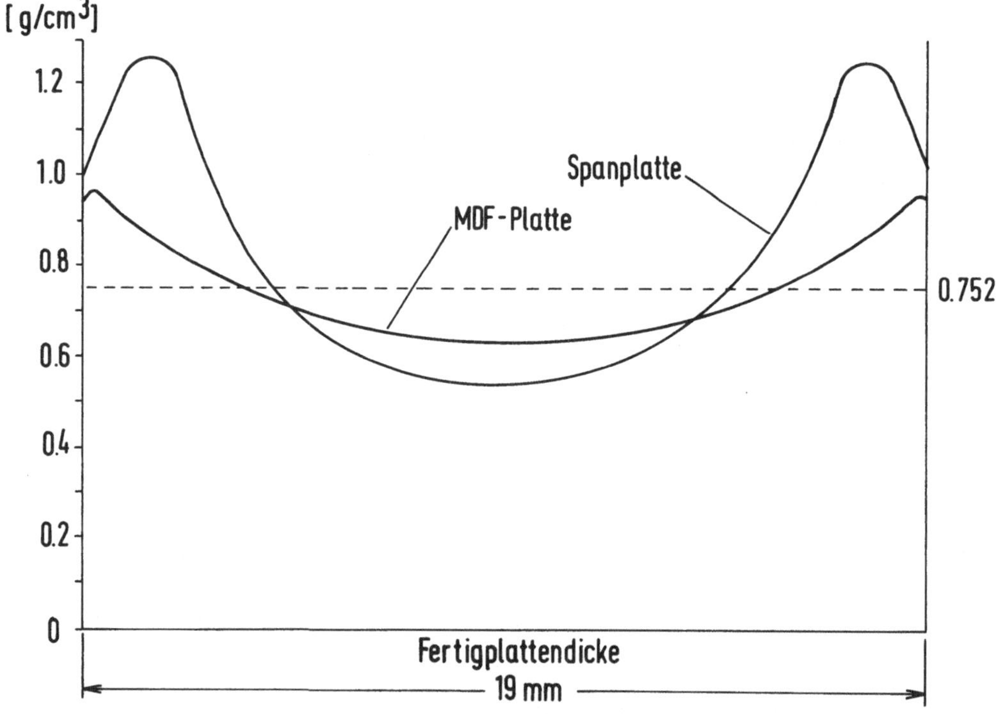

Dichteprofil von Spanplatte und MDF-Platte

Abbildung 4.33

4.5.2. Gipsfaserplatten

Gipsfaserplatten werden unter Vermischung von verschiedenen Holzfaserstoffen und Gipsen hergestellt. Die Dicke der Gipsfaserplatten ist aufgrund der Kalkabbindung praktisch unbegrenzt. Doch ergeben nicht alle
zu Spänen aufbereiteten Holzarten mit Kalziumsulfat Werkstoffe mit be-
friedigenden Festigkeiten.

An Fichten, Lärchen, Birken und Pappeln konnte der Einfluß von im Holz
vorhandenen Inbitoren gezeigt werden (Seddig et al. 1988). Meßbar
wurde dies durch die elektrische Leitfähigkeit von Holz-Wasser-Extrak-
ten, die eine gute Korrelation zwischen der Hydrationszeit zeigt. Mit
steigender Leitfähigkeit des Wasserextraktes ergibt sich eine längere
Abbindezeit des angemachten Gipses.

Weiterhin ist die Haftung zwischen Gips und Holz abhängig von der
Größe der Dihydrat-Kristalle, die an der Grenzschicht zwischen Holz
und Gips ausgebildet werden.

Auch bei verschiedenen Altpapiersorten ergeben sich Unterschiede. Mit
steigendem Wellpappenanteil in den Faserstoffen nehmen die Plattenfestigkeiten ab (Patt u. Schöler, 1988). Durch das in Wellpappen eingebrachte Wasserglas kommt es zu Abbindeverzögerungen und Gefügestörun-
gen des Gipses. Zwischen den verwendeten Gipsen bestehen ebenfalls
Unterschiede. Gipse aus Rauchgasentschwefelungsanlagen (REA-Gips)
tragen zu besseren Plattenfestigkeiten bei als Natur-(Stuck-)Gipse.
Die Verankerung der Fasern im Gips kann durch Zugabe von technischen
Stärken verbessert werden. Auf dem Sektor der Gipsfaserplatten sind
Entwicklungen angestrebt, um Platten mit spanplattenähnlichen Festigkeiten zu erreichen.

Um eine umfangreichere Altpapierverwertung und die Verwendung von
REA-Gips voranzubringen, liegen diese Bemühungen auch im ökologi-
schen Interesse.

4.5.3. Dekorative Schichtpreßstoffe (High Pressure Laminates, HPL)

Verbundwerkstoffe aus duroplastischen Harzen und Papierfasern werden
seit der Entwicklung von Phenolharzen hergestellt. Nicht zuletzt aufgrund der Eigenfarbe der Phenolharze waren diese Werkstoffe vorwiegend
technische Schichtstoffe für den Flugzeugbau (Meyer, Erickson, 1959)
oder als Hartpapier für Isolationszwecke (Hartmann, 1952, DIN 7735,
1951).

Die Herstellung von Schichtstoffen aus Papiergeweben, Furnierholz u.a.m.
hat erst mit der Entwicklung zu dekorativen Materialien, seit Anfang
der 50er Jahre, neue Impulse erhalten. Zwar sind Schichtstoffe für
dekorative Zwecke seit etwa 1930 aufgrund der hellen Farbe der Karba-
midharze möglich geworden, jedoch hat sich die Entwicklung zuerst in
Amerika und England vollzogen. Schichtpreßstoffplatten wurden zur Belegung von Tischen, Wänden oder Möbelflächen verwendet. Die Ausbreitung der dekorativen Schichtpreßstoffe hat seine Ursache in der ausge-
zeichneten Oberflächenbeschaffenheit, Kratzfestigkeit, Beständigkeit
gegen Flüssigkeiten und normale Chemikalien. Sie erfüllen die Forderung nach höchster Gleichmäßigkeit, Härte und Widerstandsfähigkeit und
nach Freiheit von Fehlstellen und Flecken, obwohl diese Forderung zu
erheblichen Aufwendungen in den Produktionsabläufen beitragen.

Von entscheidendem Vorteil gegenüber lignocellulosehaltigen Stoffen ist
ihre Lichtechtheit, die durch Einsatz delignifizierter Cellulosebahnen
und die Lichtechtheit der Tränkharze gegeben ist. Die lichtechten Papiere auf Sulfitzellulosebasis, bei technischen Schichtstoffen können
z.T. auch die Sulfatzellulosepapiere eingesetzt werden, haben bei ent-
sprechender Saugfähigkeit nur eine ungenügende Festigkeit und müssen
daher anders verarbeitet werden.

Die neuesten Entwicklungen auf dem Gebiet der Schichtstoffe stellen die
mit thermoplastischen Harzen, insbesondere mit Polyesterharzen und
später auch mit Acrylaten und Mischharzen, imprägnierten Schichtstoffe
in nachformbaren Qualitäten dar. Die technischen Vorteile der Nach-
formbarkeit haben allerdings Abstriche in den Oberflächeneigenschaften
zur Folge.

Als Hauptabmehmer der dekorativen HPL-Platten gelten gegenwärtig die
Küchenmöbelindustrie (ca. 50 %), der Innenausbau von gewerblichen und
öffentlichen Bauten (22 %), der Innenausbau (15 %) und der Fahrzeugbau
(ca. 5 %) (n. Esser, 1979).

4.5.3.1. Herstellung von dekorativen Schichtpreßstoffplatten

Sieht man von der Herstellung der Tränkharze ab, vollzieht sich die
Herstellung der Schichtstoffe im wesentlichen auf Imprägnieranlagen
und Etagenpressen. Endlosanlagen sind in den letzten Jahren hinzuge-
kommen.

Die Funktion der Papiere in den Schichtstoffen hat sich von der anfänglichen Funktion der Verstärkungsfaser zum Abbau der Schwindspannungen
und zur Erhöhung der Festigkeit um die Aufgabe des Trägers von Dekor
und Farbe erweitert und damit der Schichtstofftechnologie zu seiner
heutigen Ausdehnung verholfen.

Ansonsten hätte diese Technologie gegenüber den heutigen technischen
Faserverbundwerkstoffen aus Glasfaser-, Carbonfaser-Polyester-Verbund-
werkstoffen an Marktbedeutung verloren.

In allen Stadien der Herstellung steigt der Polykondensations- oder
Polyadditionsgrad im Laufe der Herstellung bis zur dreidimensional
chemischen Vernetzung in den Hochdruckpressen an. Es gehört zu den
wichtigsten Aufgaben der Imprägnierung, den chemischen Ablauf der
Polykondensation durch Temperatur- und Zeitsteuerung sowie die Trocknung zu beeinflussen, neben der Aufgabe der rein physikalischen Abscheidung des Harz-Lösemittels.

Die besondere Problematik bei der Herstellung dekorativer Schichtpreßstoffplatten liegt in der Abstimmung des Verhaltens von Aminoplast-
und Phenoplastharzen. Das größere Schwindungs- und Nachschwindungs-
verhalten der in den Dekorschichten fast ausschließlich verwendeten
Melaminharze ist auf das Verhalten der in den Kernschichten vorwiegend
verwendeten Phenolharze abzustimmen, um den Verzug und die Rißanfälligkeit der Laminate zu unterbinden (Weißler, 1969; König, 1958).

Für die Herstellung dekorativer Schichtpreßstoffe werden aus mehreren
Lagen phenolharzimprägnierten Natronkraftpapiers und einer dekortra-
genden Oberfläche aus einem melaminharzgetränkten, hochgefüllten (bis
30 % Titandioxid, Zinksulfid) Edelzellstoffpapier gepresst, das einge-
färbt und bedruckt sein kann. Besonders hohe Abriebsfestigkeiten werden
erreicht, wenn zusätzlich ein sog. Overlaypapier, das gleichfalls mit
Melaminharz imprägniert ist, aufgelegt wird. Hierdurch werden insbesondere gedruckte Dekore geschützt. Neuerdings kann auf das Overlaypapier verzichtet werden, wenn das Dekorpapier durch asymmetrische
Beharzung einen besonders hohen Harzauftrag auf der Außenseite erhält.

Durch die Kaschierung von Kupferfolien auf Schichtpreßstoffe haben sich
technische Schichtstoffe neue Absatzgebiete in der Elektronik für gedruckte Schaltungen eröffnet.

Bei der Pigmentauswahl für die Dekorpapiere ist zu beachten, daß sie
die Vernetzung nicht beeinflussen, beim Aushärten nicht aus dem Papier

ausbluten und sich unter Einwirkung von Temperatur und Formaldehyd
keine Farbverschiebungen ergeben. Die Papiergewichte lagen für Dekorpapier bei 150 bis 200 g/qm, sind heute je nach Farbe deutlich unter
100 g/qm, Overlaypapiere wurden mit 25 bis 50 g/qm eingesetzt. Titan-
dioxid-Pigmente vom Anastas-Typ sind nicht geeignet, da sie im Schichtstoff unter Lichteinwirkung sehr stark vergrauen. Hochwertige Rutil-
typen besitzen hochwertige Lichtechtheit.

Über die Eigenschaften der Schichtpreßstoffplatten entscheidet nicht
zuletzt auch die Zusammensetzung der Papiere. Dies betrifft nicht nur
die Lichtechtheit, sondern auch die Dimensionsänderungen oder die Rißanfälligkeit (s. z.B. Ball, 1968; Paulitsch, 1974, 1976). Einige Anforderungen an die Papiere sind in Tabelle 4.38 wiedergegeben, wie
Trocken- und Naßbruchlast, Saugfähigkeit, pH-Wert.

Die einzelnen Papierlagen werden übereinandergelegt und mit hochglanz-
polierten, mattierten und gravierten Preßblechen, die auch Tiefstruk-
turen erlauben (bis 50 ym), in Mehretagenpressen bei Drücken von 80
bis 100 bar und Temperaturen von um 140 °C im Dekorpapier zu Hoch-
drucklaminaten gepreßt. Während des Preßvorganges schmelzen die Harze,
um dann bei weiterer Temperatureinwirkung zu vernetzen. Vor einigen
Jahren waren Pressen mit 10 Etagen üblich. Die Zahl der Etagen beträgt
bei modernen Pressen inzwischen bis zu 40 (Bodenstedt, 1972). Auch die
Pressenformate haben sich von kleinen Formaten von ca. 2,1 x 1,3 auf
bis über 5 x 2 m vergrößert.

Schichtpreßstoffplatten bestehen aus mindestens zwei oder drei bis fünf
Schichten mit unterschiedlichen Funktionen, die aber je nach Dicke der
Platten unterschiedliche Lagen Papier umfassen können. Es werden unter-
schieden:

1. Deckschicht oder overlay
   Hierfür wird ein nicht gefülltes, stark saugfähiges Papier aus gebleichtem Natronzellstoff oder veredeltem Sulfitzellstoff oder hoch-
   gebleichtem Baumwoll-Linters verwendet. Bei unbedruckten unifarbi-
   gen Dekorpapieren kann auf die Deckschicht verzichtet werden.

2. Dekorschicht
   Hierfür werden hochgefüllte, saugfähige Papiere erforderlich, deren
   Deckkraft das Durchscheinen der darunter liegenden dunkelfarbigen
   Papierlagen verhindern soll. Wird ein Overlay-Bogen mitverpreßt,
   kann die Beharzung der Dekorbogen niedriger gehalten werden, als
   wenn auf das Overlay verzichtet wird.

Tabelle 4.38: Aufbau von Schichtpreßstoffplatten für dekorative Verwendung

Bezeichnung	Zellstoffe	Naßfestmittel[1]	Füllstoffe	Imprägnierung[1]
OVERLAY-Papier	reinste, gebleichte Sulfat- u. Sulfitzel. - Zellulose-Gehalt o. Rayon Kunstfasern: Polyester Polyacryl hohe Saugfähigkeit 20-40 g/m² 1) 18-50 g/m² 2)	MF 2-3 % höchste Naß- festigkeit	–	MF Harzanteil: 70 % flüchtige Anteile: 4-5 %
DEKOR-Papier	hochweiße, saugfähige Sulfatzellstoffe hoher -Zellulosegehalt gute Opazität Edelzellstoff 80-200 g/m² 1) 80-160 g/m² 2)	MH PA (neutraler pH)	ZnC Asche 25-30% 1) TiO$_2$ Asche 15-20% 1) 10-25% 2)	MF Harzanteil ohne Overlay 55-65 % mit Overlay 45-50 % flüchtige Anteile 3-6 %
BARRIERE-Papier	reine, hochgebleichte Sulfat-u. Sulfitzellstoffe gute Saugfähigkeit gute Naßfestigkeit hohe optische Deckkraft ca. 100 g/m² 1)	HF, MF	–	MF Harzanteil 30-40 % flüchtige Anteile 3-4 %
KERN-Papier	ungeleimtes, ungebleichtes hochsaugfähiges Natronkraftpapier 80-150 g/m² 1) 80-160 g/m² 2)	HF, MF	–	Phenol, Kresol, Formaldehydharze Harzanteil 25-35 % flüchtige Anteile 4-9 %

1) NEDWED, Wbl.F.Papierfabrikation 1971, 5161-165

2) STEINMETZ, O.W.: Dekorative Schichtstoffplatten DRW-Verlag, Stuttgart 1973

3. Sperrschicht

   Die Sperrschicht trägt weiterhin dazu bei, daß die dunklen Bogen
   durchscheinen bzw. durchschlagen. Die Einlage einer Sperrschicht
   kann umgangen werden, wenn die Härtung des Phenolharzkernes und der
   Melaminharzschicht aufeinander abgestimmt werden, daß das flüssig-
   werdende Tränkharz der Kernpapiere soweit wie möglich bei der
   Imprägnierung auf der dem Dekorbogen zugewandten Seite vorkonden-
   siert wird.

4. Ausgleichsschicht

   Die Ausgleichsschicht liegt auf der dem Dekorbogen entgegengesetzten
   Seite des Schichtstoffes. Man verarbeitet ein holzhaltiges oder ein
   Natronkraftpapier, um das mit einem im Schrumpfverhalten dem
   Dekorpapiertränkharz ähnliches Harz imprägniert ist, um der stärkeren Nachschwindung des melaminharzimprägnierten Dekorpapiers ent-
   gegenzuriwken. Die Platte ist dann weitgehend plan, wenn die durch
   die Schrumpfung auf der Vorder- und Rückseite auftretenden Spannungen entgegengesetzt und gleich groß sind. Außer durch die Harztype
   kann auch die Rohdichte und der Harzgehalt entsprechend variiert
   werden.
   Werden zwei Schichtstoffe in einer Etage miteinander verpreßt, so
   kommt zwischen die Papierlagen jeder Platte noch ein Pergaminpapier
   oder eine Trennfolie zu liegen, um beim Pressen ein Verkleben der
   mit den Rückseiten aufeinanderliegenden Platten zu unterbinden.

5. Kernschicht

   Die Kernlagen der Schichtpreßstoffplatten bestehen aus holzhaltigen
   Natronkraftpapieren mit Phenol-Kresolharzimprägnierung. Je nach der
   gewünschten Dicke der Platte wird die Anzahl verändert.

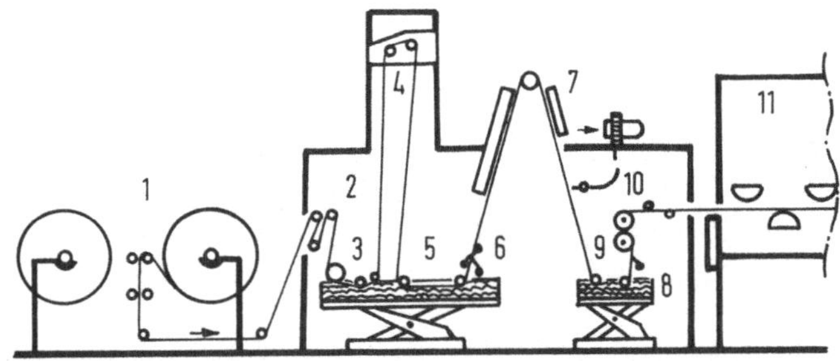

Abb. 4.34: Schema der 2-Stufen-Imprägnierung
           1) Abwicklung; 2) Einzugsrollenpartie; 3) Andruckwalzen;
           4) Breitstreck- und Atemwalze; 5) 1. Imprägnierwanne;
           6) Abstreifrakel; 7) Infrarottrocknung; 8) 2. Impränier-
           wanne; 9) Dosierwalzen; 10) Verreibewalzen; 11) Trocknungs-
           kanal

Imprägnierung der Papiere

Das Beharzen der Papierbahnen erfolgt vornehmlich im Tränkverfahren
(Abb. 4.34). Im Tränkbad müssen die Papiere zuerst entlüftet werden, um
späteres Spalten infolge von Dampfblasen zu vermeiden. Dazu werden die
Papiere in der ersten Phase einseitig schwimmend auf der Tränkwanne geführt, bevor sie in der Tauchphase allseitig Harz aufsaugen und imprägniert werden. Der auf der Papieroberfläche nach unten hin klebende Harzauftrag wird mit einem Rakel ebenso nach Abschluß der Imprägnierung
dosiert, wie die nach obenhin verbleibende Harzmenge, die im fertigen
Produkt die Abriebfestigkeit usw. bestimmt. Es liegt auf der Hand, das
schwere Papiere einen höheren Harzverbrauch bei der Imprägnierung erfordern als leichtere, womit die Entwicklung zu immer dünneren, dichte-
ren und weniger voluminösen Papieren, möglichst noch mit asymmetrischer
Durchlässigkeit, begründet ist. Früher wurde auch zur Erhöhung der Naßbruchlast der Papiere Butylalkohol mitverwendet. Auch soll der Einsatz
von Alkohol die Anreicherung von Harz an der Oberfläche begünstigen.
Lange schon sind die Papiere ausreichend naßfest, so daß ohne Schwierigkeiten in wässriger Lösung imprägniert werden kann (König, 1958).

An die Imprägnierung schließt sich die Trockenzone an. Es handelt sich
um Schwebetrockner, horizontale oder vertikale, die mit verschiedenen
Temperaturzonen und Luftgeschwindigkeiten die Trocknung des Papiers
auf den gewünschten Volatilegehalt und die Vorvernetzung der Harze
ermöglichen. Um eine "Hautbildung" bei der Trocknung zu vermeiden, werden mit IR-Strahlungstrocknern vor den Trockenkanälen möglichst hohe
Mengen Wasser bereits verdampft, bevor die Viskosität des Tränkharzes
während der Trocknung ansteigt. Die Einstellung der Verarbeitungsbedingungen wird durch Variation der Harzviskosität, des Abstandes der
Quetschwalzen, der Vorschubgeschwindigkeit des Umwalzluftstromes und
der Temperaturführung im Trockenkanal erreicht.

Imprägnierte Papierbahnen werden von Hand oder mechanisch zu der gewünschten Lagenanzahl, die die Dicke der Platten bestimmt, zusammengelegt. Das Verpressen der Papierstapel zu Schichtstoffen erfolgt in
Mehretagenpressen, die von Hand oder mechanisch beschickt werden.
Die Papierstapel werden beidseitig von Zulageblechen bedeckt. Die kontinuierliche Fertigung von Schichtstoffplatten ist in den letzten Jahren
weit vorangekommen und hat von den Erfahrungen der Spanplattenherstellung profitiert. Die Kontilaminatpresse (Soiné, 1988 c) besteht aus
einem Preßband aus vulkanisiertem Polyamidband mit derzeit 130 cm
Breite, daß über eine beheizte Trommel umgelenkt wird. Die Heiztrommel

ist mit einer Hülse als Träger von Strukturen und Prägungen versehen.
Die Hülsen können automatisch gewechselt werden. Die Umschlingungs-
strecke entspricht einer effektiven Preßstrecke von 3000 mm.

Die imprägnierten Papiere werden zwischen der Heiztrommel und dem Preßband geführt. Eine Druckrolle spannt das Preßband an die Heiztrommel,
wodurch die imprägnierten Papiere die Prägung der Hülse auf der Heiztrommel übernehmen und unter Druck und Temperatur aushärten. Laminate
aus Kraftpapier, Dekorpapier und Overlay werden mit 7 bis 15 m/min
Vorschug gefertigt. Die Laminatdicken können zwischen 0,4 und 1,0 mm
gewählt werden.

In Mehretagenanlagen kommen als Zulagebleche hartverchromte Bleche aus
Stahl, früher auch aus Messing, von 2 bis 3 mm Dicke zum Einsatz. Der
Glanzgrad der Schichtstoffplatte wird nicht zuletzt vom Glanzgrad der
mehr oder minder polierten Preßbleche vorgegeben. Für matte Oberflächen
müssen die Bleche entsprechend satiniert oder geschliffen sein (Reich,
1973). Zum Ausgleich von Stärkentoleranzen in den Heizplatten oder
Preßblechen kommen oft Preßpolster aus mehrkettigen Asbestgeweben oder
auch temperaturfesten Kunststoffen zur Anwendung.

Der Schichtstoff wird bei 130 bis 170 °C ausgehärtet. Für Hochdrucklaminate kommen 80 bis 100 kg/qmm Druck zum Einsatz. (Bei der Beschichtung von Hartfaserplatten sind 35 bis 50 bar und bei der Direktbeschichtung von Spanplatten Drücke von 20 bis 30 bar erforderlich.)
Durch die Modifizierung von Melaminharzen ist es möglich, die Drücke
weiter zu reduzieren, ohne daß Verlaufsstörungen des Tränkharzes beobachtet werden oder daß die Haftung der Dekor- an der Trägerschicht
abträglich beeinflußt wird.

Die Preßzeit wird im wesentlichen von der Dicke der herzustellenden
Platten und dem Preßpolster sowie von der Belegung der einzelnen
Etagen bestimmt.

Um hochglänzende Schichtstoffoberflächen zu erhalten, ist eine Abkühlung des Schichtstoffes unter Druck auf 70 bis 40 °C erforderlich.
Dies ist auf Rückkühlpressen möglich, deren Heizbohrungen in den Preßplatten nach Abschluß des Aushärtens mit Kühlflüssigkeit durchströmt
werden.

4.5.3.2 Eigenschaften der dekorativen Schichtpreßstoffplatten

Als ein gelungenes Beispiel für die klare Gliederung einer Werkstoff-
klasse können die Qualitätsbestimmungen und Klassifizierungen der Hochdruck-Schichtpreßstoffplatten angesehen werden. Diese Platten sind am
weitesten vom Rohmaterial Holz entfernt und sind ein in zahlreichen
genau beschriebenen Eigenschaftsklassen gezüchtetes Produkt. Ein aus-
gezeichnetes Beispiel zielgerichteter Entwicklung eines Faserverbund-
werkstoffes. Es ist nicht ganz einzusehen, daß diese plattenförmigen
Werkstoffe in der Öffentlichkeit gegenüber Glasfaser- oder Kohlenstoff-
faserverbundwerkstoffen einen geringeren Attraktivitätsgrad haben -
Und dies, obwohl sie in der täglichen Umgebung des Menschen in den vergangenen Jahren zunehmende Bedeutung erlangen. Die Differenzierung
dieser Werkstoffe ist in den vergangenen Jahrzehnten enorm fortgeschritten.

Heute unterteilt man die HPL-Platten in fünf Gruppen:

Typ N - HPL für allgemeine Anwendung
Typ P - HPL in Nachformqualität (P für Postforming)
Typ F - HPL mit erhöhter Widerstandsfähigkeit gegenüber Flammen-
        einwirkung
Typ C - HPL-Kompakt-Schichtpreßstoff
Typ CF - HPL-Kompakt-Schichtstoff mit erhöhter Widerstandsfähigkeit
         gegen Flammeneinwirkung.

Die entscheidenden Qualitätsmerkmale für Hochdruck-Schichtstoffplatten
sind die Abriebfestigkeit, sowie die Stoß- und die Kratzfestigkeit,
wobei in den letzten Normen der Begriff Festigkeit eher dem Begriff
Verhalten gegen Abrieb, Stoß und Kratzen gewichen ist. In der DIN
16 925, Ausgabe Jan. 1986, sind vier qualitätsbestimmende Abstufungen
eingeführt worden (s. Tabelle 4.39).

Nach diesen Abstufungen können die HPL-Platten eindeutig nach den Belastungen in den Anwendungsgebieten zugeordnet werden. Zahltheken,
Fußböden usw. erfordern HPL-Platten mit besonders hohen Widerstands-
werten gegen Abrieb, Stoß und Kratzen. Küchenfronten, beispielsweise
in Typ P, erfordern geringere Stoßwerte, Regalböden widerum sind mit
mittleren Abrieb- und Stoßfestigkeitswerten ausreichend ausgerüstet.

HPL-Platten werden für alle Bereiche im Bauwesen, wo hochbelastbare
dekorative Oberflächen eingesetzt werden sollen, verwendet: Dazu gehören Tisch- oder Arbeitsplattenbeläge in Wohnungen, Küchen, Gast-

stätten.- Oder dort, wo dünne selbsttragende und dekorative Innenauskleidungen gewünscht sind, die gleichzeitig hoch belastbare Oberflächen haben, wie z.B. Innenauskleidung im Autobus, Straßenbahn- und Eisenbahnwagen.

Kompaktschichtstoffe haben sich für Feuchtbereiche und im Innenausbau öffentlicher Gebäude eingeführt. Sie bestehen aus über 1,5 mm dicken Schichtpreßstoffen, deren wesentliches Merkmal darin besteht, daß sie symmetrisch aufgebaut sind, d.h. phenolharzimprägnierte Kernpapiere werden beidseitig mit Dekorpapieren belegt und verpreßt. Eine sorgfältige Abstimmung von Harzen und Tränk- sowie Preßbedingungen im Hinblick auf Rißbeständigkeit und Formbeständigkeit ist erforderlich.

Da HPL-Platten neben technischen Funktionen aber meist gleichzeitig auch ästhetisch-gestalterischen Kriterien und Ansprüchen unterworfen sind, werden zusätzlich die Einflüsse von Farbe des Dekors und Struktur der Oberfläche (von matt bis hochglänzend) oder mit glatter, ebener Oberfläche bis zu den modernen, feinen, mittleren oder den vor einigen Jahren beliebteren starken Oberflächenstrukturen beachtet.

Allgemein gilt, daß die Oberfläche des Produktes kratzfester ist, je heller das Dekor oder je grober die Struktur der Oberfläche ist. Materialqualität, Farbauswahl und Oberflächengestaltung können also in weitem Bereich beliebig kombiniert werden. Ihre gegenseitige Beeinflussung ist aber zu beachten.

Für den Erfolg dieses Werkstoffes bezeichnend ist auch die Tatsache, daß er nicht zu der Formaldehyd-Diskussion der 70er Jahre beigetragen hat und das, obwohl er einen weit höheren Anteil melamin-phenol-formaldehydhaltige Duroplaste enthält als beispielsweise Holzspanplatten. HPL-Platten geben praktisch kein Formaldehyd ab. Diese Tatsache wird sowohl bei der Prüfung nach DIN 52 368 als auch nach der Richtlinie für die Verwendung von Spanplatten bestätigt. HPL-Platten liegen auch hier unter demGrenzwert für die Emmissionsklasse E 1.

4.5.4. Schmalflächenveredelungsmaterial - "Kanten" und Ummantelung

Plattenförmige Holzwerkstoffe haben Schmalflächen, die je nach dem Plattenaufbau einen inhomogenen (Holzspanplatten) oder homogenen Aufbau zeigen.

Tab. 4.39: Eigenschaften von Hochdruck-Schichtpreßstoffplatten
         (n. DIN 16 926)

Abstufungen nach Kennzahl	Verhalten bei Abriebbeanspruchung (Anzahl Umdrehungen)	Verhalten bei Stoßbeanspruchung (Federkraft in N)	Verhalten bei Kratzbeanspruchung (Gewichtskraft in N)
1	$\geq$ 50	$\geq$ 15	$\geq$ 1,5
2	$\geq$ 150	$\geq$ 20	$\geq$ 1,75
3	$\geq$ 350	$\geq$ 25	$\geq$ 2,0
4	$\geq$ 650	$\geq$ 30	$\geq$ 3,0

Diese Schmalflächen müssen abgeschlossen werden, um Feuchtigkeitsein-
tritt in die Platten und damit Kantenaufquellung zu verhindern. Sie
sind aber auch ein wichtiges "Design-Mittel" geworden, um den Platten-
zuschnitten zusätzliche Wertsteigerung zu verleihen. Je nach der Eigenschaft der Trägerplatte und den Anforderungen aus der Nutzung kommen
Schmalflächenanstriche, Lackierungen, Furnierung, das Aufkleben von
Schichtstoff-Streifen oder von PVC-Folien sowie der Verbund mit imprägnierten Papieren (ein- oder mehrlagig) in Frage.

Spanplatten für konstruktive Zwecke oder in der Außenverwendung erhalten meist einen Schmalflächenanstrich mit elastischen und witterungsbeständigen Lacken. Gleichzeitig muß durch baukonstruktive Maßnahmen
eine allzu hohe Feuchtigkeitsaufnahme und -schwankung verhindert werden. Die Platten würden sonst in der Dicke aufquellen und die Dehn-
fähigkeit der Anstriche überfordern.

Für den Möbel- und Innenausbau wird häufig ein Material- und Farbver-
bund zwischen den Oberflächen und Schmalflächenmaterialien angestrebt.
Kantenmaterial wird aber auch bewußt kontrastierend gehalten, um zusätzliche gestalterische Effekte zur Wirkung zu bringen.

Beginnend mit der Technologie der Softforming-Schichtpreßstoffplatten
hat sich eingebürgert, die rechtwinklige Ecke zwischen Ober- und Schmalfläche zu brechen, zu runden oder zu profilieren. Heute sind zahlreiche
Profilierungen möglich. Damit wurde es den Holzwerkstoffen möglich, im
Wettbewerb mit dem Kunststoff-Design zu bestehen und zusätzliche Gestaltungsmöglichkeiten zu erschließen.

Die Technologie des sog. Kantenmaterials ist sehr vielgestaltig und
leistungsfähig.

Es lassen sich Furnierkanten, inzwischen auch schon endlos, von Streifenkanten und Endloskanten unterscheiden. Auch Massivholzumleimer ermöglichen zusätzliche Gestaltungen.

Beim Einsatz von Furnier als Kanten ist großer Aufwand beim Aussuchen der farblich passenden und für die Verarbeitung geeigneten Furnierstücken zu betreiben. Durch die begrenzte Länge von Furnierstreifen ergibt sich ein Verschnittproblem, das durch die Entwicklung von sog. Endlosfurnierstreifen eingegrenzt werden konnte. Nach dem Aufleimen der Kante muß in weiteren Arbeitsgängen das Furnier geschliffen und lackiert werden.

Schmalflächenmaterialien mit fertiger Oberfläche ergeben demgegenüber in einem Arbeitsgang, dem Anleimen und Nachbearbeiten einen fertigen Plattenzuschnitt. Nicht zuletzt darauf gründet sich die schnelle Ausbreitung der Kanten aus Kunststoff.

Die zunächst hergestellten Kantenmaterialien waren Streifen aus dünnem Schichtstoffmaterial (Trägermaterial oft aus Vulkanfiber). Auch hierbei ergibt sich ein Verschnitt- und Stillstandsproblem an den Maschinen. In der Regel entfällt aber jegliche weitere Oberflächenbehandlung.

Werden Schmelzkleber auf Schichtstoffkanten mit Phenolkern aufgebracht, sind thermoplastische Haftvermittler auf Acrylharzbasis angezeigt.

Das Verarbeiten von Endlosmaterial von der Rolle bietet die fertigungstechnisch besten Voraussetzungen, zumal Maschinen mit zahlreichen Kantenmaterialrollenmagazinen einen schnellen Wechsel ermöglichen.

Verschiedene Verklebungssysteme (Schmelzkleber, Weißleim, Kalt-Aktivierungsverfahren usw.) lassen Materialvorschubgeschwindigkeiten von bis zu 100 m/min zu. Der Einsatz von Großrollen mit Kantenmaterial von mehreren hundert Metern reduzieren das Rüstzeiten- und Verschnittproblem auf ein Minimum. Andererseits rücken diese Argumente gegenüber den modernsten Anforderungen hinsichtlich kommissionsweiser Teilefertigung wieder in den Hintergrund.

Für die Kantenproduktion werden spezielle Dekorpapiere mit eng begrenzten Papiergewichten (auch bis 300 g/qm) eingesetzt. Auf derartige Papiere werden im Tiefdruckverfahren Holz-, Fantasiemuster oder Unifarben aufgedruckt. Bei dickeren Papieren, die andersfarbig bedruckt werden, ist aber meist ein Farbstreifen, der beim Anschnitt der Kanten quer zur Kantenmaterialoberfläche unvermeidbar. Für dickere Kantenstreifen empfiehlt sich deshalb die Verwendung von eingefärbten Papieren. Wegen der Verpflichtung von Mindestabnahmemengen von Rohpapieren, welche bei den hier angesprochenen Papiertypen bei ca. 3 to liegen, stellt sich das Problem der Sonderanfertigung von Kundenwünschen.

Die einschichtige Endloskante aus Kartonpapieren wird mit einem duroplastischen Grundharz zur Erzielung der Spaltfestigkeit imprägniert. In einem weiteren Arbeitsgang wird mit einem Decklack auf Melaminharzbasis ablackiert und damit eine absolute Ringfestigkeit der Schmalflächenoberfläche erreicht. Durch Kalandrierung über Spiegel-, Struktur- oder Porenwalzen wird die Oberflächenbeschaffenheit endgültig bestimmt.

Es kommen auch Kanten aus mehreren Papierlagen, sog. Heldkanten, zum Einsatz. Dabei werden harzimprägnierte Papierbahnen kontinuierlich zu einer Folie verpreßt. Durch den unsymmetrischen Aufbau besteht die Gefahr des Schüsselns, und wegen der Mehrschichtigkeit sind diese Kanten auch spaltungsgefährdet. Sind die Rückseitenbogen zudem feuchtigkeitsempfindlich, können Verklebungsprobleme auftreten.

Werden die Papierbahnen mit modifizierten Polyesterharzen imprägniert, können besonders griffsympathische Oberflächen erreicht werden. Auch hohe Glanzgrade sind mit Polyesterharzen leichter zu erzielen. Die Ringfestigkeit dieser Kanten liegt zwischen der hohen von Melaminharzkanten und der niedrigen der PVC-Kanten.

Kantenmaterial aus PVC hat sich besonders in der Büromöbelindustrie eingeführt, da dort aus Gründen der Arbeitssicherheit abgerundete Ecken gefordert werden. Dazu müssen mehrere mm dicke Kanten verwendet werden. PVC neigt aber zum Schrumpfen und zum Vergilben und ergibt mit wässrigen Leimen nicht immer einen guten Stand der Kante. Gegenüber den harzimprägnierten Papierkanten ist die PVC-Kante weniger temperaturbeständig und empfindlicher gegen Lösungsmittel, z.B. Aceton. Die weiche Oberfläche ist anfällig gegen Bearbeitungsspuren und Beschädigungen im Gebrauch.

Verschiedene Testmethoden für Kantenstreifen sind eingeführt. Es werden die Bruchfestigkeit beim Wickeln um enge Radien geprüft. Bei der Kaltwasserlagerung soll die Kante nicht schüsseln, im Graphittest soll die Kantenoberfläche keine Graphitrückstände behalten. Mit dem Ringtest soll die Härte der Oberfläche beurteilt werden.

Nach dem Anleimen der Kante können die Abscherfestigkeit, die Wärme-
und Kältestandfestigkeit und die Lösemittelbeständigkeit geprüft werden.

Als Kantenklebstoffe können PVAc-Dispersionskleber (Polyvinylacetat),
Kondensationsharzkleber (Harnstoff-Melamin oder Phenolharze), sowie
Polychloropren-Kontaktklebstoffe oder Reaktionsklebstoffe auf der Basis
von Epoxidharz oder Polyurethan sowie Schmelzklebstoffe auf Basis ther-
moplastischer Polyamid- oder Kunstkautschukkleber eingesetzt werden.

Die spezielle Klebervariante ist auf die verlangte Temperatur- und
Feuchtigkeitsbeständigkeit der Verklebung abzustimmen und an das Ver-
klebungsverfahren anzupassen.

An die Leimfuge werden die Anforderungen nach DIN 68 602 (Stufen B1
bis B3) gestellt.

Ummantelung

Sockelleisten, Blenden, Lisenen, Stollen und Pfosten, Rahmen und Kranz-
profile sind lange Zeit für den Möbelbau aus Massivholzleisten hergestellt worden. Aus den Schmalflächenmaterialien wurden dann Ummante-
lungsfolien für Profile aus Holz und Holzwerkstoffen weiterentwickelt.
Holzwerkstoffe bilden dabei den formbildenden und maßgebenden Kern.

Wenig dekorative Kernmaterialien (Abachi, Ramin, Span- oder MDF-Platten)
können auf diese Weise mit einer Vielfalt von Designs versehen werden.

In den Ummantelungsmaschinen wird der Mantelwerkstoff auf einem durch-
laufenden Kern geführt und kontinuierlich mit Rollen um den Kern herum-
gelegt. Je nach den Profilen und Materialsystemen liegen die Vorschubgeschwindigkeiten zwischen etwa 10 bis 15 lfm/min.

Zusätzlich erhalten sie bessere Oberflächeneigenschaften (Kratzfestigkeit, Lichtechtheit, Chemikalienbeständigkeit usw.).

Nachdem anfangs vor allem PVC-Folien für die Ummantelung geeignet waren,
konnte mit der Entwicklung modifizierter Melaminharze imprägnierte
Papiere hergestellt werden, die durch Erwärmen vor dem Aufmanteln in
formbaren Zustand gebracht werden. Elastisch lackierte Folien ergeben
ein oberflächenfertiges Produkt mit holzähnlichem Finish. An die Elasti-
zität werden wegen des engen Nebeneinanders von konkaven, konvexen,
rechtwinkligen oder spitzwinkligen Konturen höchste Anforderungen gestellt. Astfreie, langfaserige Messerfurniere von 0,5 bis 0,8 mm Dicke
eignen sich auch zum Ummanteln.

Nach anfänglichen Versuchen mit lösemittelhaltigen Klebern und Dispersionsverleimungen werden vermehrt Schmelzkleber bei Arbeitstemperaturen von etwa 200°C verarbeitet.

5 Zur Zukunft von Holz und
und Holzwerkstoffen – Ausblick

Die große Wertschätzung des Menschen für Holz und Holzprodukte ist daraus zu erkennen, daß er diese wie keinen anderen Werkstoff für seine
unmittelbare Umgebung in Haus, Wohnung, am Arbeitsplatz und im Freizeitbereich auswählt. Holz ist das Material für unsere "dritte Haut", nach
Textilien als "zweiter Haut".

Die Wertschätzung wird aber auch dadurch deutlich, wenn man sich bewußt macht, was dahinter steckt, wenn mit zahlreichen konkurrierenden
Werkstoffen versucht wird, Holz zu imitieren. Dahinter steckt wohl der
Wunsch, die positive Einschätzung des Holzes für andere Werkstoffe
nutzbar zu machen. Daß wir so etwas wie die Renaissance des Holzes erleben, dafür sorgen immer mehr auch die Bildhauer. Anstelle der High-
Tech-Werkstoffe Cor-Ten-Stahl, Walz- oder Schmiedestahl, Polyurethan,
werden wieder massive Bretter oder Stämme verwendet (Radziersky, 1988).

Die Berechnungen der ECE für den Holzverbrauch in Europa bis zum Jahre
2000 gehen davon aus, daß dies auch in Zukunft so bleibt und daß sich
dieser Beurteilung auch Regionen anschließen, welche bisher noch wenig
Holz verarbeiten (vgl. Abbildung 5.1).

Konkrete Prognosen für den zukünftigen Holzverbrauch leiden immer mehr
darunter, daß die ehemals gültige Korrelation zwischen dem ansteigenden
Bruttosozialprodukt und dem wachsenden Holzverbrauch immer weniger
straff wird und in kurzen Zeiträumen sogar entgegengesetzte Tendenz
aufweisen kann.

Je mehr eine spezielle Produktgruppe angesprochen wird, umso weniger
aufschlußreich sind Korrelationen mit gesamtwirtschaftlichen Daten.
Bessere Aussagen können mit Zahlen aus den Branchen gewonnen werden,
die das Hauptanwendungsgebiet der jeweiligen Produktgruppe darstellen.

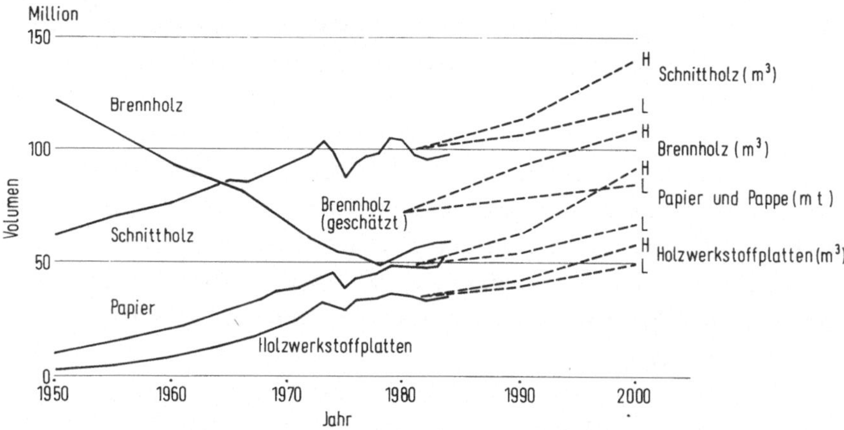

Abbildung 5.1: Entwicklung des Verbrauchs von Holz, Brennholz, Papier
und Pappe sowie von Holzwerkstoffen in Europa bei
niedrigem (L) und hohem (H) zukünftigem Wirtschafts-
wachstum (n. ECE, 1986)

Für den Nadelschnittholzverbrauch, dem das für die deutsche Forstwirtschaft wichtigste Massenprodukt, die Nadelholzstammware, zugrunde liegt,
für das Bruttosozialprodukt, für die Produktion des Bauhauptgewerbes
sowie für die fertiggestellten Wohnungen sind Index-Zahlenreihen .in
Tabelle 5.1 gelistet. Vergleicht man die Entwicklung der Nadelschnitt-
holzzahlen mit dem Index des Bruttosozialproduktes, wird die vielfache
Enttäuschung in der Schnittholzbranche verständlich. Der Schnittholzverbrauch ist in den vergangenen fast 20 Jahren mehr oder weniger
konstant geblieben (Index 100 $\pm$ 10 %), während die gesamtwirtschaftliche
Leistung um fast 50 % gewachsen ist. Genau so unerfreulich ist der
Zusammenhang mit dem Index des Bauhauptgewerbes. Immerhin ist es jedoch
dem Schnittholz wesentlich besser ergangen, als aus einer allzu engen
Abhängigkeit von dem Anteil fertiggestellter Wohnungen abzuleiten wäre.
Es gibt also außer Wohnungsneubau noch andere Bereiche, die sogar gewachsen sind und für den Ausgleich gesorgt haben. Diese Bereiche sollten
für das Nadelschnittholz gefördert werden. Um aber aus dem Null-Wachs-
tum heraus zu kommen, sind mehrere Ziele zu formulieren: Ausweitung der
Anwendungsgebiete innerhalb des Bauhauptgewerbes, nicht zuletzt durch
Weiterentwicklung der guten Eigenschaften des Holzes und Verminderung
der Auswirkungen der ungünstigen Eigenschaften des Nadelschnittholzes.
Ziele und Wege dazu werden in den Kapiteln 2 und 3 dargestellt.

Stab und Platte sind die wesentlichen Konstruktionselemente, die aus
Holz hergestellt werden. Die Entwicklung der Holzwerkstoffe war im

wesentlichen auf die Herstellung plattenförmiger Werkstoffe ausgerichtet. Erst in jüngster Zeit bekommt die Ausrichtung auf stabförmige
Werkstoffe eine eigene Dynamik. Laminated Veneer Lumber, Parallam oder
Fadenholz sind dazu als Beispiele anzuführen. Dabei ergibt sich, daß
die Kombination mit Kunststoffen und Metallen die Eigenschaften verbessern helfen. Vor allem der gezielte Einsatz der Mittel der Holz-
werkstoffherstellung zur Entwicklung hochwertiger stabförmiger Produkte, nämlich die gezielte Zerlegung und das Eigenschaften modifizierende
Wiederzusammenfügen dürfte zu einer weiteren Ausweitung der Holzein-
satzbereiche beitragen.

Tabelle 5.1: Entwicklung d3s Bruttosozialprodukts (BSP), der Bautätigkeit und des Nadelschnittholzverbrauchs in der BR Deutschland 1970 - 1987

| | | Index 1970 = 100 | | |
Jahr	BSP	Produktion d. Bauhaupt- gewerbes	Fertigge- gestellte Woh- nungen	Nadel- schnittholz- verbrauch
1970	100	100	200	100
1971	103,0	103,0	116,1	101,5
1972	107,3	110,2	138,2	104,5
1973	112,4	111,6	149,4	104,2
1974	112,6	104,1	126,4	84,5
1975	110,9	92,4	91,4	81,4
1976	117,1	95,2	82,1	89,1
1977	120,2	98,5	85,6	97,2
1978	124,2	104,7	77,0	101,4
1979	126,7	111,8	74,8	108,5
1980	131,0	108,7	81,4	110,6
1981	131,0	101,1	76,4	96,0
1982	129,7	95,9	72,6	91,0
1983	132,2	96,4	71,3	100,4
1984	136,0	96,9	83,3	97,6
1985	139,4	89,9	65,3	90,9
1986	142,7	93,3	52,7	97,1
1987[1]	145,0	89,0	48,0	96,3

1) geschätzt
Quelle: Nach Angaben des Statistischen Bundesamtes berechnet.

Bedenkt man auch die bisher noch relativ wenig aufwendige Technologie
zur Herstellung von Brettschichtholz und die dennoch schon erzielbaren
Qualitätsverbesserungen sowie den erst in Ansätzen beschrittenen Weg
zu dessen Veredelung, dann lassen sich noch erfolgversprechende Weiter-
entwicklungen vorstellen. Das Impulsprogramm Holz der Deutschen Gesell-
schaft für Holzforschung oder der Schweizerischen Lignum zählt dazu
viele Möglichkeiten auf.

Die Entwicklung der plattenförmigen Holzwerkstoffe aus geringerwertigem Waldholz auch kleinerer Durchmesser hat dagegen schon seit langem
ein positives Wachstumsbild. Für Holzwerkstoffe wird in Mitteleuropa
besonders die Entwicklung von immer homogeneren Platten bis hin zu
Faserplatten mittlerer Dichte vorangetrieben. In den USA bestand ein
Entwicklungspotential mit der Herstellung von Platten höherer Festigkeit aus großflächigen Spänen (wafers und strands).

Holzwerkstoffe verkörpern allerdings noch nicht die wachstumsstärkste
Produktgruppe für Holz - Die Dynamik der Zellstoff- und Papierproduk-
tion ist seit 30 Jahren ungebrochen.

Auf steigende Holzausnutzung und intensivere Nutzung der oberirdischen
Biomasse weisen die enorm steigenden Kurven für die Brennholzgewinnung
hin (vgl. Abbildung 5.1).

In Mitteleuropa besteht für den Verbrauch von Holzwerkstoffen ein sehr
enger Zusammenhang mit der Entwicklung des Wohnungsbaus und dem damit
korrelierendem Möbelbau.

Der Möbelbau wird von vielen verschiedenartigen Holzwerkstoffen umfassend versorgt, so daß die meisten Designwünsche mit Holzwerkstoffen
erfüllt werden können. Laufende Weiterentwicklung hinsichtlich Vielfalt
im Design, bezüglich Farbe und Struktur der Oberfläche und Schmalfläche
sowie die Verbesserung der verarbeitungstechnischen Eigenschaften
Bohren, Sägen, Fräsen, Profilieren wird diesen Markt den Holzwerkstoffen sichern. Die Homogenität der Holzwerkstoffe ermöglicht hohe
Materialausbeuten und Einsatz von elektronisch gesteuerten Maschinen.

Verschiebungen zwischen den Marktanteilen einzelner Holzwerkstoffe
waren in der Vergangenheit zu beobachten, z.B. von der Tischlerplatte
zur Holzspanplatte, von der furnierten Strangpreßplatte zur dünnen
Holzspanplatte, und werden in Zukunft anhalten. Die Substitution von

Massivholz durch Holzwerkstoffe, von gedrechselten Teilen durch gefrä-
ste MDF-Platten, von Massivholzverkleidungen durch folierte oder furnierte MDF-Platten dürfte in den nächsten Jahren an Schärfe zunehmen.

Auch im internationalen Vergleich nimmt der Stand der mitteleuropäischen
Holzwerkstoffentwicklung für den Möbelbau eine Spitzenstellung ein,
wenn die mitteleuropäische Holzwerkstoffindustrie diesbezüglich nicht
sogar weltweit führend ist. Sie trägt dadurch zu den Exporterfolgen der
Möbelindustrie bei.

Wie die Zahlen aus Tabelle 5.1 verdeutlichen, ist die Verwendung von
Holzwerkstoffen in den letzten Jahren weniger abhängig von den Fertig-
stellungen von Wohnungsbauten geworden. Unter Berücksichtigung der
Beobachtung, daß der hochwertige Ausbau häufig erst mit zeitlicher
Verzögerung nach der Fertigstellung der Wohngebäude vollzogen wird, ist
die Unabhängigkeit von den Neubauzahlen verständlich. Hinzu kommt eine
zunehmende Mobilität der Bevölkerung. Jeder Umzug, jeder Eigentümer-
wechsel wird einen Umbau nach sich ziehen. Aufschlußreich wäre eine
Korrelationsrechnung unter Einbeziehung der jährlichen Verkaufsverträge.
Zahlen dazu sind dem Autor bisher nicht bekannt geworden.

Bei Wohnungsumbauvorhaben ist der natürliche, bauphysikalisch und bau-
biologisch vorteilhafte Werkstoff Holz besonders hoch angesehen.

In dieser Eigenschaftsmatrix und -akzeptanz sehe ich auch eine Erklärung für die Zunahme des Absatzes von Hobelware für den Innenausbau
trotz unverändert hohen Absatzmengen von Holzspanplatten. Auch im Fuß-
bodenbereich gewinnt die Massivholzdiele in verlegefertig veredelter
Form verlorenes Terrain für Holz zurück.

Im Innenausbau sind auch durch die Entwicklung des Dienstleistungs-
sektors besonders Büromöbel und Trennwände aus Holzwerkstoffen Wachs-
tumsprodukte.

Mit unterschiedlichem Erfolg wird versucht Holzwerkstoffe den Anforderungen aus dem Bauwesen anzupassen. Zielstrebige Entwicklungen dürften
hier positive Aussichten für Lamellenwerkstoffe aus Holz eröffnen. Erfolge sind in der Witterungsbeständigkeit von Außenwandelementen deutlich. Die Widerstandsfähigkeit gegen biotische und abiotische Einflüsse
ist nur für Spezialplatten gelöst, ebenso wie die Wärmedämmeigenschaften der Holzwerkstoffe inzwischen wieder weniger wettbewerbsfähig ge-

worden sind. Unbefriedigend sind nach wie vor die Verwendungsmöglich-
keiten von Holzwerkstoffen für dekorative Zwecke dort, wo besondere
Anforderungen des Brandschutzes erfüllt werden müssen. Für Baustoffe
werden Kombinationen von Holzwerkstoffen und anderen Matarialien vorteilhafter als reine Holzkonstruktionen sein. Das gilt sowohl für
flächenhafte Verbunde als auch für Verbunde in der Umgebung von Verbindungsmitteln. Wenn die Fehler der Vergangenheit (bezüglich des zu
viel und der zu gefährlichen Chemie) zukünftig beachtet werden, dürften
viele Ressentiments gegenüber behandeltem Holz schwächer werden.

Wohin die Entwicklung der Holzverwendung gehen könnte, zeigt ein Vergleich mit den USA oder Skandinavien - Länder mit deutlich höheren
spezifischen Holzverbrauchszahlen pro Kopf der Bevölkerung. Regional-
vergleiche und Sachverständigenbefragungen werden heute als Grundlagen
für Prognosen eher geschätzt als Trendextrapolationen. Der Regionalver-
gleich verdeutlicht noch erhebliche Anwendungspotentiale vor allem für
stabförmige Holzwerkstoffe und plattenförmige Holzwerkstoffe mit höheren
Festigkeiten. Eigenschaften, die besonders von Lamellen- und Furnier-
werkstoffen erfüllt werden können. Es wird auch von den Initiativen
der Holzindustrie abhängen, wie die Bauvorstellungen und -vorschriften
Mitteleuropas jenen der nordischen Länder angepaßt werden können. Wie
sich bereits bei Furnierplatten andeutet, wird das Potential aber
schneller durch Importe gedeckt als durch inländische Produktion.

Für die Unterschiede in den Bauweisen scheint es auch eine plausible
Erklärung zu geben. Die Bevölkerungsdichte bietet sich als eine logi-
sche Einflußgröße mit hohem Bestimmtheitsmaß an, wie Abbildung 5.2 veranschaulicht. Darin ist der Zusammenhang zwischen dem Verbrauch von
Schnittholz und Holzwerkstoffen mit dem Holzverbrauch je Kopf der Bevölkerung für verschiedene Länder Europas und den USA angegeben.

Es ist leicht einzusehen, daß nicht alle Bauweisen kurzfristig, wenn
überhaupt, in Mitteleuropa erfolgreich sein werden. Aus dem Regional-
vergleich können aber konkrete Anregungen kommen, die nicht zu über-
schäumendem Optimismus verleiten dürfen, obwohl das Potential welches
durch die Differenz zwischen 0,35 m³ Holzverbrauch pro Einwohner in
Deutschland und 0,6 m³/E in Schweden, Kanada und den USA gekennzeichnet ist, natürlich Hoffnungen erweckt. In jüngster Zeit deutet sich an,
daß auch aus Ostasien Anregungen für den Holzeinsatz gewonnen werden.

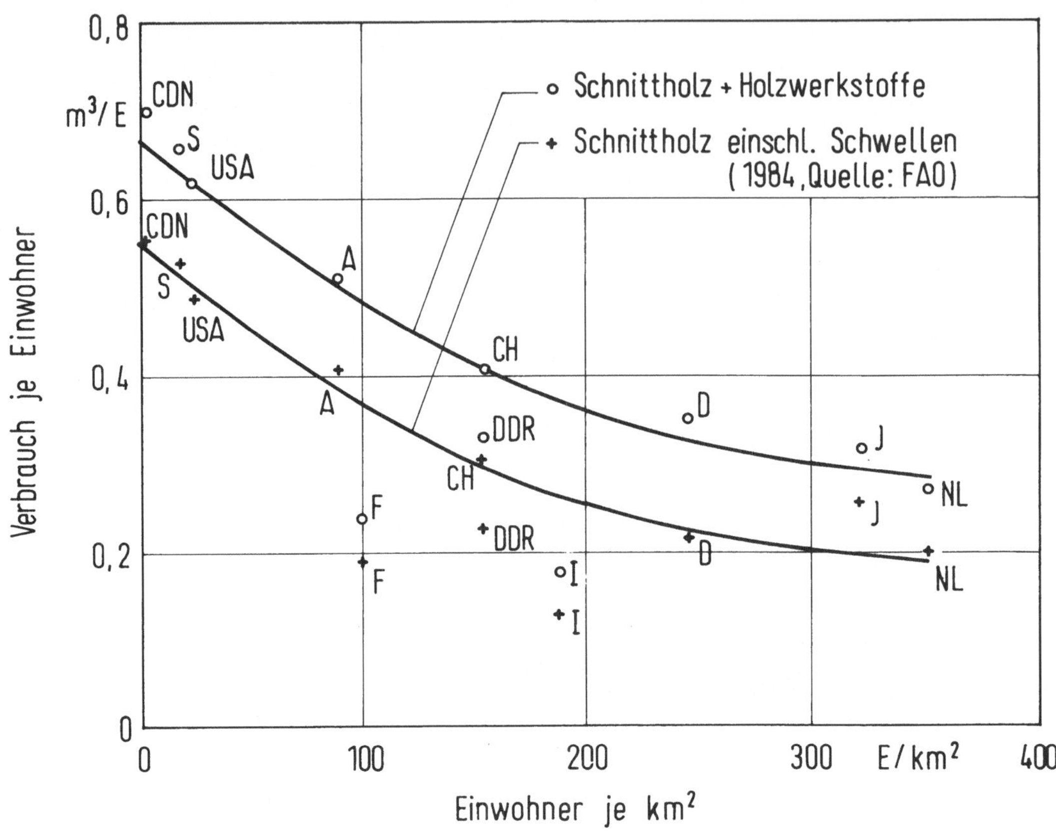

Abbildung 5.2: Holzverbrauch je Einwohner verschiedener Länder in Abhängigkeit von der Bevölkerungsdichte (n. Schulz u.
Glos, 1987)

Beispiele für eine erfolgreiche Integration der ausländischen Bauweisen
in mitteleuropäischen Verhältnissen sind die Nagelplattenbauweise, die
Holzrahmenbauweise mit Sperrholz oder anderen Holzwerkstoffverkleidun-
gen. Derzeit werden in den USA Versuche unternommen, die Holzverwendung
auch in den Bereich der Fundamente von Wohnhäusern auszudehnen (vgl.
z.B. Marcin, 1987).

Den positiven Trend für das Holz wird eine weitere Produktentwicklung
verstärken, die das Eigenschaftsmix aus umweltfreundlich, energie- und
ressourcenschonend und dennoch High Tech nicht nachteilig verändert.
Die drastische Verminderung der nachträglichen Formaldehydabgabe von
Holzwerkstoffen sowie die Wahl umweltfreundlicher Veredelungsmaterialien, wie sie auch durch die TA Luft gefördert werden, ferner die Entwicklung umweltschadstoffärmerer Imprägnier-, Lasier- oder Anstrich-
mittel sind Beispiele für zukunftsweisende Entwicklungen.

Wichtig ist aber auch, daß das vorhandene Wissen und die vielen bereits
in den Labors bekannten Problemlösungen mit positiven Aspekten deutli-
cher als bisher den Produktionsbetrieben und Verkaufsabteilungen zugänglich gemacht werden. Dort sind dann Vorraussetzungen zu schaffen,
diese auch zu realisieren.

Für die Weiterentwicklung der Werkstoffe aus Holz ist es besonders
wichtig im Auge zu behalten, daß intelligente Problemlösungen angeboten
werden sollten. Dazu gehört beispielsweise die Einstellung der Materialfeuchtigkeit des Produktes auf die Bedingungen während der Nutzungsperio-
de, um Verzug, Rißbildung usw. einzuschränken. Standardisierung von
Längen und Querschnitten, Trocknung, Kalibrierung, Sortierung sowie
Signierung ferner Verarbeitungsanleitungen sind nur einige Voraussetzungen (vgl. z.B. Sturm, 1988). Intelligente Problemlösungen werden
aber nur dann zukünftige Märkte bestimmen, wenn sie von intelligentem
Marketing dargestellt werden. Die Vertriebswege der Holzprodukte erfordern es beispielsweise, Produkte mit Fachhandelsnutzen von jenen
mit Baumarktnutzen zu unterscheiden.

Auf das Marketing machen sich die kleinen und mittelständischen Betriebs-
formen abträglich bemerkbar, obwohl die gemeinschaftlichen Marketing-
bemühungen wesentlich verstärkt wurden und zu Verstärkung des Trends
zum Holz beigetragen haben.

Um die Wirtschaftlichkeit der Produktionen aufrechtzuerhalten sind
weitere Anstrengungen zu unternehmen. Beim Anlagenbau können mehrere
Phasen festgestellt werden. In den ersten Jahren war das Streben auf
immer größere Anlagen ausgerichtet - Stückkostensenkung durch Auflagen-
anstieg. Seit die Marktaufnahme für Massensortimente auf Grenzen stößt,
kamen verstärkt kleinere, flexiblere Anlagen hinzu. Die letzten Jahre
sind gekennzeichnet durch intensive Markteinführung von kontinuierlich
arbeitenden Preßverfahren. Damit sollen die Betriebe in die Lage versetzt werden, den steigenden Anforderungen hinsichtlich Variantenviel-
falt und kleineren Produktionseinheiten sowie kürzeren Lieferzeiten
(just-in-time production) gerecht zu werden. Der Trend zu immer größeren und schnelleren verketteten Verarbeitungsstraßen hat sich deutlich
abgeschwächt. Schnell umstellbare Einzelaggregate sind wieder beliebter. Dies führt zu vermehrtem Einsatz von elektronischen Steuerungen
in den Produktionsanlagen und erhöht schon jetzt die Anforderungen an
den Ausbildungsstand der Mitarbeiter.

Besonders erfolgversprechend werden die Verfahrenstechniken beurteilt,
die es ermöglichen, im Trockenverfahren (Sägen, Schneiden, Spalten,
Zerspanen, Mahlen) Holzwerkstoffe herzustellen. Geringere Umweltbeeinträchtigung und niedrigerer Energieeinsatz im Vergleich zu den Naßverfahren sprechen dafür. Die Zuwachsraten bei MDF-Platten (Faserplatten,
die im Trockenverfahren herstellt werden), gipsgebundenen Holzspan-
und Holzfaserplatten belegen diese Einschätzung.

Die positive Mengenentwicklung der Holzwerkstoffe in Deutschland wirkt
sich aber nicht unmittelbar in einem für die Forstwirtschaft positiven
Holzabsatz aus.

Entscheidend dafür ist dabei nicht etwa eine zu geringe Qualität des
Rohholzes, sondern die hohen Kosten für die Holzernte sind ein einschnei-
dendes Hindernis.

Auf den Markt der EG drängen sich immer mehr internationale Anbieter
von Holzwerkstoffen, womit sich dieser Markt den internationalen Preis-
strukturen anpassen muß. Dem Holzpreis kommt als einem der Hauptkosten-
arten für die Fertigung der Holzwerkstoffe eine zentrale Bedeutung zu.

Am Beispiel von Laubfaserholz, nicht umsonst einem Problemprodukt der
mitteleuropäischen Forstwirtschaft, hat Keller (1987) diese Unter-
schiede aufgezeigt. Hohe Werbungs- und Transportkosten sind die einer
Verwendung von Buchenfaserholz abträglichen Einflüsse (s. Tabelle 5.2).
Vermehrte Nachfrage nach Brennholz ist eine weiterer Einfluß (vgl.
Abbildung 5.1).

Die laufend steigenden Holzkosten sind auch eine Ursache dafür, daß
sich die Holzwerkstoffindustrie von den Waldholzsortimenten abwendet.
Eine Umorientierung des Rohstoffeinsatzes für Holzspanplatten vom
Nadel- und Laubholz weg zu Industrierestholzsortimenten und zu Altholz
ist zu erkennen. Wenn dies auch volkswirtschaftlich ein sinnvoller Weg
ist, der zu höherwertigem Holzrecycling und damit zu Rohstoffeinsparung
beiträgt, löst er doch die früher engeren Bindungen zwischen der ein-
heimischen Forstwirtschaft und der Holzwirtschaft.

Aufgabe der Forst- und Holzwirtschaft bleibt es, das Wachstum, die
Ernte, die Be- und Verarbeitung des Holzes so wirtschaftlich und
zukunftsweisend umweltschonend zu gestalten, daß der Werkstoff Holz
jederzeit verfügbar bleibt.

Tabelle 5.2: Vergleich der Kosten für Laubfaserholz in verschiedenen
            Ländern Europas (n. Becker, 1987)

Kostenart DM. / fm	Buche (BRD)	Birke (Schweden)	Eucalyptus (Portugal)
Werbungs- kosten	40,-	30,-	20,-
Erntekosten - freier Erlös	43,-	30,-	48,-
Transport, Manipulation, Entrindung	42,-	32,-	3,-

Für die Forstwirtschaft wird immer mehr die Tatsache bedeutsam, daß
nicht unbedingt die alten Stämme mit großen Durchmessern die besten
Rundholzsortimente für Holzwerkstoffe bilden. Mittlere Schnittholz-
durchmesser sind für Holzwerkstoffe aus Furnieren oder Lamellen von
Vorteil wegen des häufig besseren Gesundheitszustandes der inneren
Stammpartien.

Holz wird nur in seltenen Fällen wegen einer überdurchschnittlich
hervorragenden Eigenschaft eingesetzt.

In Anwendungsbereichen mit hoher Spezialisierung auf einen Eigenschafts-
wert scheinen Holzprodukte nicht immer die stärksten Wettbewerber. Beispiele dafür sind die Weichfaserplatten, die gegenüber leichten wärmedämmenden Schaumkunststoffen und Mineralfaserplatten Marktanteile verloren haben, was zu Produktionsstillegungen nicht nur in Mitteleuropa
beitrug (Maloney, 1987).

Vielmehr bringt die Vielzahl der von Massivholz und Holzwerkstoffen
gleichzeitig erfüllbaren Eigenschaften (z.B. mittlere Festigkeit bei
geringem Gewicht, gute Wärmedämmung, leichte Bearbeitbarkeit, große
Verfügbarkeit und Umweltfreundlichkeit) eine positive Einschätzung.

Dabei können einzelne Eigenschaften des Holzes für bestimmte Verwen-
dungen positive für andere Verwendungsgebiete eher negative Beurtei-
lungen aufweisen. Beispiele dafür sind die Brennbarkeit des Holzes,
die im Bauwesen ungeliebt für Holz als Energiequelle aber unabdingbare
Voraussetzung ist. Ebenso ist die natürliche Abbaubarkeit des Holzes
bei Außenverwendungen eine nicht ohne reifliche Überlegungen zu kompen-
sierende Eigenschaft, während sie zur Umweltfreundlichkeit der Rest-
holzbeseitigung beiträgt.

Allerdings ist durch die mehrere tausend natürlich vorkommenden Holzarten ein breites Eigenschaftsspektrum zur Auswahl gegeben. Bisher
wurde dieses Eigenschaftsspektrum durch die Vielfältigkeit der Her-
stellungsmöglichkeiten von Holzwerkstoffen aber nicht voll ausgenutzt.
Vielmehr wurde die Produktentwicklung mehr auf die Vergleichmäßigung
der aus den verschiedenen Holzarten hergestellten Holzwerkstoffe ausgerichtet und der Funktion der Produkte untergeordnet. Lassen sich
aber nicht auch durch die Ausnutzung der Eigenschaften mancher Holzarten auch Holzwerkstoffe mit besonders positiven Eigenschaften herstellen? Witterungsbeständige Holzarten müßten beispielsweise auch
witterungsbeständige Holzwerkstoffe ergeben.

Bei aller positiven Einschätzung scheinen die Holzwerkstoffe aber
immer noch ein nicht gerecht bewerteter Werkstoff zu sein, vor allem
dann, wenn alle Auswirkungen auf Mensch und Umwelt einbezogen werden.
Es kann allerdings erwartet werden, daß die längerfristige zusammen-
und vorausschauende Einschätzung der Bau- und Werkstoffe ein auf kurz-
fristige Vorteile ausgerichtetes Denken zurückdrängt. Dann sollte sich
die Einbeziehung der Kosten aus den Vor- und Nachgebrauchsstadien eines
Produktes positiv auf die Beurteilung der Holzwerkstoffe auswirken
(siehe Kreislauf der Wirtschaftsgüter, Kapitel 1). Auch die Einbeziehung aktueller und zukünftiger externer Kosten der Produktion in die
Beurteilungskriterien für Werkstoffe wird sich positiv auswirken. Bei
Architekten und Bauherren scheint sich schon eine kritischere Auf-
fassung zu Wettbewerbs-Baustoffen anzubahnen, wie am Beispiel von
Beton schon in Publikumszeitungen nachzuweisen (vgl. Schreiber, 1988)
ist.

Unter der Berücksichtigung der vorsichtigen Prognosen für die Nachfrage
nach Leistungen in Bereichen, in denen Holz und Holzwerkstoffe ihre
weiteste Verbreitung haben, stellt sich die Frage, ob Möbelbau und Bauwesen als Absatzmärkte für Holzwerkstoffe ausreichend bleiben werden
oder ob langfristig Entwicklungen für bisher am Rande liegende Anwendungsgebiete wie Transport, Verpackung und Verkehrswesen initiiert
werden, um die Verwendung des Holzes in mechanisch bearbeiteter Form
in diese oder ähnliche Wachstumsbranchen auszudehnen.

Die optimistische Einschätzung für die positive Weiterentwicklung der
Wertschätzung des Holzes kann sich auch auf eine vor 150 Jahren beob-
achtete Tatsache und die damals ausgesprochene Prognose eines weit-
sichtigen Fachmanns gründen: "Je mehr die Kultur steigt, ein desto

größerer Verbrauch von Nutzholze jeder Art findet im Verhältnis der Brennholzkonsumption statt" (W. Pfeil, 1833, S. 99). Diese Aussage ermutigt heute besonders bei Betrachtung der weltweiten Entwicklung.

Literaturverzeichnis

FPJ   Forest Products Journal, Madison

HZbl   Holz-Zentralblatt, Stuttgart

HRW   Holz als Roh- u. Werkstoff, Heidelberg

USDA FPL   United States Department of Agriculture, Forest Products
               Lab.

SP   Svensk Papperstidning, Stockholm

HT   Holztechnologie, Leipzig

BmH   Bauen mit Holz, Karlsruhe

Info Holz   Informationsdienst Holz, AG Holz, Düsseldorf

EGH   Entwicklungsgemeinschaft Holzbau i.d. Deutschen
               Gesellschaft für Holzforschung, München

FPRS   Forest Products Research Society, Madison

FAZ   Frankfurter Allgemeine Zeitung, Frankfurt

AID. 1987. Forst 1987. Holz 1987, Bonn
American Plywood Association. 1980. Amerikanisches Sperrholz und
    andere Strukturplatten. HZbl, S. 1603-1604.
Anderson, R.G. 1984: Regional production distribution pattern of the
    structural panel industry, Economics report E 37. American
    Plywood Association, Tacoma
Andes, L.E. 1903: Die Holzbiegerei - Herstellung der Möbel aus gebo-
    genem Holz, A. Hartleben, Wien und Leipzig
ANON. 1965. The shrinkage of wood and its movement in service.
    CSIRO For. Prod. Newsletter No. 325, S. 1/3.
ANON. 1988. Schwungvoll über den Main-Donau-Kanal. HZbl., S. 126.
Arnold, D. 1979. Über die Beeinflussung der Eigenschaften von Spanplat-
    ten im Anlagenbereich vor der Verpressung, in: Spanplatten - Heute
    und Morgen, DRW-Verlag, S. 62-75
Autorenkollektiv. 1976. Taschenbuch der Holztechnologie. VEB Fachbuch-
    verlag Leipzig
Bach, E. 1976: Mittelharte Faserplatten, eine Übersicht. Geschäfts-
    bericht 1974/75.der FESYP, Gießen
Baier, B., 1982. Energetische Bewertung luftgetragener Membranhallen
    im Vergleich mit Holz-, Stahl- und Stahlbetonhallen. Verlags-
    gesellschaft R. Müller
Baldwin, R.F. 1975. Plywood manufacturing practices, Miller Freeman,
    San Francisco

Ball, F.J. 1968. Resin impregnation in saturating papers. Charleston
    Research Lab., South Carolina, West Virginia Pulp and Paper Comp.
Battlori, P.B. 1982. Die Mitteldichte Faserplatte in der Bewährung.
    HZBl, S. 57-58
Bauer, H.E. 1973. Entwicklungstendenzen in der Spanplatten- und Sperr-
    holzindustrie. Dissertation, Univ. Freiburg
Behr, E. 1971: Kunststoffe - Möglichkeiten und Grenzen, in: Die Zukunft
    der Kunststoffe. Droste-Verlag, Düsseldorf
Beincke, L.A. 1979: Automation in the wood truss industry. Proceedings
    Metallplate wood truss conference, Madison, S. 234-242.
Bernhard, M.; W. Bleckmann, 1975: Dekorative Kunststoffplatten mit
    Spanplattenkern. AK Holz Nr. 274, Holz Verlag Mering
Bison-Werke. 1983. Die kontinuierliche Hydro-Dyn-Presse - ein weiterer
    Schritt vorwärts. HZBl, S. 841
Blümer, H. 1981. OSB-Platten sind anpassungsfähig. HZBl, S. 1775
Bodenstedt, W. 1973: Moderne Verfahren der Spanplattenbeschichtung
    mit Melaminharzen, Sonderdruck Kunstharze Hoechst
Bodig, J. u. J. Fyie. 1986: Performance requirements for exterior
    laminated veneer lumber. FPJ 36,2, S. 49-54
Boehme, Ch. 1980: Furnierspanplatten, Vortrag f. HTK, Braunschweig
Boehme, C.; U. Schulz. 1974: Tragverhalten eines GFK-Holzsandwichs.
    HRW 32, S. 250-256
Böhme, P. 1980: Industrielle Oberflächenbehandlung von plattenförmigen
    Werkstoffen aus Holz. VEB Fachbuchverlag Leipzig
Bohlen, J.C. 1975: Shear Strength of Douglas-Fir LVL. FPJ Heft 2,
    S. 16-22
Bolza, E.; W.G. Keating. 1972: African Timbers - The properties, uses
    and characteristics of 700 species. CSIRO, Melbourne
Bruckmayer, F. 1949: Der praktische Wärme- und Schallschutz im Hoch-
    bau. Verlag F. Deuticke, Wien.
Buchholzer, P. 1988: Siebkennlinien von Industriespangut. HRW 46,
    S. 192.
Büren, Ch.v. 1985: Funktion und Form - Gestaltungsvielfalt im Ingenieur-
    Holzbau. Birkhäuser-Verlag, Basel-Boston-Stuttgart
Burke, E.J. u. P. Koch. 1986: Crushing strength and modulus of
    elasticity of unmachined lodgepole pine stem sections. FPJ No. 3,
    31-38.
Burmester, A. 1970: Formbeständigkeit von Holz gegenüber Feuchtigkeit.
    BAM-Berichte Nr. 4, Berlin
Cavlin, S.I.; E.L. Back. 1968: The effect of sheet density and glass-
    fibre addition on the dimensional stability of fibre buildingboards.
    SP 71, 883-889
Cellulosa Argentina. 1975. Libro del arbol. Buenos Aires
Chen, T.Y. 1975. Untersuchungen über die Eigenschaften von Spänen und
    Spanplatten aus Hackschnitzeln. Dissertation Universität Göttingen.
Claus, H.D. 1978: Die Spanplatte - ein Werkstoff unserer Zeit. HOB,
    Heft 10, S. 37-44
Colling, F.; R. Dinort. 1987: Die Ästigkeit des in den Leimbaubetrieben
    verwendeten Schnittholzes. HRW, S. 23-26
-; M. Scherberger. 1987. Die Streuung des Elastizitätsmoduls in Brett-
    längsrichtung. HRW, S. 95-99
Cyron, G.; D. Sengler, 1985. Holzleimbau, Bauen mit Brettschichtholz,
    Info Holz, Düsseldorf
Danzer 1980: Was Holz für Möbel so schön und wertvoll macht. Möbel-
    kultur Heft 1, S. 88-93
Darr, D.R. 1978: The export market for lumber and panel products, in:
    MacMillin, Ch. (ed.): Complete tree utilization of southern pine,
    S. 57-68, FPRS, Madison

Deppe, H.J. 1972: Verfahrens- und maschinentechnische Voraussetzungen
    für die Herstellung beschichtungsfähiger Holzspanplatten. Vortrag
    beim Internat. Kolloquium der Th. Goldschmidt AG, Essen
-, 1976: Holzwerkstoffe in ihrer geschichtlichen Entwicklung. 50 Jahre
    Hornitex - Festschrift, Horn-Bad Meinberg, S. 16-21
-; Ernst, K. 1982: Taschenbuch der Spanplattentechnik. DRW-Verlag,
    Stuttgart, 2. Auflage
-, 1983: Einsatz von Mischharzverleimungen bei der Spanplattenherstel-
    lung. HZBl 109, S. 677-678
-, 1987: Denkbare Entwicklungstendenzen - Innovationen im Holzwerk-
    stoffbereich. Vortrag Expertenkolloquium, Bonn 1.10.1987
-, 1987: Konsequenzen aus der Umweltschutzgesetzgebung. HZBl.,
    S. 1810-1812
Dietz, P.; P.N. Efthymiou; B. Keller. 1976: Furnierplatten aus Kiefern-
    stammholz geringerer Qualität, Feasibility-Studie. Institut f.
    Forstbenutzung, Freiburg
Dinwoodie, J.M. 1979: Today's adhesives: Their properties and perfor-
    mance, in: Spanplatten - Heute und Morgen, DRW-Verlag Stuttgart,
    S. 38-59
Dobie, J.; W.v. Hancock. 1972: Veneer yields from B.C. interior
    Douglas Fir and White Spruce. Ca. For. Ind., July
Don, G. 1974: Die Furnierplatte - ihre Herstellung und ihre Eigenschaf-
    ten. HT, S. 115-118
Fa. Durand-Raute: Wood based panel systems - Firmenschrift
Economic Comission for Europe (ECE). 1982: ECE recommended standard
    for stress grading of coniferous sawn timber. Timber Bull. Vol
    XXXIV, Spl. 16, 1-17
-, Economic Commission for Europe (ECE). 1986. European Timber Trends
    and Prospects to the year 2000 and beyond, ECE/TIM 30/1, New York
Edlund, H.E.; E. Justsuk. 1981: Schwedisches Furniersperrholz, ein
    Zukunftsmaterial. HZBl, S. 1720-1721
Egerup, A.R. 1979: European practice and future development in the
    design for metal plate connected wood trusses. Proceedings,
    Madison, S. 117-122
Ehlbeck, J.; F. Colling. 1987. Biegefestigkeit von Brettschichtholz,
    Bericht T 1920 IRB-Verlag Stuttgart
Ehrentreich, W. 1982: Formteile aus Sperrholz. HZBl, S. 1368-1370
-, 1983. MDF-Platten - groß im Format. HZBl, S. 820-821
Enzensberger, W. 1977: Beschichten auf Ein- und Mehretagenpressen, in:
    VDI (Hrsg.): Verbund von Holzwerkstoff in der Möbelindustrie,
    S. 75-91, Düsseldorf
-, 1980: Wichtige Einflußgrößen bei der Planung von Anlagen zur deko-
    rativen Beschichtung von Platten aus Holzwerkstoffen. HRW,
    S. 375-380
Ernst, K. 1976: Spanplatten mit Melamin-Harnstoffharzverleimung. HZBL,
    102, S. 261-262
Esser, K.R. 1979: Trend bei dks-Platten auf der Interzum. Der Küchen-
    planer, Heft 4, K6-K10
FAZ, 3.2.88. Kein PCP-Verbot in der EG?
Fidor (Fibre building board development organisation). 1981. Richt-
    linien für die Bearbeitung und Oberflächenbehandlung von MDF-
    Platten. Technical Bull. 11/81
Fischer, K. 1977: Welches ist die richtige Länge für Holzhackschnitzel?
    HZBl, S. 915
Fleischer, H.O. 1971: Wood in a technological world, Southern Lumber-
    man, 15.12.1971
FPL Press-Lam Res Team. 1972. FPL Press-Lam Process. FPJ 22, 11,
    S. 11-18
Friedemann, J. 1988: Aufflackernde Inflationsangst weckt den Immobilien-
    markt. FAZ, 4.6.1988, S. 14

Fritz, H. 1987: Der deutsche Schnittholzmarkt aus österreichischer Sicht
    Holz-Zentralblatt 113, 106, S. 1465-1466
Frühwald, A. 1988: Einfluß der Oberflächenrauheit einzelner Lamellen
    auf die Klebefestigkeit in Brettschichtholz. Vortrag 9. Klebe-
    technik-Seminar, Rosenheim
Fyie, J.A. 1987: Structural products of parallel Laminated Veneer
    Lumber. Manuskript 21 S.
Gayer, K.; L. Fabricius. 1949: Die Forstbenutzung, Paul Parey-Verlag,
    Hamburg
Gehri, E. 1985: Bedeutung von Holzwerkstoffen hoher Festigkeit, in
    Kucera, L. (Hrsg.): Xylorama, Birkhäuser Verlag Basel, S. 85-94
Gehrts, E. 1987: Europäischer Normenvorschlag für mitteldichte Holz-
    faserplatten (MDF). HZBl S. 41
Geimer, R.L.; W.F. Lehmann. 1975: Product and process variables
    associated with a shaped particleboard beam. FPJ 25 (9) 72-80
Gerner, M. 1983: Fachwerk, 4. Auflage, DVA Stuttgart
Gersonde, M.; H.J. Deppe. 1983: Zum Stand der Imprägnierung und Prü-
    fung geschützter Holzwerkstoffe (Typ V100G), HRW, S. 323-328
Gfeller, B. 1978: Möglichkeiten des Brandschutzes von Holz und Holz-
    werkstoffen. Vortrag anläßl. SAH-Fortbildungskurs, Weinfelden
Glos, P. 1983: Die technischen und wirtschaftlichen Möglichkeiten der
    Schnittholzsortierung im Mittel- und Kleinbetrieb. SAH-Bulletin 1,
    Zürich, S. 13-35
-; B. Heimeshoff; W. Kalletshofer. 1987: Einfluß der Belastungsdauer
    auf die Zug- und Druckfestigkeit von Fichten-Brettlamellen. HRW,
    S. 243-249
Glunz, H.O. 1984: Der Spanplattenmarkt in der BRD, HZBl, 1261-1263
Gnanaharan, R. u. T.K. Dhamodaran. 1985: Suitability of some tropical
    hardwoods for cement-bonded wood-wool board manufacture. Holzfor-
    schung, S. 337-340
Grebe, J. 1988: Glätten von Messerfurnieren während des Trocknens.
    HZBl S. 535
Gressel, P. 1980: Spanplatten mit besonderen brandtechnischen Eigen-
    schaften. Vortrag 6. HTK, Braunschweig
-, 1984: Festigkeit und Beständigkeit von Holzverklebungen. Vortrag
    Klebetechnik Seminar, Rosenheim
Greten, B. 1979: Neuentwicklungen und Verfahrenstechniken mit speziel-
    ler Betrachtung von Spanplatten, in: Spanplatten - Heute und
    Morgen, DRW-Verlag, S. 85-101
Grosshennig, E. 1971: Die moderne Furniererzeugung. HRW 29, S. 129-142,
    S. 169-178, S. 209-216
Gütegemeinschaft Nagelplattenverwender. 1988. Nagelplattenbinder -
    eine sichere Konstruktion. HZBl, S. 379
Haas, H. 1965: Erzeugung von Holzspanformteilen, in Kollmann, F.:
    Holzspanwerkstoffe, Springer-Verlag 1965, S. 424-440
Hauck, M. 1988: Egger mit der längsten Spanplattenpresse der Welt.
    HZBl, S. 62-63
Hanitzsch, U. 1982: Methoden der Oberflächenbehandlung von MDF- und
    Spezialspanplatten. HZBL, S. 206
Harbs, C. 1987: Zur Situation der MDF-Platte. HZBl, S. 1859-1862
Hartmann, G.B.v. 1952: Schichtstoffherstellung. Kunststoffe, S. 329-331
Heckemann, H. 1974: Wechselwirkungen zwischen Waldfunktionsplanung und
    Rohstofferzeugung. Forschungsbericht Nr. 20. S. 54-76, FVA München
Heebink, B.G. 1972: Some views on large structural particleboard
    panels. USDA Res. Note FPL-0220
Heimeshoff, B.; R. Kneidl. 1987: Biegefestigkeit von Brettschichtholz.
    Bericht T 1920, IRB-Verlag, Stuttgart
Herzig, E. et al., 1980. Stand der Entwicklung und Anwendung zement-
    gebundener Spanplatten. Schweizer Ingenieur und Architekt. Heft 13.

Hoover, W.L.; Ringe, J.M.; Eckelmann, C.A.; Youngquist, J.A. 1987:
   Material design factors for hardwood laminated veneer lumber.
   FPJ, No. 9, S. 15-23
Hse, Ch.Y. 1978: Development of an improved adhesive system for
   southern pine plywood, in: MacMillin, Ch. (ed.): Complete tree
   utilization of southern pine, S. 411-415, FPRS, Madison
Hüttemann, K.J. 1987: Das Impulsprogramm: Forschung, Entwicklung,
   Innovation für Wald und Holz. HZBl 113, 1045-1046
Issel, H. 1900: Der Holzbau. Verlag B.F. Voigt, Weimar
IUFRO (ed.) 1973: Veneer species of the world. USDA Forest Prod Lab.
Jellinek, K.; R. Müller. 1976. Spanplatten mit Phenol- und Amino-
   mischharzbindung. HZBl 102, S. 1557-1558
Johansson, L.N.A. 1983: MDF - Mitteldichte Faserplatten. HRW 41,
   255-260.
Kahns, K. 1979: Stress lumber of today and tomorrow. Proceedings:
   Metal Plate wood truss conference, Madison, S. 184-187
Keller, B. 1987: Situation und Entwicklungstendenzen unter Berücksich-
   tigung der Wettbewerbschancen der Papierindustrie, Vortrag Exper-
   tenkolloquium, Bonn 1.10.1987
Kelly, M.W. 1972. Critical literature review on relationships between
   processing parameters. General Technical Report, FPL-10, Madison
Keuchel, K. 1986: Bandschleifen von Spanplatten. Fortschritt-Bericht,
   Reihe 2, Nr. 120. Düsseldorf, VDI-Verlag
Kieser, J. u. W. Ufermann. 1979: Streustation für orientiert gestreute
   Spanplatten. HZBl, S. 1401-1402
-, 1979. Anwendungsmöglichkeiten orientiert gestreuter Spanplatten.
   HZBl, 1427-1428
-, 1987: OSB-Entwicklung in Europa. HRW, S. 405-410
Kirchner, G. 1966: Biegeeigenschaften von Tischplerplatten. Techn. Mitt.
   d. Chem. Forschungsinstituts f. Holzwerkstoffe, Karlsruhe
Kirk, T.K. 1987: Lignin - degrading enzymes. Phil. Trans. R. Soc.
   London. A321, 461-474.
Kirschke, K. 1977: Thermoplastische Möbelfolien zur Oberflächenverede-
   lung von Holzwerkstoffen, in: VDI (Hrsg.): Verbund von Holzwerkstoff
   und Kunststoff in der Möbelindustrie, S. 47-74, Düsseldorf
Klauditz, W.; H.J. Ulbricht; Kratz, W. u. Burr, A. 1960: Herstellung
   und Eigenschaften von Holzspanwerkstoffen. HRW 18, 377-385
Klauditz, W.; W. Kratz. 1962: Untersuchungen über Herstellbarkeit und
   Eigenschaften einfacher Holzspanformteile. HRW, Bd. 20, S. 39-48
Knigge, W. u. H. Schulz. 1966. Grundriß der Forstbenutzung. Paul Parey
   Verlag, Hamburg,Berlin
Koch, P. 1973: Structural lumber laminated from 1/4 inch rotary peeled
   southern pine veneer. FPJ, S. 17-25
Kolb, H. 1984: Leimen tragender Bauteile. Vortrag Klebetechnik-
   Seminar, Rosenheim
-, 1986: Leimbauweisen, in: Holzbau-Taschenbuch, S. 119-145, W. Ernst
   & Sohn, Berlin
Kollmann, F. 1951: Technologie des Holzes und der Holzwerkstoffe.
   Bd. 1, Springer-Verlag, Berlin
-, 1962: Furniere, Lagenhölzer und Tischlerplatten. Springer-Verlag,
   Berlin/Göttingen/Heidelberg
-, (Hrsg.) 1966. Holzspanwerkstoffe. Springer-Verlag. Berlin/Heidelberg/
   New York
Kollmann, F.F.P.; E.W. Kuenzi; A.J. Stamm. 1975. Wood Based Materials.
   Springer-Verlag, Berlin/Heidelberg/New York
Koning, J.W.; K.E. Skog. 1987: Use of wood energy in the US - an
   opportunity. Biomass 12, S. 27-36
Kordina, K.; C. Meyer-Ottens. 1983. Holz - Brandschutz Handbuch. DGfH,
   München

Kossatz, G.; K. Lempfer. 1982. Zur Herstellung gipsgebundener Spanplat-
    ten in einem Halbtrockenverfahren. HRW, S. 333-337
-, et al. 1983. Anorganisch gebundene Holzwerkstoffplatten. Geschäfts-
    bericht d. FESYP, Gießen, S. 98-108
-; B. Dix; C. Harbs. 1987. Denkbare Entwicklungstendenzen - Innovatio-
    nen im Holzwerkstoffbereich. Vortrag Expertenkolloquium, Bonn
    1.10.1987
König, H.J. 1958: Herstellung, Prüfung und Eigenschaften melaminharz-
    vergüteter Schichtpreßstoffe für dekorative Verwendung. Kunst-
    stoffe, S. 513-522
Kreibich, R.E. 1980. Structural wood adhesives - today and tomorrow,
    in: Adhesion in cellulosic and wood-based Componsites. Nato
    Conference Series VI: 3, J.F. Oliver (ed.), 53-65
Kristen, Th. et al. 1957: Holzwolle-Leichtbauplatten. Eigenschaften,
    Feuchtigkeits- und Frostbeanspruchung. Verlag v. W. Ernst, Berlin
Krüzner, M. 1985: Form- und Preßstraßen für Holzwerkstoffplatten,
    Vortrag Mobil-Oil Symposium, Bad Reichenhall
Kunz, R. 1988: Wo Qualität noch täglich erarbeitet und verteidigt wird.
    HZBl S. 56, 60.
Lachner, C. 1887: Geschichte der Holzbaukunst in Deutschland. Zweiter
    Teil. Der Süddeutsche Ständerbau und der Blockbau. Verlag E.A.
    Seemann, Leipzig
Landesgewerbeanstalt Bayern, 1986. Möbelprüfung. Herausgegeben vom
    Möbelprüfinstitut der LGA, Nürnberg
Laufenberg, T.L.; R.E. Rowlands; G.P. Krueger. 1984. Economic
    feasibility of synthetic fiber reinforced laminated veneer lumber.
    FPJ Vol. 34. No. 5, p. 15-22
-, 1985: Potential for structural lumber substitutes, in: Structural
    wood composites, FPRS, Madison, S. 41-53
Lingk, W. 1987: Gesundheitliche Sicherheit von Holzschutzmitteln. in:
    Gesundes Wohnen in Holz, Informationsdienst Holz, S. 18-20
Lobenhoffer, A. 1987: Verfahren zur optimalen Regelung eines Form-
    strangs zur Herstellung von Spanplatten. HRW. 429-437
-, 1988: Qualitätskontrolle in Echtzeit und Prozeßoptimierung bei der
    Spanplattenfertigung. HZBl 114, S. 101-107
Lohmann, V.: Holz-Handbuch, DRW-Verlag, Stuttgart
Lutz, J.F. 1972: Veneer species that grow in the United States.
    USDA FPL 167
-, 1974: Techniques for peeling, slicing, and drying veneer. USDA
    For. Service Res Pap FPL 228
McAlister, R.H. 1986: Performance of truss plate joints in structural
    flakeboard and southern pine dimension lumber. FPJ. No. 3,
    S. 41-43.
McCracken, P.N. 1979: Lumber Industry Profile, in: Metal Plate Procee-
    dings Wood Truss Conference, FPRS, Sp. 8-9
McKeever, D.B.; G.W. Meyer. 1984. The softwood plywood industry in
    the US, 1965-1982. Res. Bull. FPL 13, Madison.
Macmillan, W.P. 1978: Reconstituted wood products, in: Hillis and Brown
    (ed.): Eucalypts for wood production, CSIRO Melbourne, S. 317-321
Maloney, T.M. 1977. Modern Particleboard and Dry-Process Fiberboard
    manufacturing, Miller Freeman Publicat. San Francisco
Maloney, T.M. 1979. Veneer and particleboard composites as structural
    building materials, in: Spanplatten - Heute und Morgen, S. 153-
    175, DRW-Verlag, Stuttgart
-, 1987: Technology - Extending the Resource, FAO Expert Consultation
    on wood based panels. WBP/87/4.B. Rom
Marutzky, R. 1981: Emissionstechnische Erfassung von luftverunreinigen-
    den Stoffen aus Anlagen zur Herstellung von Holzspan- und Holz-
    faserplatten. Gesundheits-Ingenieur 102, 6, S. 300-315

Marcin, T.C. 1987: The outlook for the use of wood products in new
     housing. FPJ, No. 7/8, 55-61
Mathews, M.; Padmanabhan u. S. Ananthanarayanan. 1974: Plywood Timbers.
     Indian Plywood Industries Reserach Institute, Bangalore
Mayer, J. 1979: Chemische Aspekte bei der Entwicklung formaldehydarmer
     Klebstoffe, in: Spanplatten - Heute und Morgen, S. 102-111,
     DRW-Verlag, Stuttgart
Meierhofer, U.A. 1988: Witterungsverhalten von imprägniertem Brett-
     schichtholz nach fünfjähriger Freibewitterung. HRW, S. 53-58
Menge, W. 1977: Verfahrenstechnik des Verarbeitens dekorativer Schicht-
     stoffe im Postforming-Verfahren zum Fertigen von Möbelelementen,
     in: VDI (Hrsg.): Verbund von Holzwerkstoff und Kunststoff in der
     Möbelindustrie, S. 107-162, Düsseldorf
Meyer, H.R.; E. Erickson. 1959. Factors affecting the strength of
     Papreg. USDA For. Prod. Lab. Report Nr. 1521
Meyer, H.G. 1987: Wohngesundheit - ein neues Kriterium für die Beurtei-
     lung von Baustoffen?, in: EGH (Hrsg.): Gesundes Wohnen in Holz,
     S. 4-5.
Milbrandt, E.; Herrschmann, D. 1986: Kerto-Schichtholz für den moder-
     nen Ingenieurbau, Holz-Zentralblatt, S. 1057
Mitgau, R. 1972: Oberflächenvergütung von Holzwerkstoffen mit kunst-
     harzimprägnierten Papieren. Vortrag Tagung: Kunststoffbeschichtete
     Holzwerkstoffe, Rosenheim
-, 1973: Mit härtbaren Kunstharzfilmen beschichtete Betonschalungsplat-
     ten. Mitt. d. Gesellschaft f. F.u.F. der BFH, Reinbek, Heft 4,
     S. 63-76
-, 1977: Die neuere Entwicklung der Oberflächenvergütung von Spanplatten
     mit kunstharzimprägnierten Papieren, in: VDI (Hrsg.): Verbund von
     Holzwerkstoff und Kunststoff in der Möbelindustrie, S. 33-45,
     Düsseldorf
Möhler, K. 1976: Zur Berechnung von Brettschichtholz-Konstruktionen.
     Holzbau-Statik-Aktuell, Folge 1, S. 2-6
Moeltner, H.G. 1980: Structural Boards for the 1980's. HRW, S. 365-373
Mohr, R. 1983: In Padron steht Spaniens jüngste MDF-Anlage. HZBl., S. 77
Morschhauser, Ch. 1979: Development and future of particleboards in
     the US, in: Spanplatten - Heute und Morgen, S. 428-436, DRW-Verlag,
     Stuttgart
Moser, K. 1985: Ein Meilenstein auf dem Weg zu wirtschaftlichen Groß-
     überdachungen. BmH, Nr. 11, Bruderverlag Karlsruhe
Moslemi, A.A. 1974: Particleboard, V. 1 Materials, V. 2 Technology.
     Southern Illinois Univ. Press, Carbondale
Natterer, J. u. W. Winter. 1986: Entwurf von Holzkonstruktionen, in:
     Holzbau-Tbuch Bd. 1 (8. Aufl.), W. Ernst u. Sohn, Berlin, S. 209-273
Nedwed, H. 1971: Herstellung von Schichtpreß-Körpern. Wochenblatt f.
     Papierfabrikation, S. 161-165
Neumann, B.: Buchenleimholz, Holz-Zentralblatt, 9.1.1987, S. 18-20
Noack, D.; E. Schwab. 1977: Rohstoff-Eigenschaften und Verwendungs-
     anforderungen. HRW, S. 420-429
-, 1984: 25 Jahre Zusammenarbeit der europäischen Spanplattenindustrie
     innerhalb der FESYP. HRW, S. 74
-; E. Schwab. 1986: Holzwerkstoffe im Bauwesen, in: Halasz u. Scheer
     (Hrsg.): Holzbau-Taschenbuch, 8. Aufl., Verlag Ernst u. Sohn,
     Berlin, S. 29-50
Nozynski, W. 1986: Einfluß der Anzahl der Klebfugen auf die Durchbiegung
     von Brettschichtholz. HT, S. 296-298
Östnau, B. 1981: Ignitability as proposed by the ISO compared with some
     European fire tests for building panels. Fire and materials, Vol.
     5, No. 4, p. 153-162
Fa. Pallmann: Holzaufbereitungstechnik - Firmenschrift

Pankoke, W. 1977: Thermo-Kaschierverfahren zum Aufbringen von duro-
     plastischen und thermoplastischen Folien, in: VDI (Hrsg.): Verbund
     von Holzwerkstoff und Kunststoff in der Möbelindustrie, S. 93-106,
     Düsseldorf
Patt, R.; M. Schöler. 1988: Herstellung von Gipsfaserplatten auf Alt-
     papierbasis. Vortrag 7. Hamburger Forst- u. Holztagung. BFH,
     Hamburg-Lohbrügge
Paulitsch, M. 1972: Umweltbelastung durch den Einsatz verschiedener
     Rohstoffe. Zukunfts- u. Friedensforschung, Hannover, Heft 3,
     S. 1 04-108
-, 1974: Holz im technologischen Wettbewerb, Holz-Zentralblatt,
     S. 1685-1687
-; C.v. Bismarck; R. Stürmer. 1975: Oberflächengestaltabweichungen von
     beschichteten Spanplatten mit fehlerhaften Trägerplatten. HZBL,
     S. 1253-1255
-, 1976: Sortierung von Hackschnitzeln, HZBl.
-, 1976: Zur Rißanfälligkeit dekorpapierbeschichteter Spanplatten.
     HK, Heft 1, S. 30-31
-, 1976: Untersuchungen über die Elastizitätsmoduln und Dimensions-
     änderungen in Plattenebene von Holz- und Beschichtungswerkstoffen.
     WKI-Bericht Nr. 7, 172 S., Braunschweig
Paulitsch, M. 1986: Methoden der Spanplattenuntersuchung. Springer-
     Verlag, Berlin/Heidelberg/New York/Tokio
-, 1986: Erfahrungen mit dem Einsatz von Wasserlacken für Massivprofil-
     bretter. Industrie-Lackierbetrieb, S. 466-470
Peck, T.J. 1979: Trends and prospects for wood-based panels in Europe,
     in: Spanplatten - Heute und Morgen, S. 448-467
Peter, A. 1982: Problemlose Lackierung auf MDF-Platten? HZBl. 1625
Pfeil, W. 1833. Wovon hängt das Verhältnis des in einer Gegend, oder
     von einem Reviere verbrauchten Nutzholzes, zu dem des Brennholzes
     ab?, in: Kritische Blätter zur Forst- und Jagdwissenschaft, Leipzig,
     Bd. VI, Heft 2, S. 94-106
Plath, E. 1968: Technisches Buchensperrholz. HZBl 94, S. 715-716
Quaile, A.T. u. F.J. Keenan. 1979. Truss Plate Testing in Canada,
     Proceedings Metal Plate Wood Truss Conference, Madison, S. 105-112
Radziewsky, E.v. 1988: Die Möbel machen mobil. Die Zeit Nr. 29, S. 35
Rauma-Repola. 1985. Extrem dünnes Sperrholz für hohe Beanspruchung.
     HZBl, S. 941.
Reich, B. 1973: Ausrüstung von hydraulischen Heizpressen mit Preßblechen.
     Goldschmidt informiert Nr. 22, S. 19-22
Riedel, G. 1979: Sperrholzcontainer hat sich durchgesetzt. HZBl, S. 997
Rodkau, J.; J. Schäfer. 1987: Holz - ein Naturstoff in der Technik-
     geschichte, rororo 7728, Reinbek
Rowlands, R.E.; R.P. van Deweghe; T.L. Laufenberg; G.P. Krueger. 1986:
     Fiber-reinforced wood composites. Wood and Fiber Science 18 (1),
     39-57
Sachsse, H. 1979: Holzeigenschaften wichtiger Balsampappeln und
     Balsamhybriden. HZBl, Nr. 105, S. 1517-1518
Salje, E.; W. Stühmeier. 1986: Grundlagen der Zerspanung mit Messer-
     wellen. HK Heft 10, S. 41-48
Samitz, H. 1949: Die Heraklith-Leichtbauplatte. Heraklith-Rundschau,
     Heft 1.
Sandermann, W.; O. Künnemeyer. 1956: Stand der neuen Verfahren zur Her-
     stellung von Faserplatten. Das Papier Heft 13, S. 287-294
-, 1976: Holz - ältester Werkstoff des Menschen, Rohstoff der Zukunft.
     50 Jahre Hornitex, Jubiläumsschrift S. 2-10, Horn-Bad Meinberg
Schaffer, E.L. 1984: Structural Fire Design: Wood. USDA For. Prod.
     Lab. Res. Pap FPL 450
Schmidt, U. 1977: Die Technologie der Herstellung von Deckschicht-
     spänen. HZBl, S. 1283-1284

Schubert, R.; M. Paulitsch. 1979: Holzverbundprodukte zur Wärmedämmung.
    Holz- u. Kunststoffverarbeitung, S. 790-795.
Schultze, J.C.L. 1841: Die Wald-Erziehung in Verbindung mit der Forst-
    benutzung nach den neuesten wirtschaftlichen Grundsätzen und bishe-
    rigen praktischen Erfahrungen. Verlag Herold und Wahlstab, Lüne-
    burg
Schreiber, M. 1988. Beton - Ein Symbol bröckelt. FAZ 2.7.88, S. 25
Schulz, H. 1969: Die Bedeutung der Holzwerkstoffe. HZBl Nr. 107,
    S. 1607-1608
-, 1972: Holz im Kreislauf der Wirtschaftsgüter. HZBl 23.8.72
-, 1976: Ansprüche an Holz für Holzleimbau und Holzwerkstoffe.
    Proceedings, XVI IUVFRO-Congress, Division V, S. 46-55, IUFRO, Wien
-, 1981: Wald, Holz, Holzwerkstoffe, Festschrift 50 Jahre Kaurit-Leim,
    BASF Ludwigshafen, S. 41-61
- u. P. Glos, 1987: Denkbare Entwicklungstendenzen - Innovationen in
    der Massivholzverwendung. Vortrag Expertenkolloquium, Bonn
    1.10.1987
Schute, H. 1972: Verbundelemente mit dekorativen Schichtstoffplatten.
    Die Holzbearbeitung, Heft 1, S. 35-38
Seddig, N.; M.H. Simatupang; A. Kasim. 1988: Einfluß von Holzinhalts-
    stoffen auf die Abbindung von Gips. Vortrag 7. Hamburger Forst-
    u. Holztagung. Hamburg BFH Lohbrügge
Simatupang, M.H.; H. Lange u. A. Neubauer. 1987: Einfluß der Lagerung
    von Pappel, Birke, Eiche und Lärche sowie des Zusatzes von SiO_2
    Feinstaub auf die Biegefestigkeit zementgebundener Spanplatten.
    HPW, S. 131-136
-, 1988. Eignung einiger Magnesiasorten zur Herstellung von Spanplatten.
    HRW 46, S. 223-229
Simon, R. 1980: Eigenschaften und Anwendung zementgebundener Holzwerk-
    stoffe. 6. Holztechnologisches Kolloquium, Braunschweig
Sitzler, H.D. 1980: Mittelharte Holzfaserplatten, Vortrag f. HTK,
    Braunschweig
-, 1981: Einfacheund wirtschaftliche Herstellung von MDF-Platten.
    HZBl 107, S. 1671-1672
Snodgrass, J.D. 1977: Manufacture of oriented-strand core for composite
    plywood. Proc. 11th Wash. State Univ. Symp. on Particleboard,
    S. 453-492
Soiné, H.: Lamellieren von Holzfensterprofilen. Bau- und Möbelschreiner,
    Heft 8, 1986, S. 21-24 u. 70
-, 1986: Furniere und Furnierherstellung, Bau- und Möbelschreiner,
    Heft 8, S. 94-98
-, 1987: Kontinuierliche Preßverfahren in der Spanplattenindustrie.
    HRW, S. 399-404
-, 1988: Die Kontilaminatpresse - ein neues System zur Herstellung von
    Hochdrucklaminaten. HRW, S. 141-144
-, 1988a. Kontinuierliche Spanplattenpresse geht in Betrieb. HRW 46,
    S. 183-188
Sorell, M. 1867: Sur un nouveau ciment magnesien. Comp. Rend. Acad. Sci
    65 (102): 10
Springate, N.C. 1978: Rotary Peeling small diameter logs - a review
    of techniques and yield, in: MacKillin, Ch. (ed.): Complete tree
    utilization of southern Pine. S. 394-398, FPRS Madison
Steiner, K. 1977: Erzeugung von Spänen für Spanplatten, HRW S. 389-397
Steinhaus, C.F. 1858: Die Schiffbaukunst in ihrem ganzen Umfange,
    2. Teil, Hamburg
Steinmetz, O.W. 1973: Dekorative Schichtstoffplatten, DRW-Verlag,
    Stuttgart
Stevens, W.C.; Turner, N. 1970: Wood Bending Handbook. Ministry of
    Technology, London
Sturm, H. 1988: Die Zukunft der Sägeindustrie. HZBl, S. 1031

Suchsland, O.; G.E. Woodson. 1986: Fiberboard manufacturing practices
    in the United States. Agriculture Handbook No. 640. USDA Forest
    Service
Sulzberger, P.H. 1953: The Effect of temperature on the strength of
    wood, plywood and glued joints. Melbourne ACA Report 46
Vajda, P. 1978: Exterior structural grade flakeboards from southern
    woods, in: MacMillin (ed.): Complete tree utilization of southern
    pine, S. 427-442, FPRS, Madison
Verein Deutscher Holzeinfuhrhäuser (VDH). Jahresberichte, Bremen
Walter, K. 1981: Waferboard und Strandboard - Stand der Technik. HZBl.
    S. 1665-1667
Weißler, E.P. 1969: Herstellen von dekorativen und technischen Schicht-
    preßstoffen. Kunststoffe, S. 610-611
Willeitner, H. 1987: Holzschutzmittel und Anstriche, in: EGH (Hrsg.):
    Gesundes Wohnen in Holz, S. 14-17
Wilke, D. 1988: Die Gipsspanplatte kommt voran - nunmehr auch in Nor-
    wegen. HZBL, S. 502-503
Windisch-Graetz, F. 1982: Möbel Europas, Bd. 1, S. 215. Klinkhardt &
    Biermann, München
Winter, W. 1955. Unterlagen und Richtlinien für den Holzflugzeugbau.
    BIII. Sperrhölzer. DFVLR, Braunschweig, Institut f. Flugzeugbau
Würtex. 1978: Streuanlagen für Wafer- und Strandboard. HRW - Aus
    Wirtschaft und Betrieb.
Youngquist, J.A. 1981: Reserarch progress in wood-based composite pro-
    ducts. AIchE Symposium Series, No. 223, Vol. 79, p. 79-87
-, 1983: Research progress in wood-based composite products. in: Baker,
    A.J. (ed.), Advances in production of forest products. American
    Institute of Chemical Engineers, p. 79-87, New York
-, 1985: Structural composites research, in: Forest products reserach
    international, South African Council for Scientific and internatio-
    nal research, Pretoria, Vol. 6, p. 22-26
-, 1987: Wood based panels - their properties and uses. FAO Expert
    consultation on wood-based panels. FOWBP/87/3, FAO, Rom.

Stichwortverzeichnis